高等教育自学考试能源管理专业　指定教材
能源管理师职业能力水平证书考试

能源与环境概论(一)(二)

NENGYUAN YU HUANJING GAILUN

杨宏伟⊙编著

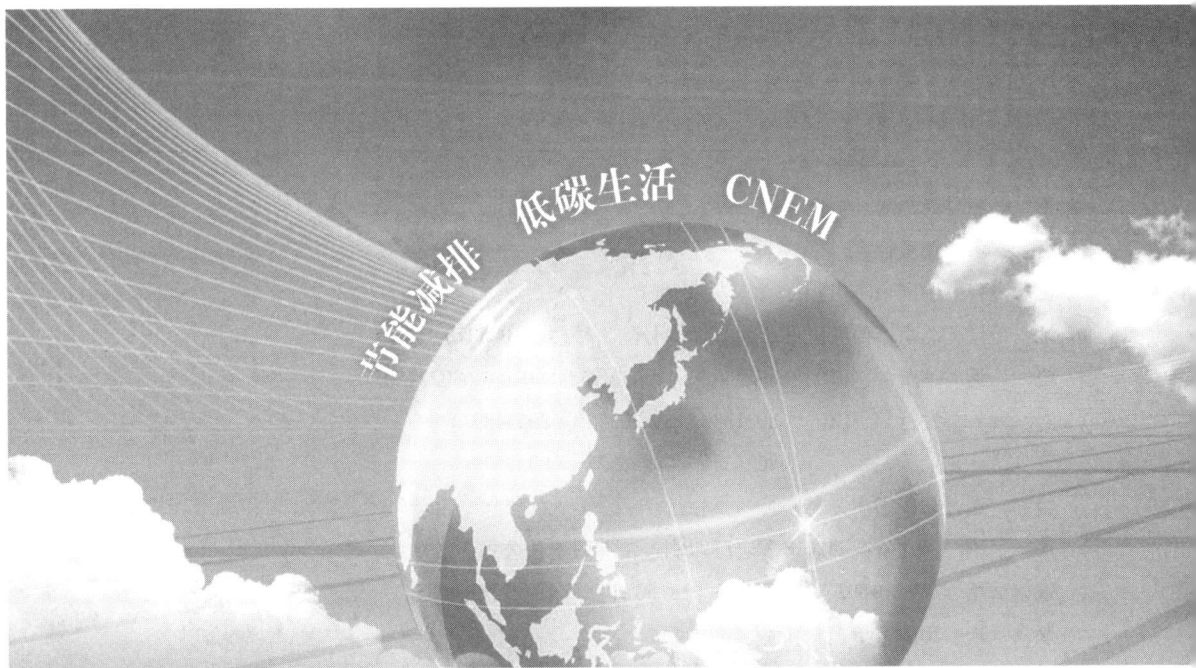

中国市场出版社
China Market Press

图书在版编目（CIP）数据

能源与环境概论（一）（二）/ 杨宏伟编著 . —北京：中国市场出版社，2012.5
ISBN 978 - 7 - 5092 - 0822 - 9

Ⅰ.①能…　Ⅱ.①杨…　Ⅲ.①能源—高等教育—自学考试—教材②环境科学—高等教育—自学考试—教材　Ⅳ.①TK01②X

中国版本图书馆 CIP 数据核字（2012）第 226418 号

书　　名	能源与环境概论（一）（二）
编　　者	杨宏伟
出版发行	中国市场出版社
地　　址	北京市西城区月坛北小街 2 号院 3 号楼（100837）
电　　话	编辑部（010）68012468　读者服务部（010）68022950
	发行部（010）68021338　68020340　68053489
	68024335　68033577　68033539
经　　销	新华书店
印　　刷	河北省高碑店市鑫宏源印刷包装有限责任公司
规　　格	787×1092 毫米　1/16　18.50 印张　410 千字
版　　次	2012 年 5 月第 1 版
印　　次	2012 年 5 月第 1 次印刷
书　　号	ISBN 978 - 7 - 5092 - 0822 - 9
定　　价	46.00 元

高等教育自学考试能源管理专业
能源管理师职业能力水平证书考试
指导委员会

名誉主任

徐锭明　国务院参事　国家能源专家咨询委员会主任

主　　任

王德荣　中国交通运输协会常务副会长

主任委员

丁志敏　国家能源局政策法规司副司长
汪春慧　人力资源和社会保障部教育培训中心副主任
周凤起　国家发展和改革委员会能源所原所长　研究员
孟昭利　清华大学教授
李金轩　中国人民大学教授　全国考委经济管理类专业委员会原秘书长
杨宏伟　国家发展和改革委员会能源所能效中心主任　研究员

序　言

　　《中华人民共和国节约能源法》指出："节约资源是我国的基本国策。"国家高度重视节能减排工作，未来我国面临两大任务：一是2020年我国非化石能源占一次能源消费总量比重达到15%；二是2020年我国单位国内生产总值二氧化碳排放比2005年下降40%~45%。

　　能源是保证国民经济平稳增长的基础，既是生产资料也是生活资料，在国民经济中占有极其重要的地位。从当前和长远的发展要求看，我国不仅应成为能源大国，也应成为能源科技水平先进的能源强国。通过多年努力，我国能源无论在数量上还是质量上都已跻身于世界先进行列。但是，要真正成为科技能源强国任重道远，还需要全社会长期的艰苦努力才能实现。加强能源管理，实施节能减排，是实现上述目标的重要途径。《"十二五"节能减排综合性工作方案》（国发〔2011〕26号）指出："坚持降低能源消耗强度、减少主要污染物排放总量、合理控制能源消费总量相结合，形成加快转变经济发展方式的倒逼机制。""进一步形成政府为主导、企业为主体、市场有效驱动、全社会共同参与的推进节能减排工作格局，确保实现'十二五'节能减排约束性目标，加快建设资源节约型、环境友好型社会。"

　　落实资源节约基本国策，实现国家节能减排规划目标，关键在于要培养一大批能源管理方面的专业人才。中国交通运输协会组建了一支由多年从事能源管理方法研究，又具有节能减排工程技术实践经验的专家团队，在深入研究日本、欧美等国家和地区能源管理培训体系的基础上，结合中国国情设计了一套全面系统的培训体系，其特点是从国家能源政策法规、能源管理基础、能源工程技术、节能技术、节能评估、能源审计、能源与环境等七大方面涵盖了能源管理的核心要素。该系列教材注重从用能单位的实际出发，认真总结多年来企业在能源管理方面的经验和教训，提出了适合现代企业能源管理的新方法，而且在企业实际应用中证明是行之有效的。该系列教材既适合专业人士应用，也适合在校学生学习。

　　多途径、多渠道培养能源管理人才，符合《中华人民共和国节约能源法》关于动员全社会参与节能减排的要求，也是贯彻落实《"十二五"节能减排综合性工作方案》提出的"加强节能减排宣传教育，把节能减排纳入社会主义核心价值观宣传教育体系以及基础教育、高等教育、职业教育体系"的具体措施。

节能减排是一项长期的战略任务，关系到国计民生，关系到我国经济能否持续、稳定、健康的发展。我衷心祝愿高等教育自学考试能源管理专业和能源管理师职业能力水平证书考试项目取得圆满成功，并希望全社会各行各业共同努力，以节能减排实际行动践行科学发展观，为我国经济社会的可持续发展作出积极的贡献。

国务院参事　国家能源专家咨询委员会主任

2012 年 1 月于北京

前　言

为解决我国能源管理人才严重短缺的矛盾，多渠道、多层次加快复合型、实用型人才的培养，中国交通运输协会组织我国能源管理方面的理论、实践、培训的专家及有关人员，经过近三年的艰苦努力和大量深入细致的实际工作，经与北京教育考试院协商，并报全国高等教育自学考试指导委员会办公室批准（考委办函〔2011〕42号），决定在北京合作开考高等教育自学考试能源管理专业（专科、独立本科段）和能源管理师职业能力水平证书（简称CNEM）项目。

为确保高等教育自学考试能源管理专业和能源管理师职业能力水平证书项目学历和培训教材的质量，我们组织了由国家发展和改革委员会能源所和培训中心、清华大学、浙江大学、河南省南阳市节能监察中心以及节能评估一线工程技术人员构成的多领域的理论、培训、实践等方面的专家组成了教材编写组，根据全国高等教育自学考试指导委员会办公室批文的要求，统一规划课程考试大纲和教材章节目编写提纲，教材力求做到：一是立足点高，从我国经济发展水平和能源利用具体情况出发，体现能源管理的通用性，不突出地方色彩，同时合理吸收发达国家在能源管理方面的成功经验和方法。二是实用性突出，尽量压缩教材篇幅，突出应知、应会与学用结合的学习、培训内容。三是实践性强，编写组把节能评估和能源审计这两项被发达国家能源管理实践证明，同时也被国家发展和改革委员会培训中心的培训实践证明行之有效并深受我国能源管理相关人员欢迎的管理手段，单独列为两本独立教材，并在教材内容中配有多领域相关案例。本高等教育自学考试能源管理专业和能源管理师职业能力水平证书项目开设《能源法律法规》、《能源管理概论》、《能源工程技术概论》、《节能技术》、《节能评估方法》、《能源审计方法》、《能源与环境概论》七门课程，涵盖了能源管理的核心要素，是我国目前唯一比较系统、全面、实践性强的学习培训系列教材，既适用于高等教育自学考试能源管理专业人员学习，也适用于能源管理师职业能力水平证书项目的学习和培训。同时，也可供各级政府部门能源管理人员、企业能源管理人员、节能服务机构相关人员，以及大专院校相关专业师生和社会各领域人员学习使用。

《能源法律法规》系统介绍中国能源法律法规体系，着重解读《中华人民共和国节约能源法》，分类精选能源管理相关法律、法规、规章、政策和重点节能领域节能标准目录。

《能源管理概论》着重介绍能源管理的基本概念和基础知识，包括：能源形势与节能减排任务、能源统计方法、企业能量平衡（企业能量平衡表、能源网络图与能流图）、节能减排量计算方法、节能技术经济评价方法，同时对能源审计和节能评估等管理方法，作了简要介绍。

《能源工程技术概论》以一次能源的加工转换和利用为主线，全面系统地介绍煤炭、石油、天然气、水能、核能、电能以及太阳能、风能、生物质能和地热能等各类能源利用技术的基本理论、基础知识、通用技能和应用方法。

《节能技术》全面系统介绍节能基础知识、用热系统及设备的节能技术、余热利用技术、用电系统及设备的节能技术、过程能量优化技术、建筑节能技术、交通节能技术及民用节能技术等。

《节能评估方法》着重介绍固定资产投资项目节能评估报告编写的程序、内容和方法，阐述了能源管理者应掌握的节能评估基础知识，包括国家相关政策、能效标准、燃料与燃烧、电能及用电系统、工艺设备能耗分析等。同时附有我国重点领域固定资产投资项目节能评估报告典型案例介绍。

《能源审计方法》着重介绍企业能源审计程序、内容、方法和能源审计报告的编写，阐述了能源管理者应掌握的能源计量管理、能源统计管理、节能监测、企业通用节能技术及节约能源与环境保护等方面的能源管理知识和方法。同时附有我国重点领域能源审计报告典型案例。

《能源与环境概论》系统介绍与能源相关的主要环境问题，包括：能源与大气污染物排放问题，SO_2、NO_x、PM 排放量估算方法，节能减排政策进展；能源与全球气候变化问题，化石燃料燃烧的 CO_2、CH_4 和 N_2O 排放量估算方法，气候变化的国际谈判进程及其对能源发展的影响。

为便于学员学习，本教材将专科与独立本科段自学内容合并成一册，以（一）和（二）区分专科和独立本科段学历层次，用"＊"标出部分作为独立本科段增加的自学内容，其余部分作为专科和独立本科段共同自学的内容。

由于时间紧迫，这套系列教材难免存在疏漏之处，恳请读者批评指正。

高等教育自学考试能源管理专业
能源管理师职业能力水平证书考试 系列教材编委会
2012 年 1 月

《能源与环境概论》 编写说明

　　《能源与环境概论》一书是高等教育自学考试能源管理专业和能源管理师职业能力水平证书考试的指定教材。这是一门为能源管理专业专科生与本科生开设的专业课，也是必修课程。本书分为三部分：第一部分包括第1~2章，主要介绍能源系统及能源与环境问题的基本概念和基础知识；第二部分包括第3~5章，主要介绍国内环境保护和应对全球气候变化对能源发展提出的要求、我国节能减排的政策与行动、国际社会及我国应对全球气候变化的努力与行动；第三部分包括第6~10章，主要介绍与能源活动相关的大气污染物及温室气体排放清单的编制方法，并以电力、钢铁、建材和交通运输等重点行业为例进行了具体分析。目的在于培养学生掌握能源与环境问题的基本知识，使学生能够正确理解与能源活动相关的环境问题的基本理论、基本技能和方法，并能综合运用于对节能减排和能源管理问题的分析。

　　本书编写依据《能源与环境概论课程考试大纲》，其特点是：

　　1. 本书在编写过程中，以考试大纲为依据，注重基本概念的讲解及基本技能的培训，尽量通过深化内容引导学员形成系统的知识体系，为更好地学习和掌握后续课程相关知识作好铺垫。

　　2. 全书依据指定教材的结构，以章为单位。根据考试大纲对各知识点不同难易程度的要求，将知识点及知识点下的细目进行了讲解分析，便于学员掌握考核知识点。

　　3. 每章包含的"学习目标"部分给出了对学习内容的掌握程度要求和应达到的目标；"自学时数"部分是根据章节内容给出的自学所用时间的参考时数；"教师导学"是作者从教师角度出发，说明本章内容在本课程中的地位、作用，并阐述本章学习中的重点、难点、学习方法以及应注意的问题；在每章后的"自学指导"部分给出了学习重点与难点；"复习思考题"部分综合了考试大纲和教材对应试者的要求，可用于检验应试者的学习效果。

　　4. 本书覆盖全部考核内容，适当突出重点章节，并且加大了重点内容的覆盖密度，可供参加能源管理专业自考（专科、独立本科段）和能源管理师职业能力水平证书考试的相关人员集体学习或个人自学使用，也可供相关专业人士作为能源管理工具书。

　　本书由国家发展和改革委员会能源研究所杨宏伟研究员编写，由清华大学孟昭利教授主审，中国人民大学李金轩教授副审，经过编委会审定后出版。本书在编写过程中，参考和引用了书中所列参考文献中的内容，同时也参考和引用了部分网络媒体的相关资料，谨向这些文献的编著者以及在编写过程中给予帮助的所有专家学者致以诚挚的感谢。

由于编者水平有限，加之时间仓促，书中难免会有疏漏与不足之处，殷切希望广大读者给予指正，以利于日后改正。

编　者

2012 年 1 月于北京

目　录

第1章　能源系统基础

▶ 学习目标

1. 应知道、识记、理解的内容
- 能源分类方法
- 能源生产与能源消费
- 能源平衡
2. 应领会、掌握、应用的内容
- 一次能源与二次能源
- 可再生能源与非可再生能源
- 能源生产量
- 能源消费量
- 能源平衡表

▶ 自学时数

4～6学时。

▶ 教师导学

　　为了正确认识与能源活动相关的环境问题，首先需要了解能源的分类及其基本特点，建立起能源系统的基本概念。学习本章，主要掌握一次能源与二次能源、可再生能源与非再生能源的定义及特点，了解能源平衡表和能流图的基本含义。

　　本章的重点为：1. 能源分类与特点；2. 一次能源与二次能源、可再生能源与非可再生能源；3. 能源生产量和能源消费量；4. 能源平衡表。

1.1 能源分类

能源是指提供能量的自然资源，是机械能、热能、化学能、原子能、生物能、光能等的总称。能源在人类社会的发展中占据重要地位，它是人类社会发展的基本条件，是发展农业、工业、科学技术和提高人民生活水平的重要的物质基础。能源开发利用的广度和深度，是衡量一个国家的科学技术和生产发展水平的主要标志之一。人类利用能源的历史表明，每一种能源的发现和利用，都把人类支配自然的能力提高到一个新的水平；能源科学技术的每一次重大突破，都引起生产技术的革命。

1.1.1 能源分类方法

要认识能源的本质和特点，合理利用能源资源，必须根据能源的特点和实践要求对能源进行分类。世界各国对能源的分类方法很多，如按能源的形态、特性或转换和利用的层次进行划分等。

根据目前人类开发利用能源的情况，世界上的能源可以划分为 11 种类型：化石能源（煤炭、石油、天然气）、水能、核能、电能、太阳能、生物质能、风能、海洋能、地热能、氢能、受控核聚变能。这是能源的基本形式。

此外，人们还从各种角度对能源进行分类，常见的通用术语有：可再生能源与非再生能源，新能源与常规能源，商品能源和非商品能源，一次能源与二次能源。这些通用术语都是相对的概念。

抓住"相对"性是正确理解这些通用术语的关键。

1. 可再生能源与非再生能源

可再生能源是可供人类永续利用的自然界的能源，包括太阳能、生物质能、水能、风能、波浪、洋流和潮汐能，以及海洋表面与深层之间的热循环、地热能等。与此相对的煤炭、石油、天然气等化石能源是非再生能源。

2. 新能源与常规能源

新能源是在新技术基础上开发利用的能源，例如太阳能、风能、生物质能、海洋能、地热能、氢能等。新能源是世界新技术革命的重要内容，是未来世界持久能源系统的基础。与此相对应，已经大规模生产和广泛利用的化石燃料和水能，称为常规能源或传统能源。常规能源是目前的主要能源，根据国际能源署统计，2009 年全世界一次能源供应总量中，煤炭占 27.2%，石油占 32.8%，天然气占 20.9%，水电占 2.3%，以上四项常规能源合计占 83.2%。见图 1-1。

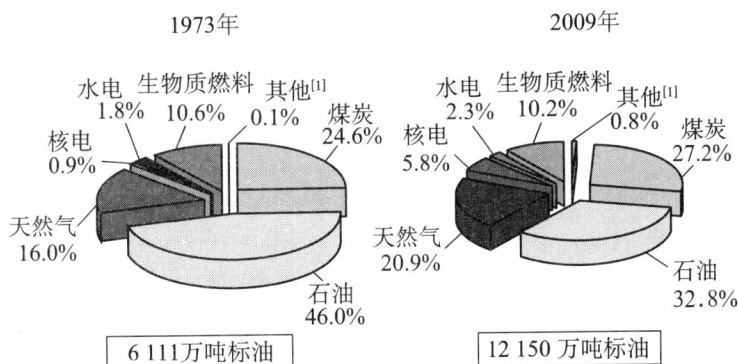

图 1 - 1　全球一次能源供应结构变化情况

数据来源：国际能源署《2011 年世界能源统计资料》。

3. 商品能源与非商品能源

非商品能源是指薪柴、秸秆等农业废料、人畜粪便等就地利用的能源。非商品能源在发展中国家农村地区的能源供应中占有很大比重。与此相对的商品能源则是作为商品经过流通环节大量消费的能源。目前，商品能源主要有煤炭、石油、天然气、水电和核电等。

4. 一次能源与二次能源

一次能源是指从自然界取得的未经任何改变或转换的能源，如流过水坝的水，开采出的原煤、原油、天然气和天然铀矿等。与此相对应，一次能源经过加工或转换得到的能源则称为二次能源。例如电力、用作燃料的各种石油制品（汽油、柴油、煤油等）、焦炭、煤气、热能、氢能等。一次能源转换成二次能源时，总会有转换损失，但二次能源比一次能源有更高的终端利用效率，也更清洁和便于利用。

这些分类方法有助于我们根据需要从不同角度去认识能源。不同方法的分类结果是相对的而不是绝对的，相互之间可能存在交叉关系。例如：原煤是一次能源，是化石能源，也是非再生能源；汽油是二次能源，是化石能源，也是非再生能源；薪柴是一次能源，是非化石能源，也是可再生能源。

1.1.2　能源生产与消费

能够直接用作终端能源（即通过用能设备供消费者使用的能源）使用的一次能源是很少的，天然气是少数几种可作为终端能源使用的一次能源之一。而大部分一次能源都需要转换成二次能源来加以利用。即人类利用能源的过程包含了能源的开采、加工转换、输送和终端利用等多道环节。为便于核算和比较能源的数量，国家统计局基于我国现有统计制度对全国（或地区）的能源生产总量和能源消费总量的含义作出了统一规定。

———————————

[1] 包括地热能、太阳能、风能、热能等。

1. 能源生产总量

能源生产总量指一定时期内全国（地区）一次能源生产量的总和，是观察全国（地区）能源生产水平、规模、构成和发展速度的总量指标。一次能源生产量包括原煤、原油、天然气、水电、核能及其他动力能（如风能、地热能等）发电量，不包括低热值燃料生产量、生物质能、太阳能等的利用和由一次能源加工转换而成的二次能源产量。

2. 能源消费总量

能源消费总量指一定时期内全国（地区）物质生产部门、非物质生产部门和生活消费的各种能源的总和，是观察能源消费水平、构成和增长速度的总量指标。能源消费总量包括原煤和原油及其制品、天然气、电力，不包括低热值燃料、生物质能和太阳能等的利用。其计算公式为：

$$\frac{全国（地区）}{能源消费总量} = \frac{能源期初}{库存量} + \frac{一次能源}{生产量} + \frac{能源进口量}{（调入量）} - \frac{能源出口量}{（调出量）} - \frac{能源期末}{库存量}$$

能源消费总量分为以下三部分。

（1）终端能源消费量。指一定时期内全国（地区）生产和生活消费的各种能源在扣除了用于加工转换二次能源消费量和损失量以后的数量。

（2）能源加工转换损失量。指一定时期内全国（地区）投入加工转换的各种能源数量之和与产出各种能源产品之和的差额，是观察能源在加工转换过程中损失量变化的指标。

（3）能源损失量。指一定时期内能源在输送、分配、储存过程中发生的损失和由客观原因造成的各种损失量，不包括各种气体能源放空、放散量。

1.2 能源平衡

能源平衡通常是指某一特定的地区或系统内在一定时期内能源投入与产出之间的平衡。按照能源平衡范围的大小可分为国家能源平衡、地区能源平衡、部门能源平衡、企业能源平衡、工序能源平衡和设备能源平衡等；按照能源种类可分为煤炭平衡、石油平衡、天然气平衡、水能平衡、核能平衡、新能源平衡和生物质能平衡等各种一次能源平衡，以及电能平衡、热能平衡、焦炭平衡和煤气平衡等二次能源平衡。以上两大类能源平衡，都包括宏观能源系统和微观能源系统两方面。因此，比较大的能源系统往往既包括一次能源平衡，也包括二次能源平衡。

能源平衡问题涉及各种能源的开发、加工、转换、输送、分配、储存和利用等能源系统各环节的技术、经济和管理问题，因此影响能源平衡的因素是复杂的。一般而言，影响能源平衡的主要因素有：国民经济发展水平及其结构、能源系统效率、能源资源条件及其利用程度、能源的进出口以及其他社会因素等。为了达到能源平衡优化，要认真研究影响能源平衡的各种因素，并采取适当措施，使在能源系统的各道环节达到最好的能源经济效益。

1.2.1 能源平衡表

　　能源平衡表以一种矩阵形式的表格将各种能源的供应、加工转换、传输损失及终端消费的数据集中在一起，从数量上揭示能源的生产、加工转换和终端消费间的关系，直观反映各种能源在报告期内的流向与平衡关系。

　　能源平衡表按统计范围可分为全国、地区、部门和企业能源平衡表；按品种可分为单项能源平衡表和综合能源平衡表。地区能源平衡表在实践中应用最广，它采用矩阵形式，由三个基本部分组成（如表 1 − 1 所示），"列"为各种一次能源和二次能源，"行"为能源流向和各种经济活动。

表 1 − 1　　　　　　　　　　　2009 年北京能源平衡表（实物量）

项　目	煤合计（万吨）	原煤（万吨）	...	油品合计（万吨）	原油（万吨）	汽油（万吨）	...	天然气（亿立方米）	...	热力（百亿千焦）	电力（亿千瓦时）	其他能源（万吨标煤）
一、可供本地区消费的能源量	2 547.74	2 336.70	...	1 413.00	1 164.50	90.27	...	68.28	...	474.03	512.97	0.78
1. 一次能源生产量	641.25	641.25	...				...		...		0.38	
2. 回收能			...				...		...	474.03		
3. 外省份调入量	2 561.58	2 350.00	...	1 321.37	575.75	177.56	...	68.28	...		512.59	0.74
4. 进口量			...	733.83	567.81		...		...			
5. 境内轮船和飞机在境外的加油量			...	63.71			...		...			
6. 本省份调出量（−）	− 532.32	− 532.32	...	− 657.94		− 79.59	...		...			
7. 出口量（−）	− 132.24	− 132.24	...	− 1.12			...		...			
8. 境外轮船和飞机在境内的加油量（−）			...	− 70.01			...		...			
9. 库存增（−）、减（+）量	9.47	10.01	...	23.16	20.94	− 7.70	...		...			0.04
二、加工转换投入（−）产出（+）量	− 1 460.59	− 1 254.11	...	− 37.70	− 1 161.28	272.55	...	− 23.87	...	14 002.03	242.02	
1. 火力发电	− 675.04	− 665.16	...	− 3.27			...	− 13.55	...	− 474.03	242.02	
2. 供热	− 573.26	− 559.12	...	− 17.63			...	− 9.13	...	14 476.06		
3. 洗选煤	− 1.00	− 13.49	...				...		...			
4. 炼焦	− 214.27	− 0.58	...				...		...			
5. 炼油			...	− 16.80	− 1 161.28	272.55	...	− 1.19	...			
6. 制气			...				...		...			
#焦炭再投入量（−）			...				...		...			
7. 煤制品加工	2.98	− 15.76	...				...		...			
三、损失量			...	1.65	1.65		...	3.73	...		54.86	
四、终端消费量	1 204.11	1 198.50	...	1 348.07		363.61	...	41.80	...	15 325.08	703.99	0.72

续表

项目	煤合计（万吨）	原煤（万吨）	...	油品合计（万吨）	原油（万吨）	汽油（万吨）	...	天然气（亿立方米）	...	热力（百亿千焦）	电力（亿千瓦时）	其他能源（万吨标煤）
1. 农、林、牧、渔、水利业	47.84	47.84	...	11.67		5.14	...	0.00	...		15.73	
2. 工业	547.01	541.39	...	416.10		21.75	...	6.73	...	4 895.76	227.99	0.72
# 用作原料、材料		0.49	...	248.80		0.49	...		...			0.62
3. 建筑业	20.02	20.02	...	45.41		8.51	...	0.47	...	126.72	20.10	
4. 交通运输、仓储和邮政业	25.15	25.15	...	514.57		43.68	...	2.74	...	582.45	49.24	
5. 批发、零售业和住宿、餐饮业	43.45	43.45	...	50.79		21.88	...	4.52	...	1 308.37	69.90	
6. 生活消费	273.55	273.55	...	238.02		214.80	...	9.85	...	2 640.00	128.80	
城镇	68.85	68.85	...	227.33		210.00	...	9.45	...	2 640.00	98.32	
乡村	204.70	204.70	...	10.69		4.80	...	0.40	...		30.47	
7. 其他	247.09	247.09	...	71.51		47.85	...	17.49	...	5 771.79	192.23	
五、平衡差额	-116.96	-115.91	...	25.58	1.57	-0.79	...	-1.12	...	-849.02	-3.86	0.06
六、消费量合计	2 664.70	2 452.61	...	1 387.42	1 162.93	363.61	...	69.40	...	15 799.11	758.85	0.72

数据来源：《2010 中国能源统计年鉴》。

总矩阵的平衡关系式为：

可供本地区消费的能源量 = 终端消费量 + 损失量 + 平衡差 - 加工转换投入产出量

子矩阵的平衡关系式为：

$$可供本地区消费的能源量 = \left(\substack{一次能源\\产量} + \substack{回收\\能} + \substack{外省\\调入量} + \substack{进口\\量} + \substack{境内轮船和飞机\\在境外的加油量} \right) -$$

$$\left(\substack{出口\\量} + \substack{调出\\省外量} + \substack{境外轮船和飞机\\在境内的加油量} \right) - \substack{库存\\变化量}$$

加工转换投入和产出 = 一次能源投入加工转换量 - （产出的二次能源量 + 转换损失量）

终端消费量 = 物质生产部门消费 + 非物质生产部门消费 + 生活消费

其作用：一是全面反映各种能源的生产、消费、分配与进出口的平衡关系，了解各种能源的自给程度和对经济发展与提高人民生活的保证程度，为编制能源规划提供依据。二是考察能源系统加工转换过程，投入与产出的数量平衡关系，为分析能源加工转换效率提供基础数据。二是反映能源消费结构。如：一次能源与二次能源消费结构，分部门和分地区的能源消费结构，各种能源分部门分行业的消费结构，用作燃料同用作原材料的比例等，为研究改善能源流向、产业结构、行业结构和产品结构提供依据。四是反映能源与经济发展的关系，分析节能潜力，为进一步开展节能工作和进行能源供需预测提供基础数据。

1.2.2 能流图

能流图是表明一个国家或地区一定时期内能源流向的图表，包括能源的来源、进出口、加工转换以及各终端使用部门的分配。用图表形势表示能源的流向及流量，可以看清能源的生产结构和消费结构、能源供需平衡以及能源的利用效率，掌握各部门的用能情况。因此，能流图对于分析能源环境问题和开展能源规划及管理都具有重要指导作用。

(百万吨标煤)

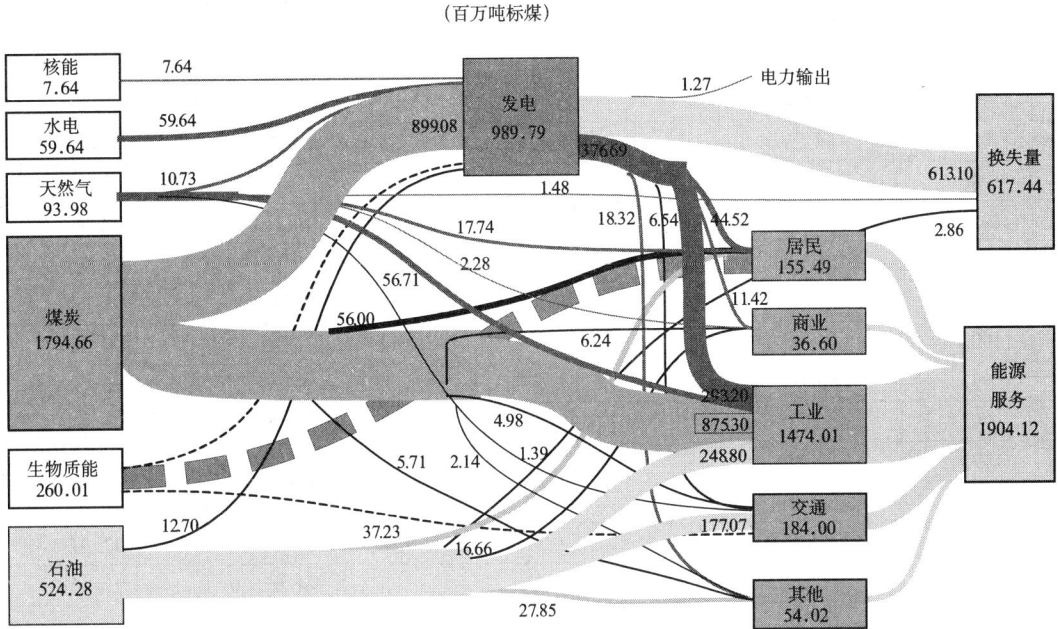

图 1 - 2　2007 年中国能流图

数据来源：《2009 中国能源统计年鉴》。

从能流图可以直观反映出各道环节的投入产出关系，这样便于测算每道环节对应的大气污染物和温室气体的排放量。能源加工转换效率是其中的重要概念。能源加工转换效率指一定时期内能源经过加工、转换后，产出的各种能源产品的数量与同期内投入加工转换的各种能源数量的比率。它是观察能源加工转换装置和生产工艺先进与落后、管理水平高低等的重要指标。计算公式为：

$$能源加工转换效率 = \frac{能源加工、转换产出量}{能源加工、转换投入量} \times 100\%$$

表 1 - 2 列出了我国 1980—2009 年的能源加工转换效率。可以看出，我国发电及电站供热、炼焦加工转换环节的效率取得长足进步，分别从 1980 年的 36.02% 和 88.68% 提高到 2009 年的 41.73% 和 97.38%，主要得益于火力发电和炼焦技术的进步和能源管理水平的不断提高。但炼油的加工转换效率略有降低，从 1980 年的 99.00% 下降 2009 年的 96.63%，主要是由于原油来源地和原油品质变化影响了炼油环节的投入产出比。总体而言，我国能源加工转换系统的总效率从 1980 年的 69.54% 提高到 2009 年的 72.01%，显著地减少了单位能源产出相对应的资源消耗，有利于从源头上有效减少大气污染物及温室气体的排放。

表 1-2 　　　　　　　　　　　1980—2009 年我国能源加工转换效率　　　　　　　　单位：%

年份	总效率	发电及电站供热	炼焦	炼油
1980	69.54	36.02	88.68	99.00
1981	69.28	36.68	90.89	99.06
1982	69.20	36.78	90.51	99.13
1983	69.93	36.94	91.18	99.16
1984	69.16	36.95	90.08	99.17
1985	68.29	36.85	90.79	99.10
1986	68.32	36.69	90.63	99.04
1987	67.48	36.75	90.46	98.81
1988	66.54	36.34	90.77	98.76
1989	66.51	36.74	90.30	98.57
1990	66.48	37.34	91.28	90.19
1991	65.90	37.60	89.90	98.10
1992	66.00	37.80	92.70	96.80
1993	67.32	39.90	98.05	98.49
1994	65.20	39.35	89.62	97.48
1995	71.05	37.31	91.99	97.67
1996	70.19	36.63	94.07	97.46
1997	69.76	35.89	94.01	97.37
1998	69.28	37.09	94.97	96.41
1999	69.25	37.04	96.13	97.51
2000	69.04	37.36	96.21	97.32
2001	69.34	37.63	96.48	97.92
2002	69.04	38.73	96.63	96.71
2003	69.40	38.83	96.13	96.80
2004	70.91	39.46	97.55	96.43
2005	71.55	39.87	97.57	96.86
2006	71.24	39.87	97.77	96.86
2007	70.77	40.24	97.56	97.17
2008	71.55	41.04	97.75	97.17
2009	72.01	41.73	97.38	96.63

数据来源：《2010 中国能源统计年鉴》。

复习思考题

一、单项选择题（在备选答案中选择 1 个最佳答案，并把它的标号写在括号内）

1. 根据能源的形态、特性或转换和利用方式，能源可以划分为（　　　）。

A. 可再生能源与商品能源　　　　　B. 常规能源与核能

C. 一次能源与商品能源　　　　　　D. 可再生能源与非可再生能源

2. 以下列出的能源品种中,(　　)是一次能源。

A. 汽油　　　　　　　　　　　　　B. 沥青

C. 薪柴　　　　　　　　　　　　　D. 液化石油气

3. 在统计我国某地区的一次能源生产量时,(　　)不应该被纳入统计范围。

A. 水电　　　　　　　　　　　　　B. 煤炭

C. 天然气　　　　　　　　　　　　D. 柴油

二、多项选择题(在备选答案中有 2 ~ 5 个是正确的,将其全部选出并将它们的标号写在括号内,选错或漏选均不得分)

1. 可再生能源是可供人类永续利用的自然界的能源。在以下所列出的能源品种中,(　　)是可再生能源。

A. 风能　　　　　　　　　　　　　B. 太阳能

C. 核能　　　　　　　　　　　　　D. 生物质能

E. 潮汐能

2. 能源平衡问题涉及各种能源的(　　　)等能源系统各环节的技术、经济和管理问题。

A. 加工转换　　　　　　　　　　　B. 终端利用

C. 开发　　　　　　　　　　　　　D. 输送分配

E. 储存

三、简答题

1. 能流图应包括哪几方面的核心要素?

2. 请结合实例给出任意两种能源分类的方法。

四、论述题

1. 能源平衡表是开展能源管理的一项重要基础信息,能源平衡表的主要作用有哪些?

2. 能源加工转换效率表达了什么样的物理意义?

第2章　能源环境问题

▶ **学习目标**

1. 应知道、识记、理解的内容
- 煤炭开采引发的生态破坏
- 石油和天然气开采引起的生态破坏
- 核能开发利用的环境风险
- 水电开发的环境影响
- 其他可再生能源能源开发过程中的环境影响
- 大气污染物及其主要排放源
- 能源活动与全球气候变化的关系

2. 应领会、掌握、应用的内容
- 煤炭开采导致生态破坏的主要类型
- 能源加工转换和终端利用造成的大气污染的主要类型
- 能源生产、加工转换和能源消费引起的温室气体排放的主要类型

▶ **自学时数**

8～10学时。

▶ **教师导学**

　　通过学习本章，了解能源生产和利用可能造成哪些方面的环境影响，主要关注对生态系统、大气环境和气候变化三方面的影响，学习全面系统地分析能源引发的环境问题的基本方法。

　　本章的重点为：1. 能源加工转换和终端利用造成的大气污染的主要类型；2. 能源生产、加工转换和能源消费引起的温室气体排放的主要类型。

2.1　能源资源禀赋特征

人类社会能源开发利用经历了生物质能、煤炭和石油天然气三个历史时期,目前处于煤炭、石油、天然气利用为主和向新能源和可再生能源利用的过渡时期。

2.1.1　我国常规能源资源总量较丰富,但人均资源量贫乏

我国常规能源资源总量较丰富。2009 年煤炭剩余探明可采储量居世界第三位,地质理论资源量 5 万多亿吨,保有储量 1 万多亿吨,探明可采储量 1 145 亿吨;水电资源量居世界首位,经济可开发量约 4 亿千瓦。按国际标准,我国划归为油气资源"比较丰富"的国家,石油可采资源量 212 亿吨,探明剩余可采储量 20 亿吨,平均探明率 33%;天然气可采资源量 22 万亿立方米,已探明可采储量 3.5 万亿立方米,平均探明率只有 15.9%。

但是,我国的人均能源资源拥有量相对贫乏。常规能源资源总量约为世界的 10%,但人均拥有的能源资源只占世界平均值的 40%。2009 年我国人均煤炭、石油、天然气资源量仅分别为世界平均水平的 70%、6% 和 7%,特别是我国石油资源量严重不足,最终可采储量仅占世界石油可采储量的 3% 左右,剩余可采储量仅占世界剩余可采石油储量的 1%。

2.1.2　我国油气资源短缺,保证程度低

若按目前煤炭、石油、天然气生产能力计算,我国剩余可采储量的保证程度:煤炭为 38 年,石油为 11 年,天然气为 30 年,大大低于世界平均水平。而且我国能源需求量仍将持续增长,如果按照未来一二十年我国的能源需求预测量估算,煤炭、石油和天然气的资源保证程度还将进一步下降,我国油气供应将面临长期依赖进口的局面。2011 年我国能源消费总量达到 34.8 亿吨标准煤,其中石油 4.7 亿吨,石油对外依存度超过 55%,能源安全供应压力进一步加大。

2.1.3　能源资源开发速度较快

改革开放以来,我国能源建设取得了巨大成就,能源供应已从多年的严重短缺转到总量基本平衡,已基本适应国民经济和社会发展的需求。从 2000 年开始,我国能源生产总量以年均 11.25% 的速度快速增长,生产规模逐年扩大。2010 年全国一次能源生产总量 27.97 亿吨标准煤,比上年增长 7.7%,其中:原煤占 76.6%,原油占 9.8%,天然气占 4.2%,水电占 7.8%,核电占 0.8%。见图 2-1。

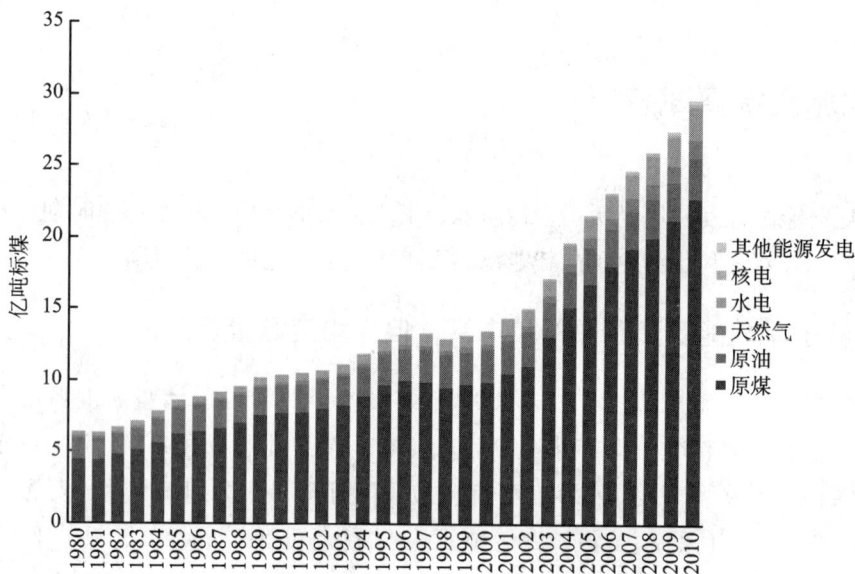

图 2 - 1　1980—2010 年我国能源生产量及构成情况

2.1.4　常规能源资源地理分布区域与主要能源消费区域距离较远

我国能源资源的空间分布具有明显的区域性特征。煤炭资源主要在太行山—秦岭以西的地区，水电资源集中分布在西南地区，天然气资源集中分布在西南和西北地区。而我国的能源消费地却主要在东部沿海地区。能源产区和消费区的空间错位造成了我国"北煤南运"、"西气东输"和"西电东输"的空间调配格局，区际能源运输量巨大。据初步统计，2011 年全国铁路发送货物 39.3 亿吨，其中煤炭运量就有 22.7 亿吨，占到全国铁路货运总量的57.8%。如何合理规划能源基地产量的调配，是我国能源生产和供应长期面临的一项挑战。

2.1.5　我国能源产量以煤为主，可再生能源资源和核能开发利用比重偏低

我国能源生产结构以煤为主，煤炭开发引发的生态环境问题较其他能源资源危害严重，因此我国能源开发主要表现为"煤炭型"生态环境约束。

我国可再生能源资源和核能开发利用比重偏低。可再生能源资源和核能开发具有良好的生态环境特性，虽然我国具有丰富的水电、风能、生物质能等可再生能源资源，核能开发利用潜力也较大，但由于目前开发利用程度偏低，我国能源开发生态环境恶化的趋势没得到有效遏制。

2.2　煤炭基地开发现状及主要生态问题

2.2.1　煤炭基地的开发现状

煤炭基地指具有年产 5 000 万吨以上煤炭生产能力、有一个或多个矿区、在全国或

大区供给起关键作用的煤炭产区。2003 年初，针对我国煤炭开发的突出问题，国务院作出了"利用国债资金重点支持大型煤炭基地建设、促进煤电联营、形成若干个亿吨级煤炭骨干企业"的重大决策。2006 年国家发展改革委规划了 13 个大型煤炭基地（发改能源〔2006〕352 号）。主要包括神东、陕北、黄陇、晋北、晋中、晋东、鲁西、两淮、冀中、河南、云贵、蒙东（东北）、宁东等基地，包含 98 个矿区，分布在 14 个省份，总面积 287 143 平方公里，保有资源储量约占全国保有资源储量的 85%。见图 2 - 2、表 2 - 1。

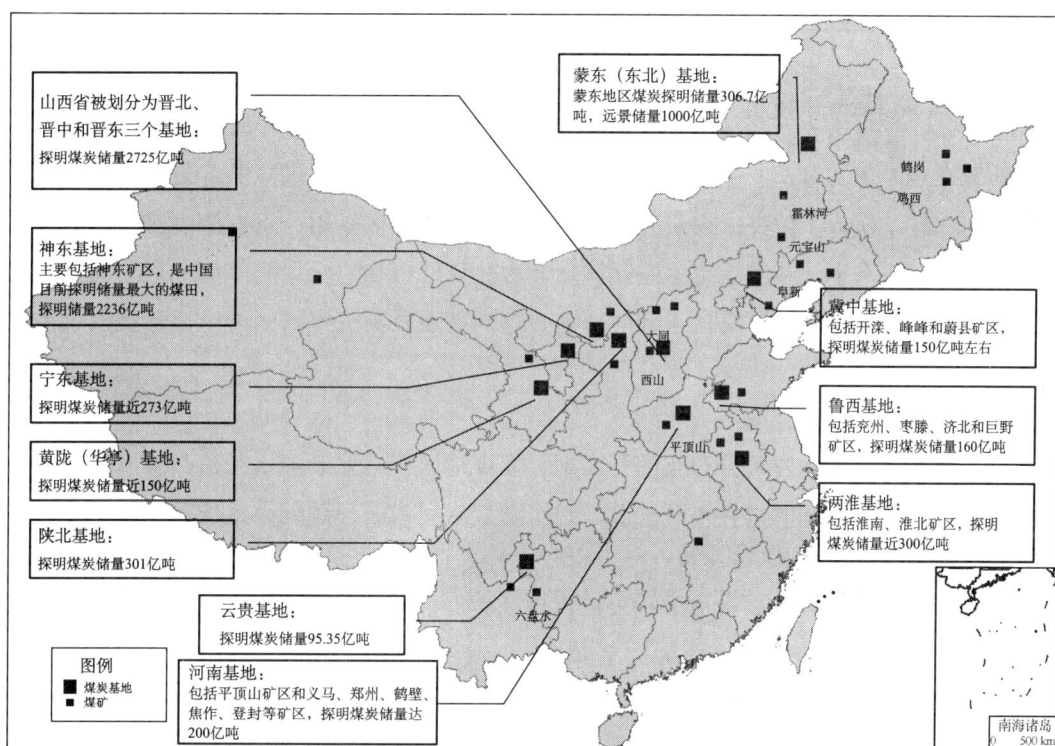

图 2 - 2　13 个煤炭基地分布图

表 2 - 1　13 个煤炭基地资源和产量

名称	资源量（亿吨）	比重（%）	矿井数（处）	产量（万吨/年）	服务年限
神东	1 723.59	22.04	1 122	18 068	50 年以上
晋北	262.89	3.36	939	23 784	50 年以上
晋东	532.79	6.80	1 429	20 389	50 年以上
蒙东（东北）	274.67	3.51	122	15 580	50 年以上
云贵	1 615.43	20.66	1 792	8 019	50 年以上
河南	265.89	3.40	1 732	10 139	50 年以上
鲁西	179.42	2.29	350	13 105	30~40 年

名称	资源量（亿吨）	比重（%）	矿井数（处）	产量（万吨/年）	服务年限
晋中	1 098.08	14.04	1 731	15 862	50 年以上
两淮	291.05	3.72	133	7 011	50 年以上
黄陇	247.97	3.17	394	5 300	50 年以上
冀中	201.75	2.58	1 077	6 227	30~40 年
宁东	377.70	4.83	42	3 303	50 年以上
陕北	751.17	9.60	103	1 889	50 年以上
总计	7 819.40	100.00	10 966	157 676	

2.2.2 煤炭基地开发面临的生态问题

我国煤炭基地大多位于中西部地区，自然环境相对恶劣。而煤炭的开发又加剧了这些地区的生态环境压力。首先，煤炭开采对水资源有巨大破坏作用，水资源的缺乏导致植被破坏、水土流失和土地荒漠化等生态问题。其次，煤矸石和地面塌陷等问题也容易加剧植被破坏、水土流失和土地荒漠化进程。目前，煤炭基地开发主要面临的生态环境问题主要包括以下几方面。

1. 水资源的破坏和污染

我国煤炭资源与水资源分布空间不匹配，富煤地区基本处于降水径流量少、干燥指数高的地区。贫水地区同时以井工开采破坏地下岩层空间水循环系统，造成区域地下水位下降和地下水资源污染破坏。

采煤需要对矿井排水和对地下含水层进行预先人工疏干，采掘形成的导水裂隙带会对上覆含水层产生自然疏干。采矿破坏了矿区的水文地质条件，使蓄水层和隔水层遭到破坏，损害水均衡系统，大量地下水渗漏减少了地表径流，致使地下水位下降。采矿导致含水层的含水被导空和引起地表潜水位的下降，造成农作物减产和采矿区工、农业用水及饮用水困难。而且由于矿井水矿物质含量高，污水处理费用大，大部分矿井污水并未加以处理就近排掉。由矿井水、选煤厂的污水和煤矸石渗水构成的矿区水污染源，使地表水体严重污染并含有害元素。

2005 年全国煤矿排放矿井水量 45 亿立方米，矿井水利用率仅为 44%。全国 101 个国有重点矿区中 71% 的矿区缺水。据统计，我国煤矿每年产生的各种废污水约占全国总废污水量的 25%，山西省采煤排水导致的矿区地下水位下降，已造成 600 万人饮用水困难，准格尔露天矿的煤层埋深不足 100 米，煤炭开采后周边的民用水井全部干枯。

2. 植被破坏

煤田的大面积开发直接破坏了地表景观，毁坏了自然植被。同时，植被的破坏导致了干旱、暴雨增多和水土流失，严重的水土流失又加剧了地面切割、沟谷发展和土壤养分流失，破坏了植被立地条件，致使生态环境陷入一种恶性循环。

3. 土地荒漠化和水土流失

煤炭基地开发对水资源的污染和破坏会进一步引发和加重基地的沙漠化和水土流失问题。煤炭基地的开采不仅破坏植被和地下含水层，而且导致地表水泄漏，并改变地表土壤的灌溉性、持水性和水土平衡，致使表土疏松、裸岩面积扩大，加剧矿区水土流失，使煤矿地区土地荒漠化趋势加快。

晋陕蒙接壤地区水土流失严重，是黄河流域水土流失最严重的地区，被列为国家级水土流失重点治理区。根据黄委晋陕蒙接壤地区水土保持监督局对乌兰木伦河流域（3 839 平方公里）1986—1998 年监测表明，由于煤炭开发建设而新增的流失量达5 078 万吨，在人为新增入黄泥沙中，因弃土弃渣直接堆入河（沟）道而造成的新增量占 67%；人为新增水土流失量是同期水保、水利措施减沙量（年均 256 万吨）的1.53 倍。

4. 地质灾害

采煤引起的地质灾害主要表现为地面塌陷和裂缝、滑坡、泥石流等。井下采煤形成的采空区导致地表岩石向下陷落，形成地面塌陷、地裂缝地质灾害，破坏耕地、毁损林地，导致矿区建筑物裂缝、交通道路变形破坏和村庄搬迁等。矿区坡脚开挖及采空区塌陷以及采剥的大量土石加载在斜坡上，巨大的负荷及地面塌陷地裂缝诱发崩塌、滑坡等。

目前全国煤矿采空区塌陷面积累计达到 100 万公顷左右，每年新增采空区 6 万公顷。平均每采 1 万吨煤，地表沉陷 3 亩。山西省已有 15% 以上的地面悬空，上百座村庄被迫集体搬迁。据国家环保总局调研，煤炭每新增 100 万吨年产能，将形成地表塌陷或挖损面积2 100 公顷。而黑龙江省四大煤城——鸡西、鹤岗、双鸭山、七台河，目前已形成了一处近 500 平方千米的塌陷区，直接受影响的达 30 多万人。

5. 煤矸石排放

煤矸石是采煤过程和洗煤过程中排放的固体废物，是一种在成煤过程中与煤层伴生的一种含碳量较低、比煤坚硬的黑灰色岩石。包括巷道掘进过程中的掘进矸石、采掘过程中从顶板、底板及夹层里采出的矸石以及洗煤过程中挑出的洗矸石。其主要成分是氧化铝、二氧化硅，另外还含有数量不等的氧化铁、氧化钙、氧化镁、氧化钠、氧化钾、五氧化二磷、三氧化硫和微量稀有元素（镓、钒、钛、钴）。据不完全统计，目前全国历年累计堆放的煤矸石约 50 亿吨，规模较大的矸石山有 1 900 多座，占用土地约 1.5 万公顷，而且堆积量每年还以 2 亿吨的速度增加。全国每年除综合利用约 6 000 万吨外，其余大量的煤矸石堆积在地表，形成了矸石山。煤矸石不仅占用了大量土地，压占土地植被，诱发滑坡、泥石流和岩爆等灾害，而且煤矸石有毒有害物质和盐分，如汞、砷、镉等，随着大气降水和风化作用进入土壤和水环境，从而污染土壤、河流以及地下水。此外，煤矸石在一定气候条件下发生自燃现象，释放大量一氧化碳、二氧化硫、硫化氢等有毒有害气体，污染大气环境并损害居民身体健康。

我国煤炭开采的生态环境问题见表 2-2。

表 2-2　　　　　　　　　　　我国煤炭开采的生态环境问题

生态破坏类型	成　因
水资源破坏和污染	1. 采煤产生矿井水，破坏地下水系，使地下水位下降，采 1 吨煤排出矿井水 2 吨，矿井水利用率 40%。 2. 矿井水、洗煤废水和淋溶水等对水资源污染。
林木和植被破坏	1. 采煤工程毁坏了自然植被和林木。 2. 露天煤矿开采剥离地表层和井工煤矿煤矸石占地。 3. 土壤缺水使植被失去生存条件。 4. 地面塌陷对植被损害。
土地荒漠化	1. 植被覆盖率降低，缺水土壤中水分蒸发，致使土壤中盐分积存。 2. 下游地区抗旱用咸水灌溉，致使土壤中盐分积存。 3. 矿井水、煤矸石淋溶水等污染土壤。
水土流失	采煤塌陷对水资源的破坏和过度消耗以及矿区林木和植被覆盖率降低。采煤引起的水土流失量约占全国水土流失量的 1/3。
地质灾害：地面塌陷、滑坡和泥石流	1. 井下采煤形成的采空区导致地表岩石向下陷落，形成地面塌陷、地裂缝，每采 1 吨煤塌陷面积 0.2 公顷。 2. 地面塌陷地裂缝诱发斜坡崩塌、滑坡等。
煤矸石占地、自燃和污染	煤炭生产平均每吨煤含 10%～15% 煤矸石，煤矸石堆放占用土地，自燃排放污染物，淋溶水污染土壤和水源。

2.3　煤电基地开发现状及面临的主要生态问题

2.3.1　煤电基地的开发现状

我国规划建设的 13 个大型煤炭基地不仅是煤炭生产和输出基地，同时也将成为我国的电力供应基地、煤化工基地和煤炭综合利用基地，实现上下游联营和集聚。

在煤炭基地的基础上，围绕煤炭资源，发展坑口电站，把煤炭就近转换成电力，变输煤为输电是我国发展战略的组成部分。国家规划是：未来新增煤矿坑口电站将占全国新建燃煤火电装机容量的近 50%。目前，全国已经规划了 6 个大型火电基地。分别是蒙东煤电基地，山西、陕西、蒙西煤电基地，云贵煤电基地，两淮煤电基地，锡林郭勒煤电基地，以及河南煤电基地。目前电源项目规模为 1.2 亿千瓦，远景外送规模预计达到 1.5 亿千瓦。这六大基地基本分布在我国中西部地区，与我国东部地区人口经济相对密集的电力消费地区相对错位，从而造成了电力输送的"西电东输"。见图 2-3。

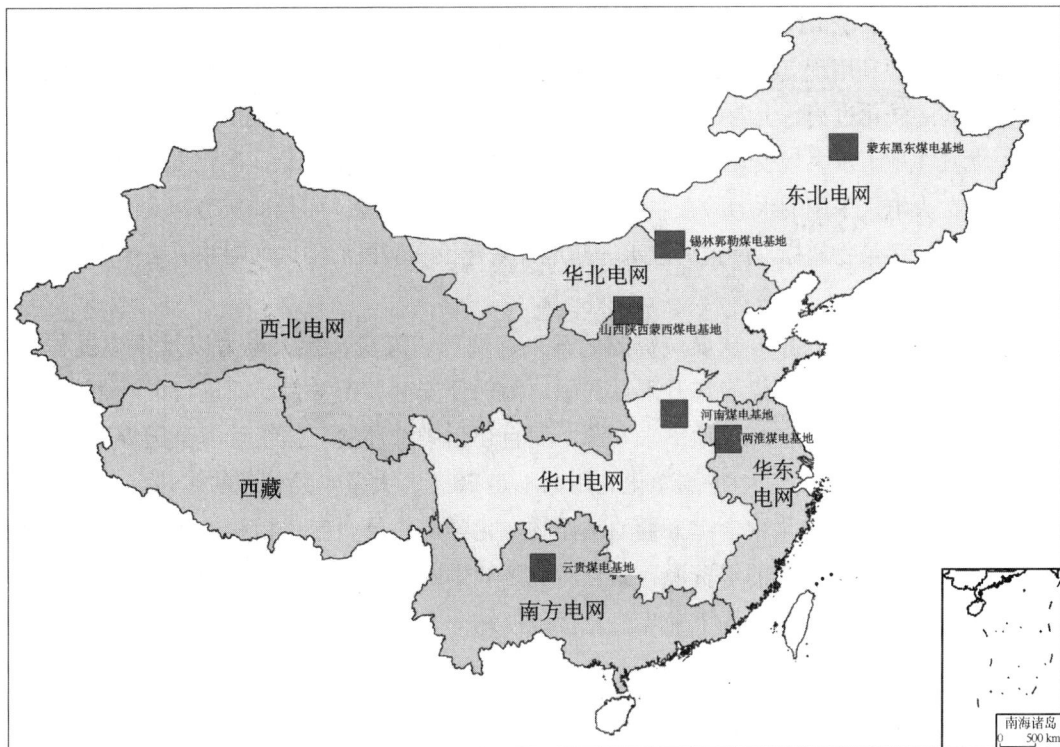

图 2-3 我国主要煤电基地分布

2.3.2 煤电基地开发主要产生的生态问题

煤电基地遭受煤炭开采和煤炭发电叠加的双重生态环境破坏，因此，煤电基地的生态环境问题比纯煤炭基地严重得多。煤电基地开发对当地生态环境产生不同程度的人为破坏，表现为水土流失严重，水资源减少，湿地湖泊灭失，森林功能衰退，草地资源退化，土地沙化、荒漠化加剧，沙尘暴、生物多样性面临威胁等。

1. 地表水径流减少，地下水水位下降

发展电力工业，需要燃烧大量煤炭和一定水资源进行冷却，会形成大量的二氧化硫排放与水资源消耗。目前，常规湿冷火电厂全厂耗水量按设计装机容量计算，每百万千瓦约为 1 吨每秒。按年运行 8 000 小时计，年耗水量约 3 000 万吨。如果火力发电厂汽轮机采用空气冷却系统（简称发电厂空冷系统）作为冷源，其耗水量仅为常规湿冷火电厂的三分之一，同样使用每秒 1 吨的水量，可建 300 万千瓦的空冷电站。因此，就此估计，建造 100 万千瓦的空冷电厂，年耗水量约为 1 000 万吨。而缺水地区煤电基地，会使流域上游水资源过度消耗，资源补给量逐年减少，地表水径流减少，就造成河流断流，湖泊干枯，全流域的天然生态环境平衡遭到破坏。基地运行过程中，若地表水不够用，就大量开采地下水来维持。地表径流量递减，地下水补给量也随递减，地下水采补失调，导致地下水水位持续下降。

2. 水体盐咸化和水污染

随着水资源利用程度的提高，地表水径流减少，而且流域内水资源的利用加速了地表与地下水之间的转化过程，上游地表水量减少，使流域下游区地表水与地下水均表现明显盐化趋势。尤其在地下水大规模开采的地区，地下水盐化还呈现溯源现象，矿化度增高向上游发展。此外，火电厂采用的水力除灰系统不仅消耗大量的水资源，而且冲灰渣水是火电废水中排放量最大、污染物超标最严重的废水。基地开采建设和居民活动也加剧并引起水体污染。

3. 水环境破坏

在煤电基地的建设中，从煤炭资源的开采、洗选、煤炭转换成电力以及供应过程中，产生大量的废水，特别是煤炭在开采过程中，为保证安全和正常生产而进行的地下水疏干和井下涌水排放，不仅破坏了地下水资源，而且还污染水环境。据统计，全国煤矿每年外排矿井水 22 亿吨以上，其中得到净化利用的不足 20%，大量未经处理的矿井水直接外排，而这些未经处理的矿井水中含有大量的悬浮物、化学需氧量、硫化物和生化需氧量等污染物，因此不仅浪费了宝贵的水资源，而且对矿区周围的水环境造成了污染。例如在我国重要的煤电基地山西省，每开采 1 吨煤将直接破坏约 2.5 吨水资源。

> **专栏 2-1：山西省煤炭资源开发对地下水资源的影响**
>
> 山西省煤炭资源是优势，而缺水是山西省的劣势，山西省每挖 1 吨煤要损耗 2.48 吨水，也就是说山西省每年因挖煤而损耗的水资源在 10 亿吨以上，目前山西省因采煤对水资源的破坏面积已达 20 352 平方公里，占全省总面积的 13%。全省每年减少粮食产量 1.17 亿公斤，近 600 万人、几十万头大小牲畜饮水困难。山西省现有的水资源已经越来越难以支撑如此大规模的煤炭开采了。而在山西省现有的水资源中，几乎所有的河道都受到了污染，受污染河流长达 3 753 公里，其中超三类污染河道占 67.2%，严重污染超五类水占总河长 45.8%。大量的煤矸石经雨淋后渗入地下水系，地下水资源遭受严重污染，如大同市地下水的矿化度、总硬度等大幅度超标，一些有害物质超标达 26 倍。据有关资料表明，山西省因挖煤、炼焦、发电造成的环境损耗，保守估计每年达 56.71 亿元，20 年环境损耗价值总量为 1 134.2 亿元。如何解决这一矛盾，是一个长久而复杂的课题。

4. 草场与植被退化

煤电基地建设和开发的大量用水，造成地表和地下水量的减少，水质恶化，土壤含水量减少，植被枯萎甚至死亡，绿洲萎缩退化，大片土地绿洲沦为沙地或荒漠戈壁。河流断流与湖泊消亡，促使气候更趋干旱化；地下水位持续下降与水质恶化，加快了绿洲天然植被和人工营造植物的死亡。植被退化使一些建群种和优势种逐渐衰退和消失，生物多样性下降。不仅破坏了全流域的生态平衡，也导致生态环境的变化。

5. 对生态环境的影响

将煤炭转换成电力需要一定的冷却水。在水资源严重缺乏的地区发展煤电，将有可能占用本已不足的生态用水，从而对地区生态环境造成影响。如为建设白音华煤电基地，规划将西乌珠穆沁草原的高力罕河作为水源供给。但是，西乌旗属于中温带大陆性气候，冬季漫长严寒，春秋多风，夏季少雨干旱，年均降水量 345 毫米，多年平均蒸发量为 2 500 毫米。高力罕河是一条季节性的内陆河，河流总长度 356 公里，流域面积 5 274 平方公里，多年平均径流总量为 2 163 万立方米，平均坡度 1.18%，年径流深 25.7 厘米。该河流属于乌拉盖水系，下游是著名的乌拉盖湿地。根据规划，计划修建水库，每年入水量是 2 000 万立方米，蓄水量大约是 1 亿立方米，如此将导致高力罕河下游断流，草原上的植物根系够不到地下水的时候，将会大面积枯死，导致草原沙化。而且，上游地区由于地下水位抬升，土地将盐碱化，原来的牧草不能生长，植物会被一些喜水、耐盐碱的植物取代。该地区年平均蒸发量较大，如果水库干涸，库底会变为沙坑，周围的土地由于盐碱化，牧草不能生长，取代的植物因水位下降也将枯死，上游也随之沙化。由此，整个乌珠穆沁草原将全部沙化。

另外，一些煤电基地的煤炭为露天开采，露天采掘必须先把煤层上覆盖的表土和岩层剥离，然后进行煤炭开采，因此露天采掘场对地表资源的破坏是十分严重的。以锡林郭勒盟的胜利矿区神华煤电基地为例，该基地位于锡林郭勒中部，距离锡林郭勒草原国家级自然保护区仅 7 000 米，原来全部为天然草原、草甸景观。由于长年干旱，草原表面腐殖层极为薄弱。矿区设计总开采规模 1 000 万吨，平均剥采比首采区为每吨 3.20 立方米，全矿为每吨 4.06 立方米。地表土层的破坏，就将破坏草原，非常容易导致草原沙化。而且剥采区和土场排放区都将破坏原有草原自然植被和土地资源，导致土壤肥力明显下降，水土流失危害程度显著增强。

6. 土壤盐渍化

我国晋东南、陕北、蒙西、锡盟、宁夏基地，水资源相对不足，加之水资源的不合理利用，极易引起基地土壤的盐渍化。随着天然来水量的减少，土壤水分状况变差，植被退化覆盖度降低，导致潜水蒸发更加强烈，盐分在土壤中累积。当地下水位下降到临界蒸发深度以下时，土壤中的积盐便形成残遗积盐保留下来，造成了天然绿洲的土壤盐渍化。人工绿洲土壤盐渍化的直接原因是不合理的水利使用方式：一方面由于缺乏淡水灌溉，大片土地被迫弃耕，因无灌溉水的淋洗和无耕作措施破坏表土结构来阻止蒸发，强烈的蒸发作用使盐分迅速聚集地表，土壤很快成盐渍化；另一方面由于大水漫灌和缺乏排水措施，地下水位大幅度抬升，加剧了蒸发作用，使盐分积聚于土壤带造成大面积土壤盐渍化。由于上游来水量的减少，下游常因过分缺水而采用咸水抗旱灌溉。灌溉后高矿化水中的盐分残留于土壤中，也使土壤盐渍化。

7. 水土流失严重，土地荒漠化加剧，引发沙尘暴

煤电基地由于地表水的利用，减少了地下水的补给，造成区域性地下水位下降，地下水的过量开采从而加剧了区域性地下水位下降的进程。由于水资源量锐减，地下水位过深，使基地内外林木及草本植物不断退化、衰败和枯死。由于植被尤其是林地的破坏，使煤矿、电

厂地区失去了必要的风沙屏障，加之干涸的河道和干涸的湖泊、弃耕的土地提供了丰富的沙源，失去植被的固定、半固定沙丘活化，在风力作用下极易形成新的沙丘和沙链，沙漠化的速度较快。同时由于无水而弃耕的土地因土壤过干几乎寸草不生，在风和太阳热作用下，日渐沙化。特别是位于西北干旱区的煤电基地，原本就是世界上主要的沙尘暴频发区之一，而有关专家已确认具备强风、干燥、沙源和不稳定大气条件的地区是沙尘暴的发源地。

8. 废弃物排放

将煤炭燃烧转换成电力资源，在这个过程中，除产生大量的热量外，还产生了大量的粉煤灰、炉渣和煤矸石。这些废物占用堆放场地，造成环境污染。尤其是对粉煤灰来说，它进入环境后，除占用大量土地、耗用资金，还会严重污染水质、大气，危害人体健康。以内蒙古自治区为例，从1998年到2004年，火电装机容量从637.1万千瓦增加到1 530.1万千瓦，而粉煤灰、炉渣产生量也从762.09万吨增加到1 332.88万吨，提高了将近一倍。而山西省历年积累的煤矸石达到约10亿吨。

煤电基地开发产生的生态环境问题见表2-3。

表2-3　　　　　　　　　　　　煤电基地开发产生的生态环境问题

生态破坏类型	成　因
水资源过度消耗和污染	1. 缺水地区，采煤和发电大量用水，使基地地表水径流减少，地下水位下降。 2. 过量用水和采煤及发电污染，使水体盐化、水质下降。
土地荒漠化、草场和植被退化	1. 采煤和发电对水资源的破坏和过度消耗，基地地表水径流减少，地下水位下降，水量和水质下降使植被生存条件恶化。 2. 煤矿煤矸石、发电粉煤灰、炉渣占地。
土壤盐渍化和污染	1. 植被覆盖率降低，缺水土壤中水分蒸发，致使土壤中盐分积存。 2. 下游地区抗旱用咸水灌溉，致使土壤中盐分积存。 3. 矿井水、发电废水、煤矸石淋溶水污染土壤，发电排放二氧化硫形成酸雨使土壤酸化。
生物多样性损害	1. 地表水径流减少、地下水位下降、土壤盐渍化和污染使林木和植被生存条件恶化。 2. 酸雨对林木和植被损害。
水土流失	1. 采煤塌陷、发电对水资源的破坏和过度消耗。 2. 林木和植被覆盖率降低。

2.4　水电基地开发现状及面临的主要生态问题

2.4.1　水电基地的开发现状

我国的水能资源居世界首位，理论蕴藏量为6.46亿千瓦，年发电量59 200亿千瓦时。据最新复查结果，我国经济可开发的水能资源量为4.02亿千瓦，其中5万千瓦及以下的小水电资源量为1.25亿千瓦，分布广泛，遍及全国30个省份的1 600多个县（市）。2010

年底全国常规水电已开发装机容量 1.97 亿千瓦，年发电量 7 222 亿千瓦时，约占全部发电量 17.2%。见图 2 - 4。

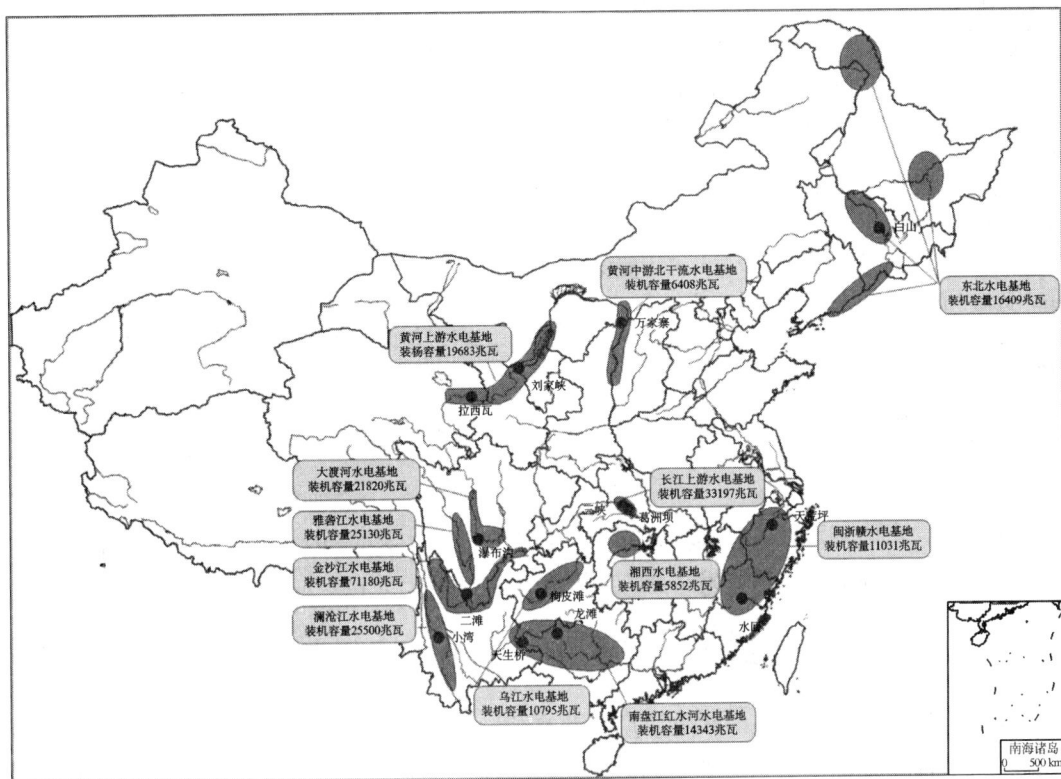

图 2 - 4　十二个大型水电基地分布图

我国水力资源较集中地分布在大江大河干流，便于建立水电基地实行战略性集中开发。经过电力工业部 1979、1989 年的两次规划，形成了现在的十二大水电基地。水力资源富集于金沙江、雅砻江、大渡河、澜沧江、乌江、长江上游、南盘江红水河、黄河上游、湘西、闽浙赣、东北、黄河北干流以及怒江等水电基地，其总装机容量约占全国技术可开发量的 50.9%。特别是地处西部的金沙江中下游干流总装机规模 58 580 兆瓦，长江上游干流 33 197 兆瓦，长江上游的支流雅砻江、大渡河以及黄河上游、澜沧江、怒江的规模都超过 20 000 兆瓦，乌江、南盘江红水河的规模也超过 1 万兆瓦。这些河流水力资源集中，水电设计、施工及运行管理技术已非常成熟，有利于充分发挥水力资源的规模效益实施"西电东送"。见表 2 - 4。

表 2 - 4　　　　　　　　　十二个大型水电基地基本情况

基地名称	范围	规划梯级水电站 级数	经济可开发量 装机（万千瓦）
1. 金沙江	石鼓—宜宾	10	5 858.0
2. 雅砻江	两河口—江口	11	2 531.0

基地名称	范围	规划梯级水电站 级数	经济可开发量 装机（万千瓦）
3. 大渡河	双江口—铜街子	17	2 459.6
4. 长江上游	宜宾—宜昌，清江	5	3 319.7
5. 乌江	六冲河、三岔河，东风—彭水	11	1 079.5
6. 澜沧江	云南省境内	14	2 560.5
7. 黄河上游	龙羊峡—青铜峡	24 ~ 25	2 003.2
8. 南盘江，红水河	鲁布革，天生桥—大藤峡	16	1 431.3
9. 湘西	沅、资、澧水及主要支流	14	590.2
10. 黄河中游北干流	河口全县—禹门口	11	640.8
11. 闽浙赣	三省	118	1 092.5
12. 东北	三省	33 + 12/2	1 869.0
合计		397 + 12/2	25 435.3

注：级数"1/2"为国际界河电站各占一半。

资料来源：《能源百科全书》"中国水能资源"。

在十二大水电基地中，前面 7 项属西部地区，可开发 19 811.5 万千瓦，占 77.9%；第 8 ~ 10 项属中部地区，可开发 2 662.3 万千瓦，占 10.5%。

2.4.2 水电基地开发面临的主要生态问题

水电开发对对生态环境的影响是广泛而复杂，既有有利的正面影响，也有深远的负面影响。一方面，水电资源是清洁可再生能源，"取之不尽，用之不竭"，尽快开发水电资源，减少煤炭开发利用带来的生态环境问题，节约可作为化工原料的化石资源；另一方面，水电开发也会产生负面的生态环境问题。

1. 土地淹没与移民安置

工程建库蓄水淹没地面，包括农田、植被，使库区一些珍稀动植物消失。工程施工和移民，平整、占压、开挖、新开耕地等也对地表植被产生破坏，造成水土流失。一些工程可能会影响到自然保护区、风景名胜区、水源保护区等生态敏感区，如三峡工程建设淹没了上百处名胜古迹。

水电工程还需进行一定规模的移民安置。在我国已建 86 000 多座水库中，累计搬迁安置水库移民 1 500 多万人。所以水电开发建设要求以做好移民安置工作为前提。

2. 生物多样性

水电拦河筑坝建库带来上下游水文泥沙情势变化，引起库区和下游水质、水温等水环境不同程度的改变；闸坝阻隔和水生生境变化对鱼类等水生生物有很大影响；水库淹没对陆生动植物造成一定影响，水电工程施工活动的地表扰动影响某些陆生动物的栖息地。梯级水坝阻断大量珍稀鱼类和水生生物的生活走廊，甚至导致其灭绝，如长江鲥鱼因葛洲坝水电站破坏了产卵场，过去年产 1 500 吨，现已灭绝。在中国仅存的两条自然生态河流之一中的怒江上游拟进行 12 级梯级水电开发，引起了社会高度重视，反对开发者理由之一是：怒江中游 70% 是土著鱼类，其中裂腹鱼等是世界级珍稀鱼类；大坝的建设还将造成怒江下游 30 公顷野生稻的生存危机，野生稻是中国极其重要而珍贵的基因库。

3. 地质灾害

水电工程施工改变了地形造成隐患，并加剧和诱发地质灾害。水电工程一般施工规模较大，施工周期较长，施工人数和施工机械较多。根据施工地区地质环境特点，尤其是在峡谷地区的水电建设过程中，诱发的地质灾害以崩塌、滑坡、泥石流为主。

4. 下游水生生态系统变化

水电工程建坝、蓄水、发电后，连续河道变成了分段河道，水库大坝改变了河流自然流态，使天然河流的流量、流速、水位等水文、泥沙情势发生明显变化，年内径流量均化，引起水生生态环境显著变化。引水式和混合式水电开发方式，如没有安排坝下下泄生态环境流量，还将造成季节性或全年一定长度河段脱水或减水。川西山区众多的引水式电站就存在严重的脱水、减水现象。建库后，由于水深增加，流速减小，改变了原库区河段的天然流动水体自净能力，水库蓄水初期有可能导致库区及坝下游水质的短期恶化。见表 2-5。

表 2-5　水电基地开发中的生态环境问题

生态破坏类型	成　因
土地淹没 移民安置	1. 水电工程建库淹没农田、植被和名胜古迹。 2. 水电工程建库需要对淹没区移民安置。
生物多样性损害：植被、动物、鱼类和水生生物	1. 水库淹没库区植被和动物栖息地。 2. 闸坝阻隔和水生环境变化破坏鱼类和水生生物生活条件。
地质灾害：崩塌、滑坡、泥石流	水电工程施工在一定条件下可诱发崩塌、滑坡和泥石流等地质灾害。
下游水生生态系统变化：下游脱水、减水、库区及坝下游水质恶化。	1. 引水式和混合式水电开发方式无安排下泄生态环境流量造成下游脱水、减水。 2. 建坝使流速减小，降低水体自净能力，造成库区及坝下游水质的恶化。

2.5　油气开发现状及面临的主要生态问题

2.5.1　油气基地开发现状

半个多世纪以来，我国油气矿产资源勘察、开采取得了显著成就，原油产量从新中国成立初期的年产 12 万吨增长到 2011 年的 2.04 亿吨。随着国民经济快速发展，国内油气资源的供需矛盾日益尖锐，油气产量无法满足经济发展需求。充分利用国内资源，保障长期稳定的油气供给，对国家能源安全和经济可持续发展，具有重要战略意义。

1. 油气矿产资源的状况

我国油气资源总量比较丰富。根据新一轮全国油气资源评价结果，目前我国陆上和近海 115 个盆地的石油远景资源量约为 1 086 亿吨，地质资源量为 756 亿吨，可采资源量约为 212 亿吨。天然气远景资源量约 56 万亿立方米，地质资源量为 35 万亿立方米，可采资源量为 22 万亿立方米。按照国际上（油气富集程度）通常分类标准，我国在世界 103 个产油国中，属于油气资源"比较丰富"的国家。

我国油气资源地理分布不均，主要集中在大盆地。石油资源分布相对集中，松辽、渤海湾、塔里木、准噶尔和鄂尔多斯等 9 个含油气盆地，的石油远景资源量 855 亿吨，地质资源量 640 亿吨，可采资源量约 180 亿吨，约占全国总量的 80%。而天然气资源量主要分布在陆上中西部和海域的鄂尔多斯、四川、塔里木及柴达木等 9 个含油气盆地，天然气远景资源量约为 45 万亿立方米，地质资源量约为 29 万亿立方米，可采资源量约为 19 万亿立方米，占全国总量的 80% 以上。其中，塔里木和四川盆地的地质资源量大于 5 万亿立方米，鄂尔多斯、东海、柴达木、松辽、莺歌海、琼东南、渤海湾盆地的地质资源量为 1 万亿 ~ 5 万亿立方米。

专栏 2 - 2：油气资源量

　　远景资源量：指可能的油气聚集总量，即有可能找到的最大量。在资源评价中，将 5% 概率对应的资源量作为远景资源量。

　　地质资源量：指在目前的技术条件下最终可以探明的油气总量，包括已探明和尚未探明的储量。

　　可采资源量：指在未来可预见的技术经济条件下可以采出的资源总量。

　　探明地质储量：指根据地质和工程资料估算的已知油气藏中的原始油气总量。包括已投入开发的和尚未投入开发的两部分。

　　探明可采储量：指在给定的技术、经济和政府法规条件下，已知油气田（藏）中最终可采出的有经济效益的油气数量。

　　剩余探明可采储量：指已投入开发油气藏的可采储量减去累计采出油（气）量的剩余值。

---

　2. 油气基地开发现状

　　我国陆上和海域沉积岩分布面积为 670 万平方千米，可供勘探面积达到 450 万平方千米。截至目前，我国已在 20 多个省份和近海海域，开展了油气资源勘察工作，石油大然气探矿权区块 1 000 余个，勘察面积 320 多万平方千米。采矿权 660 多个区块，开采面积近 7 万平方千米。在 23 个含油气盆地中累计发现了 580 多个油田，探明石油可采储量 65 亿吨，180 多个气田，探明天然气可采储量 2.5 万亿立方米，全国陆地和近海海域形成六大油气区，建成了大庆、胜利、辽河、新疆、四川、长庆、渤海和南海等 25 个油气生产基地，主要油气基地有松辽石油基地、华北石油基地、新疆石油基地、陕甘青石油天然气基地、川渝天然气基地、海上油气基地、东部陆上天然气基地、鄂北天然气基地、塔里木盆地天然气基地、东海天然气基地等。2011 年全国原油产量达到 2 亿吨，列世界第五位；天然气产量 1 030 亿立方米，列世界第七位。

2.5.2 油气基地开发主要面临的生态问题

大型油气田的开发特征决定了矿区内各种类型的生态系统在地理位置上相互交错,在生产活动上相互影响,在发展趋势上相互制约。油气田面临主要生态环境问题主要是油气田开发过程产生的污染物和环境事故对生态环境的不良影响,油气属于易燃、易爆有毒有害物质,预防井喷、溢油等生态环境事故是油气基地首要的生态环境保护工作。

1. 对生态环境脆弱区土地利用覆被影响显著

大面积分布式的油气田开发对于不同生态区土地利用影响具有显著的差异性。生态系统较好地区油气田开发对于土地利用覆被及其景观影响不显著,油气田开采引起周边地区土地利用景观呈现破碎化的趋势;但对于生态脆弱地区,油气田的开发土地利用景观多样性指数下降,景观优势度下降,显著加剧了周边环境荒漠化进程。

2. 诱发地面沉降

油气田开采和地面下沉具有密切的相关性,可以不同程度的引起油气田及其周边地区地面下沉。胜利油田 1953—2000 年观测资料表明,黄河三角洲地区地面沉广泛分布,年平均沉降量为 4~8 毫米,东营等采油区年平均下降 10 毫米,其中地面下沉最大的耿家井地区年平均下沉达 25 毫米多。

3. 油气田开发破坏地表和地下水循环,形成环境污染

油气田开发由于水资源消耗大,可以引起油气田中下游地区地表水量减少,循环失衡;同时由于钻井施工工艺破坏地下岩层,油气田排放的多种废水导致地下水环境遭受严重污染,难以修复。

4. 海洋油气田生态环境污染

海洋油气田环境污染主要是钻井的钻屑、机舱污水、生活垃圾、消油剂等排放污染,对海洋生态影响不大,但海洋溢油事故造成海洋生态影响严重,为世界各国所关注。

油气基地开发生态环境问题见表 2-6。

表 2-6 油气基地开发生态环境问题

生态破坏类型	成　因
土地荒漠化草原退化	1. 采油引起地下水位下降,造成了地表植物供水条件的恶化,影响植物的生存。 2. 钻井、洗井、试油等作业中产生的落地原油及含油污水,钻井岩屑废水外泄、修井喷油、管线破裂及原油泄漏事故等对土壤污染。
水资源破坏和污染	1. 采油引起地下水位下降,破坏地下水资源,采 1 吨油需注水 4 吨。 2. 钻井废液、冲洗废水、修井作业排放污水、压井卤水等含有石油类、盐类、有机聚合物、可溶性金属元素等有毒有害污染物,排入水体对地表水造成损害。原油泄漏、溢油使原油中的有害物质渗入土壤污染地下水。
生物多样性	1. 钻井过程中产生的污染物会通过植物的根、茎、叶等各种途径进入植物体内,影响植物的生理性质和存活时间。 2. 油气开采对水资源破坏和污染及对土壤的污染,使植被失去生存条件。 3. 采油工程占地、噪音和植被破坏影响野生动物生存。

续表

生态破坏类型	成　　因
地质灾害	1. 诱发地震。 2. 地表变形、地裂。
海洋生物	1. 海洋石油开采中含油污水、钻井泥浆、钻屑等污染海水。 2. 漏油、溢油、井喷等事故造成海水油污染。

专栏 2 - 3：墨西哥湾漏油事件

　　2010 年 4 月 20 日夜间，路易斯安那州附近墨西哥湾海域"深水地平线"钻井平台爆炸，致 7 人重伤 11 人死亡，至少 11 人失踪。事发后第七天"深水地平线"钻井平台石油泄露速度大幅超出此前的预期，每天有 15 万升原油涌入墨西哥湾，成为美国历史上最严重的原油污染海洋事故，造成大面积原油污染，带来巨大的生态灾害。

　　生态灾害：

- 28 万只海鸟，数千只海獭、斑海豹、白头海雕等动物死亡
- 蓝鳍金枪鱼、棕颈鹭、抹香鲸、环颈鸻、牡蛎、浮游生物、褐鹈鹕、海豚、海鸥和燕鸥等 10 种动物面临生存威胁
- 蠵龟、西印度海牛和褐鹈鹕等 3 种珍稀动物面临灭顶之灾

2.6　能源开发的生态环境约束评价 *

2.6.1　能源生产开发的生态环境影响显著

　　归纳前文煤炭、煤电、水电和油气基地对生态环境的影响，可以得出结论：能源资源开发作为一种按人们需要改变大自然的人为活动，必然对自然生态环境既造成不利的负面影响，也产生有利的正面影响。其中煤炭和油气开发主要表现为负面影响，水电开发虽有值得重视的生态环境正面影响，但也不可忽视其对生态环境破坏的负面影响（见表 2 - 7）。

表 2-7   能源开发主要生态环境影响

能源类型	生态影响成因	生态环境影响
煤炭	开采、发电	地下水系破坏，地面塌陷，煤矸石占地和污染，矿井水、洗煤废水污染土壤和水源，废气排放、酸雨对土地、人类和动植物等损害
石油天然气	勘探、开采、炼制和储运	勘探、开发产生有毒有害污染物对土壤、水源、动植物和人污染，造成陆地、淡水和海洋三大生态系统的破坏。导致湿地面积锐减，生物产量下降，草场退化和沙化速度加速，水生生态系统变异，濒危野生动物的生存空间减少；陆地开采引发地震和地质灾害
水能	建坝工程	土地淹没、移民搬迁、生物多样性、地质灾害、下游水生生态系统变化 替代化石燃料，避免化石燃料开发利用的积极生态影响

广义地讲，能源开发生态问题是与能源资源交织在一起的，大致可以分为三类。一是原生生态环境问题，主要表现为旱涝盐碱、水土流失等生态环境脆弱的问题；二是由于能源开发集约化造成的废水、废气、固体废弃物污染等，这一问题可进一步扩展为对地表水、地下水的危害，对人类和生物生存环境的危害；三是由于能源生产和能源区居民生活造成的外源污染。我国能源生产开发面临的主要生态环境负面影响有水资源破坏、**森林覆盖率降低、草原退化、湿地萎缩、土壤侵蚀、水土流失和土地荒漠化、生物多样性锐减**等。而生态环境对能源开发约束程度取决于当地生态环境条件、能源开发对生态破坏严重程度以及生态恢复治理技术水平。

2.6.2 能源开发生态环境影响的约束评价

1. 煤炭开发主要受到水资源和采空塌陷的约束

我国煤炭开发生态环境状况持续恶化，形势严峻。晋、陕、蒙、宁规划区是我国煤炭资源最丰富的地区，是我国当前和未来最重要的煤炭供给区，但也是我国水资源异常短缺、生态环境最脆弱的地区，目前水资源流失严重，遏制矿区生态环境恶化愈发困难。据《2005 年全国环境状况公报》，全国水土流失面积 356 万平方公里，每年流失土壤 50 亿吨，而晋、陕、蒙地区的年流失量达 16 亿吨，几乎占 1/3。

煤炭的井工开采造成地下水的破坏与污染。而且，我国的煤炭资源又主要分布在水资源缺乏、生态脆弱的干旱、半干旱地区，煤炭开发必然会加重这些地区的水资源压力。而目前世界上还没有很好的技术措施来完全解决或防止该问题的发生。采空塌陷预防和治理是世界难题，我国目前采空塌陷已超过 70 万公顷，并且每年还不断增加，由此引发的生态和社会问题将越来越多。

煤炭开发水资源和采空塌陷将引发其他一系列生态问题，对煤炭基地区域经济可持续发展和人民生活构成威胁，由此形成对煤炭开发的约束。

2. 煤电开发主要受到水资源的约束

从我国目前的情景看，生态环境对煤电的约束主要是水资源的短缺。一方面，我国煤电基地所依托的煤炭资源主要分布在水资源相对缺乏的西北地区。这些地区年径流量少，而蒸发量高，本身水资源就不足，可利用的水资源潜力更是很少。煤电基地的开发基本已经处于无"新水"可用的状态。另一方面，煤炭开发又对该地区的地下水资源造成破坏和污染，比如晋、陕、蒙地区吨煤开发的地下水破坏率达 2.5 吨。因此，我国煤电开发规模取决于当地水资源承载力。

3. 水电开发主要受生态功能的约束

虽然水电开发利用的是清洁能源，可以减少通过利用矿物质能源带来的生态环境问题。但是水电开发可以造成一个流域生态系统的改变和某些物种的消失，而且这种对生物多样性的影响是很难进行有效评估，且无法弥补的。因此，水电开发主要面临的是生态功能的约束。

4. 油气开发不存在明显的约束

我国的油气资源比世界主要产油大国开发规模小，导致的生态环境问题相对不大。我国大庆等油气田实例可以说明，只要注重加强环境管理、提高生态环境恢复和治理水平，可将环境污染和事故减轻到可接受的程度。而且，我国油气资源短缺，使开发规模不可能太大，同时剩余可开发资源，按目前生产能力，石油资源仅够开采 15 年，天然气 30 年，言外之意，如没有新的探明可开发储量，石油到 2030 年前早已开发完，2030 年石油生态环境约束问题已不存在。再者，我国油气供应紧张，油气进口涉及国家能源安全问题，开发国内油气资源有助于降低我国能源对外依存度。

2.6.3 要从生态约束的角度研究能源开发的规模与开发方式

我国土地、淡水、能源、矿产资源和环境状况已经对经济发展构成严重制约，并引起了国家有关部门的重视。中央提出要把资源节约和环境保护作为基本国策，发展循环经济，保护生态环境，加快建设资源节约型、环境友好型社会，促进经济发展与人口、资源、环境相协调。

因此，必须从保护生态环境、实现国家生态保护总体目标出发，分析能源开发对生态环境的影响，从生态约束的角度分析能源的合理开发规模、开发方式与空间布局。同时，这个问题也关系到我国可再生能源发展战略、替代能源战略、能源进出口战略、能源外交战略和交通规划等其他领域的发展问题，对我国煤炭基地所在区域经济乃至全国经济可持续发展具有非常重要的战略意义，是系统地制定国家能源战略的一项基础工作。

2.7 能源消费的大气污染问题

2.7.1 大气污染物排放的主要类型及来源

大气污染是指由于人类活动或自然过程引起某些物质介入大气中，呈现出足够的浓度，达到了足够的时间，并因此而危害了人体的舒适、健康和福利或危害了环境的现象。所谓人类活动不仅包括生产活动，也包括生活活动，如做饭、取暖、交通等。所谓自然过程，包括火山活动、山林火灾、海啸、土壤和岩石的风化及大气圈中空气运动等。一般说来，由于自然环境的自净作用，会使自然过程造成的大气污染，经过一定时间后自动消除。大气污染主要是人类活动造成的。

大气污染源是指大气环境排放有害物质或对大气环境产生有害的场所、设备和装置。按照污染物质的来源可分为自然污染源和人为污染源。

1. 自然污染源

自然界中某些自然现象向环境排放有害物质或造成有害影响的场所，是大气污染物的一个很重要的来源。尽管与人为污染源相比，由自然现象所产生的大气污染物种类少，浓度低，在局部地区某一段可能形成严重影响，但从全球角度看，自然源还是很重要的，尤其在清洁地区。大气污染物的自然源主要有：

火山喷发：排放出二氧化硫、硫化氢、二氧化碳及火山灰等颗粒物。

森林火灾：排放出一氧化碳、二氧化碳、二氧化硫、二氧化氮、碳氢化合物等。

自然尘：风砂、土壤尘等。

森林植物释放：主要为萜烯类碳氢化合物。

海浪飞沫：颗粒物主要为硫酸盐与亚硫酸盐。

2. 人为污染源

人类的生产和生活活动是大气污染的主要来源。通常所说的大气污染源是指由人类活动向大气输送污染物的发生源。大气的人为污染源主要包括四方面：

（1）燃料燃烧。煤、石油、天然气等燃料的燃烧过程是向大气输送污染物的重要发生源。煤是主要的工业和民用燃料，它的主要成分是碳，并含有氢、氧、氮、硫及金属化合物。煤燃烧时除产生大量烟尘外，在燃烧过程中还会形成一氧化碳、二氧化碳、二氧化硫、氮氧化物、有机化合物及烟尘等有害物质。其中，火电厂、钢铁厂、焦化厂、石油化工厂以及具备大型锅炉的工厂和企业等是大气污染物的主要来源。

（2）工业生产过程排放。工业生产过程中排放到大气中的污染物种类多、数量大，是城市或工业区大气的重要污染源。例如，石油化工企业排放二氧化硫、硫化氢、二氧化碳、氮氧化物；有色金属冶炼工业排出的二氧化硫、氮氧化物以及含重金属元素的烟尘；磷肥厂排出氟化物；酸碱盐化工工业排出的二氧化硫、氮氧化物、氯化氢及各种酸性气体；钢铁工业在炼铁、炼钢、炼焦过程中排出粉尘、硫氧化物、氰化物、一氧化碳、硫化氢、酚、苯类、烃类等。总之，工业生产过程排放的污染物由于种类复杂、数量大，是现代社会不容忽视的空气污染源。

（3）交通运输过程排放。汽车、飞机、轮船等交通运输工具排气中含有大量污染物质，包括一氧化碳、氮氧化物、细微颗粒物、碳氢化合物和二氧化硫等，是当今社会大气污染的主要污染源之一。随着居民生活水平的不断提高，交通服务与交通运输业日益发达，为满足人们的需求，交通工具的数量呈直线增长的态势，大量的排气对大气环境造成了巨大的影响。特别是机动车保有量的飞速增长，已经对部分城市的环境及居民的健康造成了危害。

（4）农业活动排放。农药及化肥的使用，对提高农业产量起着重大的作用，但也给环境带来了不利影响，致使施用农药和化肥的农业活动成为大气的重要污染源。田间施用农药时，一部分农药会以粉尘等颗粒物形式散逸到大气中，残留在作物上或粘附在作物表面的仍可挥发到大气中，进入大气的农药可以被悬浮的颗粒物吸收并随气流向各地输送，造成大气农药污染。此外，关于化肥在农业生产中的施用给环境带来的不利因素，正逐渐引起关注。例如，氮肥在土壤中经一系列的变化过程会产生氮氧化物释放到大气中；氮在反硝化作用下可形成氮（N_2）和氧化亚氮（N_2O）释放到空气中，氧化亚氮不易溶于水，可传输到平流层，并与臭氧相互作用，使臭氧层遭到破坏。

化石燃料和生物质燃烧是大气污染物的最重要来源，燃料燃烧过程中会产生二氧化硫、氮氧化物、一氧化碳、总悬浮微粒、挥发性有机化合物（VOCs）和重金属等空气污染物。这些大气污染物带来的城市空气污染、酸雨、有毒物质污染以及全球气候变化等环境问题对生态系统和人类健康带来重大威胁。

20世纪30年代以来，工业发达国家相继出现了公害事件，例如比利时的马斯河谷事件（1930年），美国宾州的多诺拉事件（1948年），英国的伦敦烟雾事件（1952年），促使许多国家采取措施治理大气污染。1956年，英国颁布了清洁大气法，作出了污染企业远离居民区、加高烟囱使污染物扩散到远离居民密集区的地方等规定。之后，其他工业化国家也由于类似的原因制定了一些有关大气污染防治的法规。这一时期的污染属于煤烟型污染，人们开发了大量消烟除尘技术和脱硫技术，治理工业排放引起的大气污染问题。

酸雨最早于20世纪60年代出现在挪威、瑞典等北欧国家，随后扩展到整个欧洲。北美大陆发现酸雨较欧洲晚，1978年美加两国组建的大气污染远距离传输咨询小组开始针对酸雨问题进行联合研究。20世纪70年代以后，由于制定和实施了各种污染控制政策，许多发达国家的空气污染物排放量已经下降或趋于稳定。起初，发达国家的政府使用直接控制污染的政策措施，但其成本效益很低；从80年代开始，政策倾向于污染减缓机制，在环境保护成本和经济增长之间实现折中。污染者付费已经成为制定环境政策的一项基本原则。在国际上，1979年通过的《长程越界空气污染公约》（CLRTAP），通过一系列协议，建立主要空气污染物的减排目标，促使欧洲、加拿大和美国政府履行各自的减排责任。发达国家严格的环境法规促使企业采用清洁技术，尤其是在电力生产和运输行业。在欧洲一些地区，导致酸雨的人为二氧化硫排放与其高峰值相比已经减少了70%（欧洲环境署，2001），美国也减少了约40%。至少在欧洲，自然界的酸平衡有了显著的恢复。相反，由于煤炭等其他高硫燃料利用的增长，亚太地区二氧化硫排放量的增加已经成为一种严重的环境威胁。

发达国家降低工业排放已经取得了显著成效，交通成为许多国家当前空气污染（特别是氮氧化物和碳氢化合物）的主要来源之一。城市空气中，氮氧化物和挥发性有机化合物（VOC）在一定气象条件下反应，会造成对流层臭氧问题（尤其是光化学烟雾），不仅威胁人体健康，对植被也造成一定影响。光化学烟雾事件最早出现于 20 世纪 50—60 年代，随着发达国家机动车拥有量的迅速增加，氮氧化物和碳氢化合物排放量日渐增长，在美国洛杉矶就发生了多起光化学烟雾事件。人们对光化学烟雾的产生机理和防治措施进行了大量的研究，开发了大量机动车尾气治理技术，然而时至今日，氮氧化物和碳氢化合物的排放引起的机动车污染（或称石油型污染）仍未得到有效遏制。

与能源消费有关的其他空气污染问题还有氮氧化物对环境酸化的贡献、细颗粒对人体健康的危害、燃煤汞排放等，欧美各国已经制定了相应的排放标准和控制条款。

2.7.2 国外大气污染控制历程*

1. 欧洲的大气污染控制

（1）致酸污染物排放控制。

大气中的二氧化硫和氮氧化物经干、湿沉降落回地表，会造成环境的酸化效应。欧洲自 20 世纪 70 年代开展酸沉降研究，80 年代开始实施二氧化硫排放控制，90 年代取得了显著成效。

1979 年联合国欧洲经济委员会签署了《长程越界空气污染公约》（CLRTAP），成员国包括西欧、中欧的大多数国家以及美国和加拿大在内的 32 个国家。1985 年在赫尔辛基签署了第一份硫议定书，1987 年 9 月生效，规定其中的 21 个国家到 1993 年把二氧化硫排放量在 1980 年的水平上削减 30%。

1991 年联合国欧洲经济委员会的 34 个国家在挪威的卑尔根会议上达成共识，同意将临界负荷的概念作为制定酸沉降控制方案的基本准则。1994 年 28 个国家在奥斯陆签署了第二次硫议定书，将各国的允许排放量设置在 1980 年排放水平的 30%~87% 之间。在考虑各国的削减能力并采用模型评估的基础上制订了各国 2000、2005 及 2010 年的分步实施计划。

第二次硫议定书各国承诺削减量，见表 2-8。

表 2-8　　　　　　　　　第二次硫议定书各国承诺削减量

国　家	1980 年排放量（万吨）	2010 年	
		协议排放量（万吨）	比 1980 年减少（%）
阿尔巴尼亚	10.1	12.0	-20
奥地利	39.7	7.8	80
白俄罗斯	74.0	49.0	50
比利时	74.0	49.0	50
保加利亚	205.0	112.7	45
前捷克斯洛伐克	310.0	87.2	72
丹麦	45.1	9.0	80
爱沙尼亚/拉脱维亚/立陶宛	61.9	45.8	26
芬兰	58.4	11.6	80

续表

国 家	1980 年排放量（万吨）	2010 年	
		协议排放量（万吨）	比 1980 年减少（%）
法国	334.8	73.7	78
前联邦德国	323.3	99.0	87
前民主德国	426.1		
希腊	40.0	57.0	4
匈牙利	163.2	65.3	60
爱尔兰	22.2	15.5	30
意大利	380.0	104.2	73
卢森堡	2.4	1.0	58
荷兰	46.6	5.6	77
挪威	14.2	3.4	76
波兰	410.0	139.7	66
葡萄牙	26.6	29.4	3
摩尔多瓦	9.1	9.1	0
罗马尼亚	180.0	150.9	16
俄罗斯	716.1	429.7	40
西班牙	331.9	214.3	35
瑞典	50.7	10.0	80
瑞士	12.6	6.0	52
乌克兰	385.0	231.0	56
英国	489.8	98.0	80
前南斯拉夫	130.6	177.9	36
合计	5 373.4	2 309.3	43

（2）致酸污染物排放控制效果。

通过实施严格的排放标准和相关的法规、政策，欧洲的二氧化硫排放量从 1990 年开始呈现稳步下降态势，1991—1995 年仅用了 5 年时间，二氧化硫排放量就减少了 953 万吨，在 1990 年的基础上削减了 1/3；1996—2000 年，又在 1995 年的基础上削减了 1/3，二氧化硫排放量减少 643 万吨。1991—2000 年，欧洲 31 国的二氧化硫排放总量在 1990 年的基础上降低了 55.3%。见表 2-9。

表 2-9　　　　　　　　　　欧洲 31 国二氧化硫排放总量

年 份	排放总量
1990	2 886.4
1991	2 629.3
1992	2 372.3
1993	2 234.7
1994	2 102.2
1995	1 932.9

续表

年　份	排放总量
1996	1 788.8
1997	1 647.8
1998	1 545.7
1999	1 393.8
2000	1 290.3
2001	1 249.5

1990—2003 年，欧盟 25 国的致酸污染物排放量降低了 56%。图 2-5 为欧盟 25 国 1990—2003 年致酸物质的总体控制情况以及各部门的排放控制情况。由图可见，能源供应部门和工业耗能部门的致酸污染物削减幅度最大，均为 61%，其中能源供应部门减少了相当于 33 万吨酸化当量的致酸物质排放，削减量远大于其他部门。

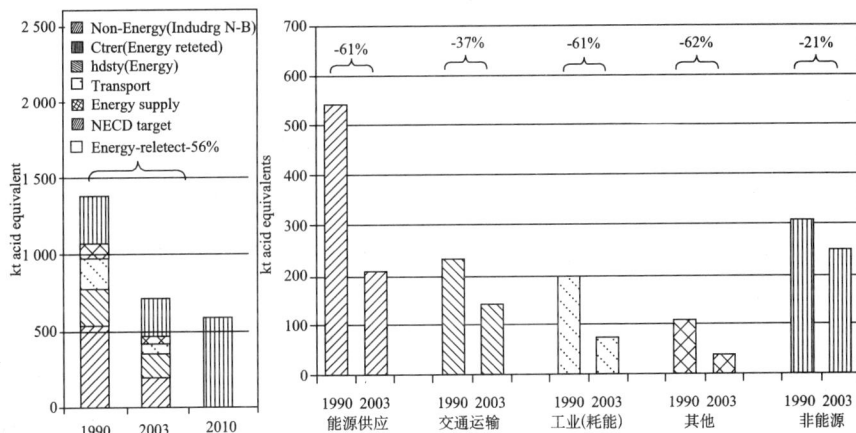

图 2-5　欧盟 25 国致酸物质的排放控制情况

由于能源相关部门致酸物质排放量的大幅度削减，欧盟 25 国有关能源活动排放的致酸物质比例由 1990 年的 79% 降低到 2003 年的 66%，图 2-6 为 1990 年和 2003 年欧盟 25 国各部门排放致酸物质所占比例的变化情况。

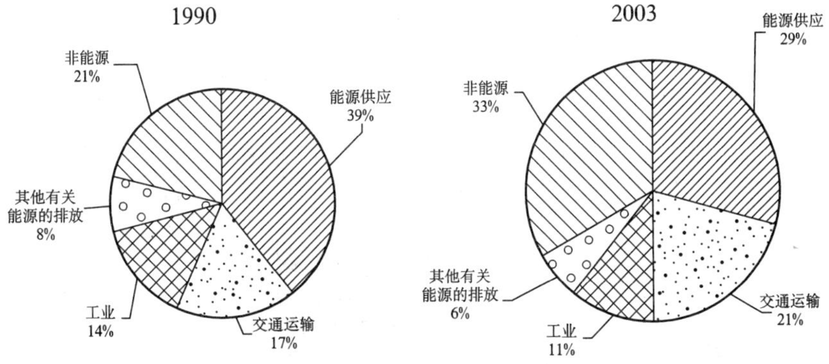

图 2-6　欧盟 25 国各部门排放致酸物质的比例

（3）电力行业污染物排放控制。

欧洲电力行业进行大气污染物减排主要有三项措施：一是污染治理工程，主要是电厂脱硫和脱硝；二是改变燃料结构和能源结构，如提高可再生能源和核电的比例；三是提高能源效率。

20世纪80年代，联邦德国率先对大型燃烧装置制订了严格的排放标准，几乎所有的电厂都安装了烟气脱硫、脱硝设备，到1988年德国安装烟气脱硫装置的机组规模已达到95%，火电厂的二氧化硫排放量由1982年的155万吨降低到1991年的20万吨，削减幅度达到87%。继联邦德国之后，奥地利和荷兰也通过了类似的标准，在此基础上推动了欧共体的污染控制。

图2-7、图2-8显示了欧盟25国1990年到2003年各类减排措施削减二氧化硫和氮氧化物的情况。由图可以看出，如果不采取任何措施，则从1990年到2003年，预计电力行业的二氧化硫和氮氧化物排放量将分别增加460万吨和110万吨；通过实施上述措施，二氧化硫和氮氧化物实际排放量分别削减了800万吨和140万吨。对于两种污染物，污染治理都是最主要的减排措施，1990—2003年，减排二氧化硫760万吨，减排氮氧化物170万吨。二氧化硫减排效果次之的措施是改变燃料结构，再次是提高能源效率，1990—2003年，二者分别减排二氧化硫300万吨和200万吨。氮氧化物减排效果次之的措施是提高能源效率，1990—2003年减排氮氧化物55万吨；最后是改变燃料结构，减排氮氧化物25万吨。

从图中还可以看出，欧盟25国1991—2000年之间电力行业二氧化硫削减幅度比较大，2000年以后二氧化硫削减量较小；氮氧化物1991—1995年削减幅度最大，1996—2000年削减幅度放缓，2000年以后有小幅回升。这主要是由于2000年以后污染治理工程的减排量基本稳定，提高能源效率和改变燃料结构的减排效果有限，且年际变化也不大。

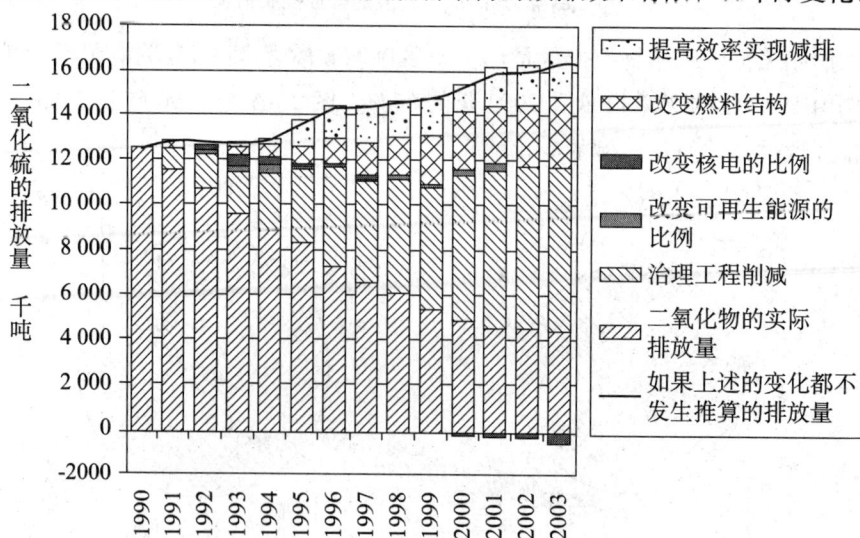

图2-7　欧盟25国1990—2003年不同措施的二氧化硫减排情况

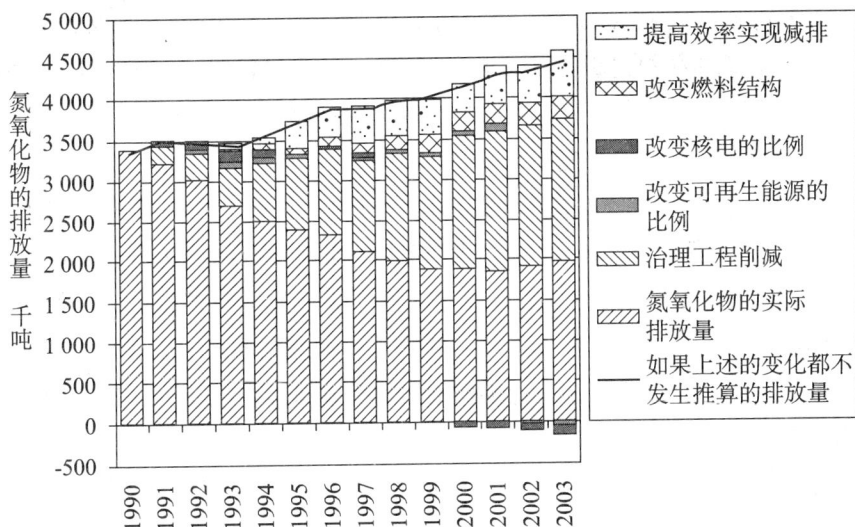

图 2-8 欧盟 25 国 1990—2003 年不同措施的氮氧化物减排情况

1990—2003 年，欧盟 25 国电力行业的大气污染物排放强度大幅度下降。图 2-9 反映了欧盟 25 国大气污染物排放强度的变化情况。可以看出，1990 年—2003 年欧盟电力行业的二氧化硫排放强度降低了 70% 以上，氮氧化物排放强度降低了不到 60%，二氧化硫排放强度降低了不到 30%。污染物排放强度的变化与排放量变化趋势基本一致：以 1990 年排放强度为基准，二氧化硫排放强度在 1990—1995 年期间下降约 40%，1995—2000 年下降约 30%，此后逐渐趋缓；氮氧化物排放强度在 1990—1995 年下降约 30%，1995—2000 年下降约 20%，此后下降趋势不明显。

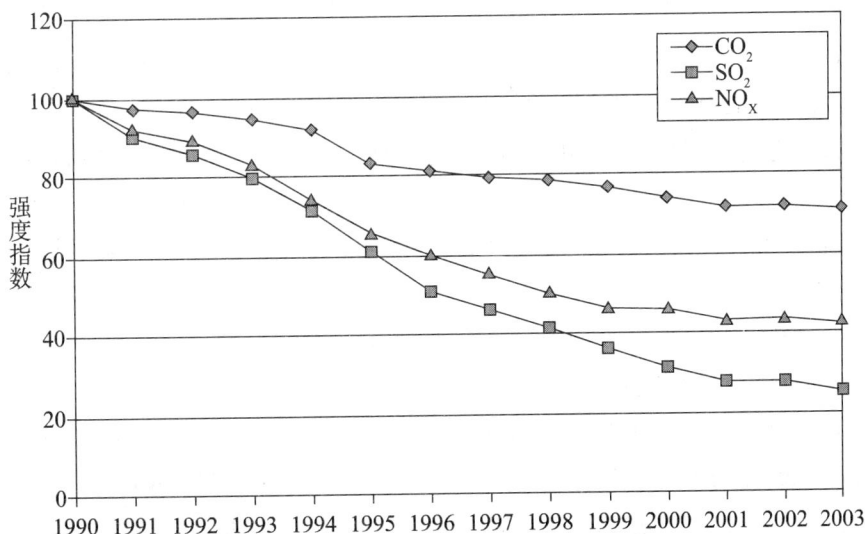

图 2-9 欧盟 25 国 1990—2003 年电力行业排放强度变化情况

1. 美国的大气污染控制

（1）致酸污染物排放控制进程。

美国对大气污染的控制经历了一个较为长期的过程，控制的力度也逐渐由软到强。1970 年美国二氧化硫年排放总量为 3 110 万吨。随着用电量需求增加和对火力发电业的依赖增加，如果不采取污染控制措施，美国的二氧化硫排放还将明显上升。20 世纪 70 年代以来，美国对大气污染控制可分为三个阶段。

70 年代中期，美国国家环保局开始实行"补偿"政策（这一政策现在还在继续执行）。在空气质量未达标地区，允许安置新污染源，前提是该污染源必须安装符合《最低排放量》（LAER）标准的大气污染控制设备。高于最低排放量的部分，必须由该地区其他污染源的污染减排量抵消，或称"补偿"。"补偿"政策的实施，促使电力部门的二氧化硫排放基本稳定，由于居民供热和工业部门的二氧化硫排放量明显减少，使全美二氧化硫排放总量得到削减。

1979 年美国在部分地区开始实行排污权交易，涉及二氧化硫、氮氧化物、颗粒物、一氧化碳和消耗臭氧层物质等多种大气污染物。按地区或企业（泡泡）设定限定排放总量，除了每种污染源都有自己的排放限量以外，各排放源的排放限量之和还不得超过泡泡内的限排总量，泡泡内的排放源之间可以进行排污权交易。排放交易本身是环境中性的，即不对环境目标产生影响，但可以帮助降低污染排放控制的成本。到 1986 年，在美国国家环保局批准的大约 84 个泡泡中，实施排放权交易比传统的指令性控制估计节约了 3 亿美元。

1990 年美国通过了《清洁空气法修正案》，联邦政府开始实施酸雨控制计划，在全国电力行业范围内实施二氧化硫排放交易，也是迄今为止最广泛的排污权交易实践。酸雨计划的主要目标是，到 2010 年，美国的二氧化硫排放量要比 1980 年的排放水平减少 1 000 万吨。目标的实施分为两个阶段：第一阶段从 1995 年 1 月到 1999 年 12 月，控制对象为二氧化硫排放水平超过 2.25 克/兆焦耳的 110 家燃煤电厂，261 台机组，将它们的二氧化硫排放水平降低到 1.08 克/兆焦耳。后美国国家环保局又新增了 174 台机组。第一阶段实现了削减二氧化硫排放 600 万吨。第二阶段从 2000 年 1 月到 2010 年，控制范围扩大到包括了规模大于 25 兆瓦的所有电厂，共 2 000 多家，将二氧化硫的排放水平降低到 0.52 克/兆焦耳[1]。

为了控制臭氧和光化学烟雾问题，美国《清洁空气法修正案》提出，到 2000 年要将氮氧化物排放量从 1980 年的水平（2 147 万吨）减少到 2 000 万吨，电站锅炉是控制重点。1998 年，美国开始在东北地区的 21 个州推行氮氧化物的排污交易。

（2）致酸污染物排放控制效果。

通过几个阶段的努力，美国的二氧化硫排放由 1970 年的 3 110 万吨降低到 1980 年的 2 591 万吨、1985 年的 2 366 万吨、1995 年的 1 900 万吨左右、2002 年以后的 1 000 万吨左右（见图 2 - 10）。通过安装低氮氧化物排放的锅炉以及实施更严格的新标准，美国到 2000 年成功地将氮氧化物排放量控制在 1 850 万吨。

---

[1] US EPA, Clean Air Act Amendment 1990, Title IV.

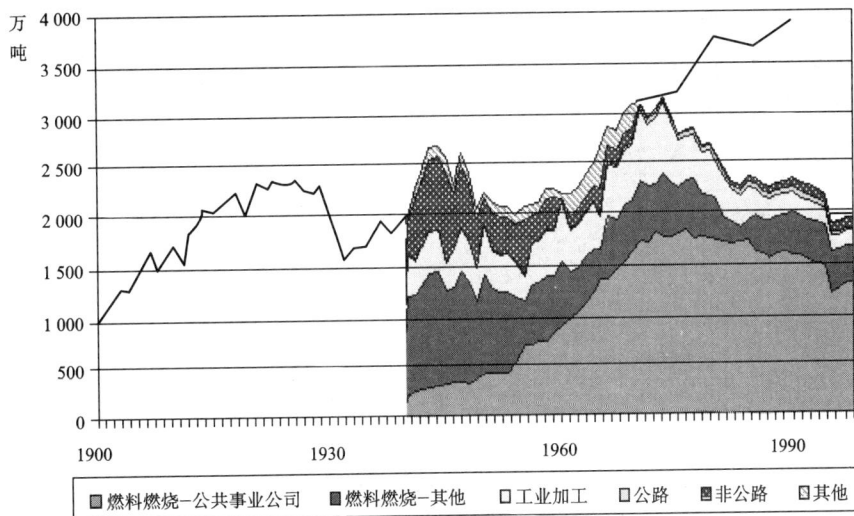

图 2－10　美国二氧化硫历史排放情况

随着二氧化硫和氮氧化物的排放总量大幅度下降，大气环境质量得到很大改善，酸雨的强度和范围明显减少（见图 2－11）。

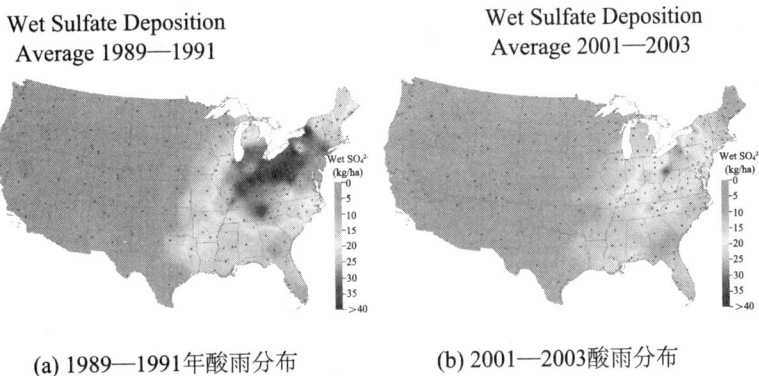

(a) 1989—1991年酸雨分布　　　　　　(b) 2001—2003酸雨分布

图 2－11　美国的酸雨情况

（3）电力行业污染物排放控制。

从 1960 年开始，电力等公共事业公司逐渐成为美国二氧化硫排放量最大的部门。1970 年前后电力部门的二氧化硫排放量达到最高水平，全美一半以上的二氧化硫排放量来自于电力部门的煤炭燃烧，一些大工厂附近的年均二氧化硫浓度超过了 0.02 百万分之一体积浓度。迄今，电力部门仍然是美国工业二氧化硫和氮氧化物排放的最主要排放源。

20 世纪 70 年代末期开始实施的"泡泡"政策，促使电力行业通过燃烧低硫煤和建设脱硫工程等措施控制二氧化硫排放。1990 年以后，电力部门的二氧化硫排放量从 1 800 多万吨下降到 1995 年的 1 200 万吨，此后略有上升，从 1997 年又开始持续下降，2002 年以后在 1 000 万吨左右波动。电力部门的氮氧化物排放量在 1990—1995 年期间缓慢下降，总量基本稳定在 800 万吨左右，1995 年迅速下降至 600 多万吨，此后下降趋势减缓，到 2004 年降至 400 多万吨。见图 2 - 12。

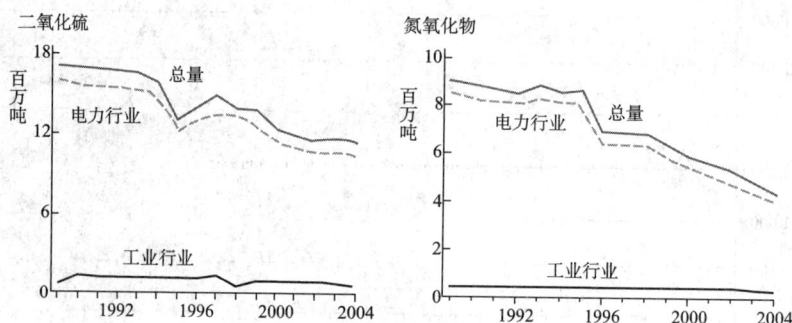

图 2 - 12 1990—2004 年二氧化硫和氮氧化物排放状况

美国的电力生产中煤炭占有很高的比例。2005 年化石燃料发电的比例为 72%，核电占 19%，可再生能源发电占 9%，可再生能源中水电占 3/4。根据美国能源部的分析和预测，2005—2030 年，美国的能源消费总量和煤电需求将呈现持续增长的趋势。2003 年美国国家环保局制定了《清洁空气战略规划》，其中的"室外空气规划"总体目标是：规定到 2010 年，电力系统二氧化硫排放量要从 2000 年的 1 120 万吨减少到 660 万吨，到 2008 年电力系统氮氧化物排放量要从 2000 年的 510 万吨减少到 210 万吨。根据能源预测和环境质量要求，美国制定了远期电力行业二氧化硫、氮氧化物和汞的排放总量控制目标，见表 2 - 10。

表 2 - 10　　　　　　　　美国电力行业污染排放历史数据与未来总量控制目标

名称单位	2000 年	2005 年	2010 年	2015 年	2020 年	2025 年	2030 年
二氧化硫（万吨）	1 120	1 020	660	450	390	370	360
氮氧化物（万吨）	510	360	210	220	220	230	230
汞（吨）	50.0	51.3	37.2	24.6	19.2	16.9	15.5

3. 日本的大气污染控制

日本的二氧化硫污染问题，从 1963 年开始采取对策，先后实行浓度控制，K 值控制和总量控制等方法，日本的二氧化硫的地面年平均浓度值从 1968 年呈逐步下降趋势，大约经历了 17 年时间，即到 1979 年前后，这一问题得到了全面解决。

日本 1962 年通过的《煤烟控制法》，规定了二氧化硫排放浓度标准，但只对指定地区内的指定设施进行控制，未能有效地遏止二氧化硫的污染。1968 年通过了《大气污染止法》，对二氧化硫提出了新的对策：扩大了二氧化硫污染控制地区的范围，制定了对污染源排放量进行严格控制的 K 值标准，二氧化硫从浓度控制转向排放量控制。按不同地区，K 值分为 16 个等级，几乎每年一次修正减小 K 值，同时增加实行 K 值控制的区域。K 值控制能逐个控制污染源的排放量，却不能全面有效地控制地区的排放总量。K 值控制法促使大工厂建设高烟囱，虽然降低了地面二氧化硫的浓度，但未减少排放量，反而扩大了污染范围。

1974 年 6 月日本在《大气污染防治法》中引入总量控制策略，实行地区排放总量和大型点源（燃料使用量大于一定值的排放源）排放总量控制，按大气容量进行排放削减的优化分配，使二氧化硫的环境浓度逐年下降。1975 年二氧化硫排放总量下降到了 16 000 吨。

《大气污染防止法》在总量控制、限制燃料使用、控制机动车污染、改善命令、应急措施等方面都作了规定，同时日本也制定了严格的环境空气质量标准。日本的二氧化硫的地面年平均浓度值从 1968 年的 0.055ppm 下降到 1988 年的 0.001ppm。1979 年前后，日本的二氧化硫问题已得到全面解决，1980 年地面年平均二氧化硫浓度达标率已经达到了 98.4%，1988 年达标率达到 99.7%。

4. 国际经验的启示

（1）主要污染物排放总量已经有效削减，并将继续削减。通过实施了各种污染控制政策，许多发达国家的大气污染物排放量已经下降或趋于稳定。大气污染控制是一项系统工程，分阶段控制是国际上的通行做法，不同控制阶段有不同的控制目标、控制对象和控制水平要求。污染物排放总量较大时削减较容易，随着排放总量的逐渐减小，污染物削减难度也加大，但根据政府要求，远期仍将继续保持削减态势。我国在制定污染物总量控制目标时，也应在总体削减的原则下，根据我国的经济发展阶段和污染物治理水平，分阶段确定合适的总量控制目标。

（2）煤烟型污染得到有效控制。严格的环境法规促使企业采用清洁的生产技术，尤其是在电力生产和运输行业，许多发达国家在降低工业二氧化硫和氮氧化物排放方面已经取得了显著成效。随着机动车拥有量的迅速增加，交通污染成为许多国家当前空气污染（特别是氮氧化物和碳氢化合物）的主要来源之一。在我国，烟气脱硫技术已经逐步得到成熟应用，电厂氮氧化物排放控制还没有成熟的方法。随着能源消费量的增加和煤电机组的发展，氮氧化物污染问题将越来越突出，城市机动车尾气控制也是氮氧化物总量控制的重要方面。

（3）采用污染物排放控制技术是削减污染物排放的最主要措施。国际上实现大气污染物减排，主要有四项措施：一是污染治理工程，主要是电厂脱硫和脱硝；二是改变燃料结构和能源结构，降低化石燃料使用比例，提高可再生能源和核电比例；三是提高能源效率；四是燃用低硫煤。其中污染治理工程是实现污染物减排的最主要措施。从我国的国情出发，以煤为主的能源结构短期内难以改变，削减污染物排放总量应以污染治理工程和节能降耗为主要措施，辅助以能源结构调整等措施。

（4）严格的排放标准与总量控制目标相结合。结合技术进步，及时更新并严格执行耗能设备的污染物排放标准和总量控制目标，是发达国家得以在较短的时期内成功控制大气污染的重要经验。严格的排放标准，不仅对污染物排放控制起到了重要作用，又反过来进一步推动了技术进步。我国不仅存在排放标准滞后的问题，更存在标准得不到认真执行的问题，要解决我国污染物排放控制问题，首先必须建立有效的标准执行和监督机制。

（5）经济手段有助于以较少的费用实现污染物排放总量削减。各国政府起初试图使用直接控制污染排放的政策措施，但成本效益很低。实践表明，排污交易机制具有显著的环境和经济效益，既能够保证环境质量，又能够降低污染治理费用。我国在实施电力行业二氧化硫和氮氧化物排放总量控制时，可以引入排污交易机制，在实现总量控制目标的同时，降低全社会治理成本。

2.7.3 我国能源利用过程的大气污染物排放现状

1. 我国主要污染物排放情况

2009 年，全国工业废气排放量 436 064 亿立方米（标态），比上年增加 8.0%。全国二氧化硫排放量为 2 214.4 万吨，比上年减少 4.6%。其中，工业二氧化硫排放量为 1 865.9 万吨，比上年减少 6.3%，占全国二氧化硫排放量的 84.3%；生活二氧化硫排放量 348.5 万吨，比上年增加 5.6%，占全国二氧化硫排放量的 15.7%。2008 年，氮氧化物排放量为 1 624.5 万吨，比上年减少 1.2%。其中，工业氮氧化物排放量为 1 250.5 万吨，比上年减少 0.9%，占全国氮氧化物排放量的 77.0%；生活氮氧化物排放量为 374.0 万吨，比上年减少 2.1%，占全国氮氧化物排放量的 23.0%。其中交通源氮氧化物排放量为 282.2 万吨，占全国氮氧化物排放量的 17.4%。2009 年，烟尘排放量为 847.7 万吨，比上年减少 6.0%。其中，工业烟尘排放量为 604.4 万吨，比上年减少 9.9%，占全国烟尘排放量的 71.3%；生活烟尘排放量为 243.3 万吨，比上年增加 5.4%，占全国烟尘排放量的 28.7%。见表 2–11。

表 2–11 全国主要污染物排放量 单位：万吨

年度	二氧化硫			烟尘			工业粉尘	氮氧化物		
	合计	工业	生活	合计	工业	生活		合计	工业	生活
2001	1 947.8	1 566.6	381.2	1 069.8	851.9	217.9	990.6	—	—	—
2002	1 926.6	1 562.0	364.6	1 012.7	804.2	208.5	941.0	—	—	—
2003	2 158.7	1 791.4	367.3	1 048.7	846.2	202.5	1 021.0	—	—	—
2004	2 254.9	1 891.4	363.5	1 094.9	886.5	208.4	904.8	—	—	—
2005	2 549.3	2 168.4	380.9	1 182.5	948.9	233.6	911.2	—	—	—
2006	2 588.8	2 237.6	351.2	1 088.8	864.5	224.3	808.4	1 523.8	1 136.0	387.8
2007	2 468.1	2 140.0	328.1	986.6	771.1	215.5	698.7	1 643.4	1 261.3	382.0
2008	2 321.2	1 991.3	329.9	901.6	670.7	230.9	584.9	1 624.5	1 250.5	374.0
2009	2 214.4	1 865.9	348.5	847.7	604.4	243.3	523.6	—	—	—

注：我国从 2006 年开始统计氮氧化物排放量，生活排放量中含交通污染源排放的氮氧化物。2009 年氮氧化物排放量不详。

数据来源：根据《2010 年中国环境状况公报》等的相关数据整理。

2. 大气污染物排放的重点领域

国家统计局 2010 年数据如下。

2009 年，我国二氧化硫排放量排名前五位的行业依次为电力、热力的生产及供应业，黑色金属冶炼及压延加工业，非金属矿物制品业，化学原料及化学制品制造业及有色金属冶炼及压延加工业。这五大行业共排放二氧化硫 1 388.7 万吨，占工业行业排放总量的 84.3%，占全国二氧化硫排放总量的 64.5%。其中，电力、热力的生产及供应业共排放 932.99 万吨，占工业领域排放量的 50%，占全国总排放量的 42.1%，是我国二氧化硫第一排放大户。

2009 年，我国烟尘排放量排名前五的行业为电力、热力的生产及供应业，非金属矿物制品业，黑色金属冶炼及压延加工业，化学原料及化学制品制造业，石油加工、炼焦及核燃料加工业。这五大行业共排放烟尘 430.68 万吨，占工业领域排放量的 71.3%，占全国总排放量的 50.8%。其中，电力、热力的生产及供应业依然是第一排放大户。

2009 年，我国工业粉尘排放量排名前五位的行业依次为非金属矿物制品业，黑色金属冶炼及压延加工业，煤炭开采和洗选业，石油加工、炼焦及核燃料加工业，化学原料及化学制品制造业。这五大行业共排放工业粉尘 438.68 万吨，占全国工业粉尘排放总量 83.8%。其中，非金属矿物制品业是工业粉尘的排放量最大的领域，达 309.04 万吨，占全国工业粉尘排放总量的 59%。

根据环境保护部发布的数据，2008 年，氮氧化物排放量位于排名前三位的行业依次为电力、热力的生产和供应业，非金属矿物制品业，黑色金属冶炼及压延加工业。这 3 类行业占统计行业氮氧化物排放量的 81.4%，其中电力业占 64.8%。

我国大气污染物排放的主要来源是能源密集型行业，并且多是由于煤、石油、天然气等燃料的燃烧所产生，因此，控制和减少能源活动所产生的污染物排放是我国控制能源活动大气污染物排放的主要途径。

2.8 能源活动与全球气候变化

温室气体是大气层中能够吸收和重新放出红外辐射的自然和人为排放气体的总称，包括水气、二氧化碳、甲烷、氧化亚氮、臭氧、氟利昂或氯氟烃类化合物、氢代氯氟烃类化合物、氢氟碳化物、全氟碳化物、六氟化硫等。由于化学性质稳定，二氧化碳、甲烷等温室气体在大气中可留存几十年到数百年甚至更长时间，它们的排放可对气候产生长期影响。政府间气候变化专门委员会（Intergovernmental Panel on Climate Change，简称 IPCC）第四次评估报告指出，温室气体的人为排放增加极可能是引起全球平均气温上升的根本原因。《京都议定书》要求各缔约方控制人为排放的温室气体共六种，包括二氧化碳、甲烷、氧化亚氮、氢氟碳化物、全氟碳化物和六氟化硫。这六种温室气体的排放量成为各国温室气体排放清单统计的最主要对象。

国际能源署（International Energy Agency，简称 IEA）统计结果显示，《联合国气候变化框架公约》（United Nations Framework Convention on Climate Change，以下简称《气候公约》）附件一缔约方国家[1]排放的全部温室气体中约 80% 为化石燃料燃烧的二氧化碳，而全球温室气体排放总量中约 60% 为化石燃料燃烧的二氧化碳排放。

全球化石燃料燃烧的二氧化碳排放取决于世界一次能源消费量及其结构。一方面，随着经济发展和人口增加，全球一次能源消费量迅速增长；另一方面，化石燃料为主的能源结构，尤其是排放强度较高的煤炭在一次能源结构中所占的比例居高不下，推动着二氧化碳排放量的持续增长。2009 年全球每年化石燃料燃烧排放的二氧化碳总量达到 290 亿吨，比工业革命前显著增长。

从部门分布情况看，电力、交通、工业三部门占据了排放总量的主要份额。随着人口的增长和人民生活水平的提高，电力、交通部门的二氧化碳排放量迅速增长，在全球排放总量中所占的比例显著提高。2007 年，电力、交通部门的排放量占全球排放总量的比例已经由 1971 年的 47% 上升到 64%（图 2 – 13）；2007 年这三个部门在我国排放总量中的比重为 88%，其中电力占 50%（图 2 – 14）。从各部门的单位国内生产总值排放强度趋势来看，全球二氧化碳排放强度在 1971 年到 2007 年间下降约 40%，电力与交通部门排放强度的下降幅度均低于这一水平，特别是电力行业同期排放强度下降不到 10%，反映出部门间技术进步速度和潜力的差异。

在当前及今后较长时期，化石燃料燃烧依然是影响温室气体排放趋势的决定性因素。根据国际能源署 2011 年最新发布的统计数据，2011 年与 1990 年相比，全球化石燃料燃烧的二氧化碳排放量增长了 38.2%。

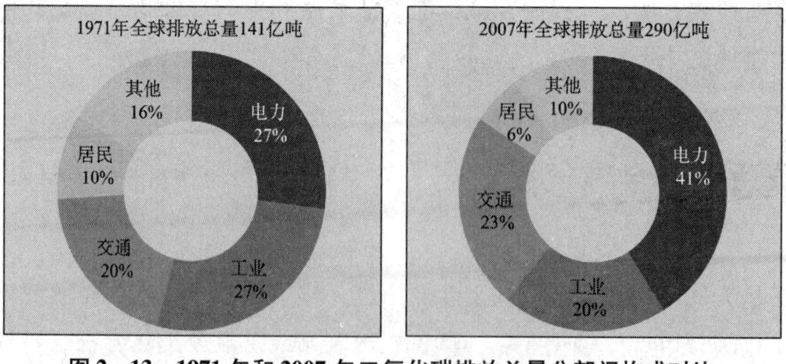

图 2 – 13　1971 年和 2007 年二氧化碳排放总量分部门构成对比

数据来源：国际能源署。

---

[1]《联合国气候变化框架公约》附件一缔约方国家包括：（1）列入《联合国气候变化框架公约》附件二的具有捐款义务的发达国家；（2）经济转轨国家，指前苏联和东欧国家。

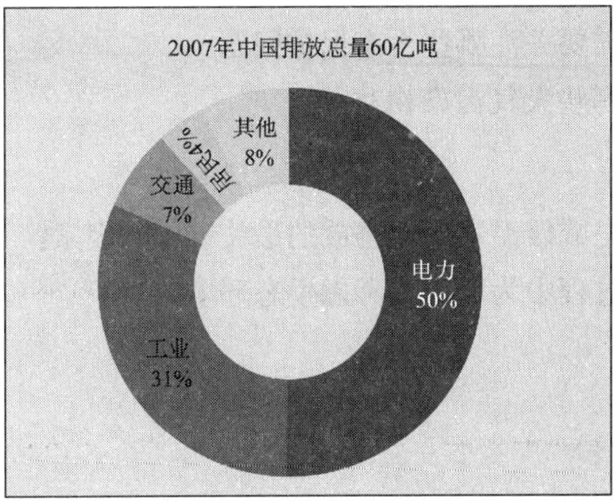

图 2 – 14　2007 年中国二氧化碳排放总量分部门构成

数据来源：国际能源署。

复习思考题

一、单项选择题（在备选答案中选择 1 个最佳答案，并把它的标号写在括号内）

1. 人为活动排放的各种温室气体中，（　　）是导致全球变暖最主要的温室气体。

A. 二氧化硫　　　　　　　　　B. 二氧化碳

C. 氟利昂　　　　　　　　　　D. 甲烷

2. 从我国能源资源赋存情况看，（　　）在我国能源结构中所占比例最大。

A. 煤炭　　　　　　　　　　　B. 天然气

C. 石油　　　　　　　　　　　D. 水电

二、多项选择题（在备选答案中有 2 ~ 5 个是正确的，将其全部选出并将它们的标号写在括号内，选错或漏选均不得分）

1. 以下列出的生态破坏种类中，（　　）是煤炭开采可能导致的生态破坏。

A. 地下水位下降　　　　　　　B. 地面塌陷

C. 滑坡　　　　　　　　　　　D. 植被破坏

E. 水土流失

2. 《京都议定书》规定的 6 种温室气体中，包括（　　）。

A. 甲烷　　　　　　　　　　　B. 一氧化碳

C. 氧化亚氮　　　　　　　　　D. 氢氟碳化物

E. 六氟化硫

三、简答题

1. 水电开发过程中需要关注哪些生态保护问题？

2. 煤炭燃烧会排放哪些大气污染物？

四、论述题

1. 为什么能源活动是减缓温室气体排放的最关键影响因素？

2. 能源开发和利用过程中为什么要考虑生态环境约束？

第3章 国内环境保护对能源环境问题的规定和要求

▶ 学习目标

1. 应知道、识记、理解的内容
- 控制能源生产的生态破坏方面的相关规定和要求
- 控制欲能源相关的大气污染物排放的相关规定和要求
- 节约能源和提高能源效率是从源头减排的重要途径

2. 应领会、掌握、应用的内容
- 控制煤炭开采生态破坏的主要规定
- 控制石油和天然气开采生态破坏的主要规定
- 核电安全规定的主要方面
- 大气污染防治制度
- 大气污染物排放总量下降约束性指标
- 节能对减排的促进作用

▶ 自学时数

4~6 学时。

▶ 教师导学

通过学习本章，了解国内环境保护对能源的环境影响作出的相关规定和要求，理解关注和解决能源环境问题的理由，为学习本书后续各章内容打基础。

本章的重点为：1. 控制能源生产的生态破坏方面的主要规定；2. 大气污染物防治制度；3. 节能减排约束性指标。

3.1 控制能源生产的生态破坏*

在当前及今后较长时期，化石燃料燃烧依然是影响温室气体排放趋势的决定性因素。根据国际能源署 2011 年发布的统计数据，2011 年与 1990 年相比，全球化石燃料燃烧的二氧化碳排放量增长了 38.2%。

3.1.1 煤炭

关于煤炭勘探开采相关的法律规定主要包括：《煤炭法》第十一、十八、二十、二十一、二十三、三十二、三十六条，《矿产资源法》第十五、二十、三十二条，《清洁生产促进法》第十二、二十五条，《大气污染防治法》第二十四条，《森林法》第八、十八条，《草原法》第三十八、三十九条，《土地管理法》第四十二条，《水污染防治法》第四十四条，《水法》第三十一条，《水土保持法》第十八、十九、二十条，《固体废物污染环境防治法》第三十六条，《煤炭经营监管办法》第七条等。其中，较为具体的规定和要求有：《煤炭法》第十一条对开发利用煤炭资源、保护生态环境作出了原则性规定。第二十一条明确了煤矿建设应当遵循"三同时"制度，煤炭开发与环境治理同步进行。第三十二条规定采矿者负责对开采煤炭所占土地或者造成地表土地的塌陷、挖损进行复垦，对他人造成损失应予补偿。《矿产资源法》第三十二条规定开采矿产资源应当防止污染环境。矿山企业应对受到破坏的耕地、草原、林地因地制宜地采取复垦或者其他利用措施。《土地管理法》第四十二条规定：因挖损、塌陷、压占等造成土地破坏，用地单位和个人应当按照国家有关规定负责复垦；没有条件复垦或者复垦不符合要求的，应当缴纳土地复垦费，专项用于土地复垦。复垦的土地应当优先用于农业。此外，《土地复垦规定》、《煤矸石综合利用管理办法》、《粉煤灰综合利用管理办法》、《关于加强乡镇煤矿环境保护工作的规定》等法规及规范性文件就一些具体问题作了规定。

3.1.2 石油天然气

目前我国没有专门的石油天然气法，也没有系统规范石油天然气开发利用的环境保护的专门法规，相关规定大多涵盖于其他相关法律法规中。其规范的内容大致可以分为两大层面：（1）一般规定。关于石油天然气勘探开采中涉及环境保护的一般规定，相关法律法规主要有《矿产资源法》、《清洁生产促进法》、《大气污染防治法》、《森林法》、《草原法》、《土地管理法》、《水污染防治法》、《水法》、《水土保持法》、《土地复垦规定》等。尽管大多数法律条款并非专门针对石油天然气，但石油天然气也属矿产资源，故相关规定也对其适用。这些规定与前述煤炭比较相似，在此不再赘述。（2）海洋环境。海上开采可能会对海洋环境造成巨大的污染和影响，鉴于此，国家出台了较为完备的法律法规，主要包括：《环境保护法》、《海洋环境保护法》、《海洋石油勘探开发环境保护管理条例》、《海洋石油勘探开发环境保护管理条例实施办法》、《防治陆源污染物污染损害海洋环境管理条例》、《防治海岸工程建设项目污染损害海洋环境管理条例》、《防止船舶污染海域管理条例》、《海洋倾废管理条例》、《海洋石油开发工程环境影响评价管理程序》、《海洋石油开发工程环境影响后评价管理暂行规定》、《海洋石油安全生产规定》、《海洋石油平台弃置管理暂行办法》等。我国还签署了《联合国海洋法公约》、《国际油污损害民事责任公约》、《国际防止船舶污染公约》等国际公约。以上立法涉及的内容主要包括：禁止向海域排放油类污染物，禁止在沿海陆域内新建不具备有效治理措施的炼油、化工等严重污染海洋环境的工业生产项目；防治海洋石油勘探开发建设工程项目对海洋环境污染损害的一系列措施，如环评（包括环境影响后评价），"三同时"，放射性物质、含油污水、油性混合物、油基泥浆等特殊污染物质及爆破、试油等特殊污染行为的专门规定，固定式和移动式平台的防污设备、防污记录簿等要求，海洋石油平台弃置管理等；海上储油设施、输油管线的防渗、防漏、防腐蚀要求；防治船舶及有关作业活动、拆船活动排放油类污染物损害海洋环境的一系列措施，如配备防污设备、防污文书，船舶载运油类货物的污染防治规定等。

3.1.3 核能

核能开发利用中的环境保护主要是放射性物质环境污染的防治问题。目前涉及此问题的专门规定的只有《放射性污染防治法》一部法律。该法规定了放射性污染防治的监督责任主体体系、放射性废物管理原则及措施，并对核设施、铀（钍）矿和伴生放射性矿开发利用的放射性污染防治进行了较为详细的规定。此外《环境保护法》第三十三条，《大气污染防治法》第三十九条，《水污染防治法》第三十四条，《海洋环境保护法》第三十三、四十九、六十一条，《矿产资源法》第二十六条等规定了一些相关的原则措施。在法规规章层面上，由于核污染后果严重，因此，相关立法数量较多，主要包括《民用核设施安全监督管理条例》、《核材料管理条例》、《核电站基本建设环境保护管理办法》、《核电厂核事故应急管理条例》、《放射环境管理办法》、《核电厂核事故应急报告制度》、《核事故辐射影响越境应急管理规定》、《核电厂环境辐射防护规定》（GB 6249—86）、《核电厂环境影响报告书的内容和格式》（NEPA RG—1）、《核电站环境放射卫生监测及公众健康调查规范》、《放射性废物安全监督管理规定》等。此外，我国十分重视核安全领域里的国际合作，积极参与了相关领域里的国际立法，签署、批准或核准了《核材料实物保护公约》、《及早通报核事故公约》、《核事故或辐射紧急情况援助公约》、《核安全公约》等国际公约。以上这些立法规定的内容大致可以概括为以下几方面：核燃料生产、加工、储存、运输及后处理；核设施（核电厂、核热电厂、核供热供汽厂等）运行；放射性环境的管理；放射性废物的处理和处置设施；核事故应急；等等。

3.1.4　水电

水电开发对保证能源供应、改善能源结构、减少污染都起到了十分重要的作用。然而，随着水电建设力度的加大，其中存在的环境问题日益凸现，尤其是流域梯级水电建设，其影响范围广、因素复杂、周期长，有些影响具有累积和滞后效应，甚至还有一些影响是不可逆的。水电开发与环境保护的对立与协调成为非常具有争议性的问题。水电是利用水能进行发电，因而属于可再生能源。可再生能源一般来说属于清洁能源，对环境影响较小，但水电可谓是一个特例，因此我们极有必要对其环境保护问题进行专门探讨与规制。目前我国在这方面主要的一些规定包括：《水法》第二十六条规定，"国家鼓励开发、利用水能资源。在水能丰富的河流，应当有计划地进行多目标梯级开发。建设水力发电站，应当保护生态环境，兼顾防洪、供水、灌溉、航运、竹木流放和渔业等方面的需要"。《水利水电工程管理条例》第十二条就水电工程管理的环境保护进行了规定，"水利、水电工程管理单位应按照环境保护和森林保护等有关法规，配合有关部门，保护环境，防止水污染"。《水土保持法》在第十八、十九条就修建水工程、开办电力企业的水土保持作了原则要求。此外，国家环保总局相继颁发了《关于加强水电建设环境保护工作的通知》（环发〔2005〕13号）、《关于有序开发小水电切实保护生态环境的通知》（环发〔2006〕93号），强调了环境影响评价制度的落实、加强后续监管及优化水电站的运行管理等要求。关于水电项目的环境影响评价，我国1988年颁布了《水利水电项目环境影响评价技术规范》，1992年颁布了《江河流域规划环境影响评价规范》，2002年又修订颁布了《环境影响评价技术导则（水利水电工程）》，将水电工程建设环境影响评价工作基本上纳入法制化、规范化管理的轨道。

3.1.5　其他可再生能源

可再生能源相对传统化石能源来说属于清洁能源，但是其开发利用仍可能会带来一些环境问题。我国从2006年1月1日起开始施行《可再生能源法》，但其着重于促进可再生能源的开发利用，对环境保护问题并没有进行详细规定。目前该领域现有的一些法律规范主要包括：在可再生能源发电方面，国家发展改革委于2006年1月5日出台的《可再生能源发电有关管理规定》在其第五、十五、十六、十七条就可再生能源发电项目的环境保护作了规定，要求规划的制定要充分考虑资源特点和生态环境保护等因素；项目建设、运行和管理应注重节约用地，满足环保要求；发电企业应认真做好设计、用地、水资源、环保等有关前期准备工作，依法取得行政许可，才能开工建设；项目建设时应落实环境保护、生态建设、水土保持等措施，加强施工管理等等。在风能利用方面，国家发展改革委、国土资源部、国家环保总局于2005年8月9日联合颁布了《风电场工程建设用地和环境保护管理暂行办法》，就风电场工程建设的征地、环境影响评价程序作了比较有针对性的规定。在生物能利用方面，传统的通过低效率炉灶直接燃烧利用秸秆、薪柴、粪便等生物能的方式由于严重危害健康、破坏森林植被、造成水土流失等环境不良影响，已经越来越受到国家的限制，相应地有一些立法对此进行了规范，主要涉及《农业法》、《森林法》、《秸秆禁烧和综合利用管理办法》等。在海洋能方面，由于潮汐电站等海洋能发电装置大都建于海边，属于海岸工程，因此，《海洋环境保护法》第四章"防治陆源污染物对海洋环境的污染损害"及第五章"防治海岸工程建设项目对海洋环境的污染损害"、《防治陆源污染物污染损害海洋环境管理条例》、《防治海岸工程建设项目污染损害海洋环境管理条例》等法律法规中的相关规定对其是适用的。在地热方面，地热具有能源矿产资源和水资源的双重属性，大规模开发利用地热可能造成地震、地面沉降、地热水资源衰减、地热水有害成分污染、热污染等环境问题，而目前除了《水法》、《水污染防治法》、《矿产资源法》等法律中的一些笼统规定外，只有一部部门规范性文件《国土资源部关于进一步加强地热、矿泉水资源管理的通知》（国土资发〔2002〕414号），该文件也仅提出了加强地热资源开发与保护、严格审批程序的原则要求。

3.2 控制能源活动的大气污染物排放

3.2.1 基本法律

为防治大气污染，保护和改善生活环境和生态环境，保障人体健康，促进经济和社会的可持续发展，我国于1987年制定了《大气污染防治法》，对大气污染防治的监督管理，防治烟尘污染，防治废气、粉尘和恶臭污染等作出了相关的规定。随着城市化、工业化进程的不断加快，特别是化石能源消耗的快速增长，大气环境质量每况愈下，客观事实说明，需要进一步强化对大气环境污染的预防和治理。在此背景下，国家于1995年和2000年两次对该法进行了修订。新修订的《大气污染防治法》增添了新的内容，法律条文由1987年的41条增至66条，同时确立了一些新的制度，使原有的法律规范得到了充实与完善。

《大气污染防治法》对大气污染防治的监督管理体制、主要的法律制度、防治燃烧产生的大气污染、防治机动车船排放污染以及防治废气、尘和恶臭污染的主要措施、法律责任等均作了较为明确、具体的规定。其重要的制度有：

1. 大气污染物排放总量控制和许可证制度

这是防治大气污染的一项重要制度，也是2000年修订《大气污染防治法》时新确立的法律规范。提出建立这项制度的意图在于，当前在我国人口和工业集中的许多地区，由于大气质量已经很差，即使污染源实现浓度达标排放，也不能遏制大气质量的继续恶化，因此，推行大气污染物排放总量控制势在必行。

在《大气污染防治法》中首先规定，国家采取措施，有计划地控制或者逐步削减各地方主要大气污染物的排放总量；地方各级人民政府对本辖区的大气环境质量负责，制定规划，采取措施，使本辖区的大气环境质量达到规定的标准。同时规定，国务院和省、自治区、直辖市人民政府对尚未达到规定的大气环境质量标准的区域和国务院批准划定的酸雨控制区、二氧化硫污染控制区，可以划定为主要大气污染物排放总量控制区。并且进一步明确，主要大气污染物排放总量控制的具体办法由国务院规定。

在这个基础上，《大气污染防治法》中又规定，大气污染物总量控制区内有关地方人民政府依照国务院规定的条件和程序，按照公开、公平、公正的原则，核定企业事业单位的主要大气污染物排放总量，核发主要大气污染物排放许可证。对于有大气污染物总量控制任务的企业事业单位，《大气污染防治法》则要求，必须按照核定的主要大气污染物排放总量和许可证规定的条件排放污染物。

2. 污染物排放超标违法制度

该法对大气环境质量标准的制定、大气污染物排放标准的制定作出了规定，同时该法率先于其他环境污染防治法律明确了"达标排放、超标违法"的法律地位，规定：向大气排放污染物的浓度不得超过国家和地方规定的排放标准；超标排放的，应限期治理，并被处 1 万元以上 10 万元以下的罚款。

3. 排污收费制度

征收排污费制度的实质是排污者由于向大气排放了污染物，对大气环境造成了损害，应当承担一定的补偿责任，征收排污费就是进行这种补偿的一种形式。一是这种制度体现了污染者负担的原则；二是实行这种制度可以有效地促使污染者积极治理污染。所以它也是推行大气环境保护的一种必要手段。因此，在《大气污染防治法》中作出如下一些规定：

（1）国家实行按照向大气排放污染物的种类和数量征收排污费的制度，这是从法律上确立了这项制度。

（2）根据加强大气污染防治的要求和国家的经济、技术条件合理制定排污费的征收标准。

（3）征收排污费必须遵守国家规定的标准，具体办法和实施步骤由国务院规定。

（4）征收的排污费一律上缴财政，按照国务院的规定用于大气污染防治，不得挪作他用，并由审计机关依法实施审计监督。

除了上述三项主要内容外，《大气污染防治法》还有以下重要内容：建设项目的环境影响评价和污染防治设施验收、特别区域保护、大气污染防治重点城市划定、酸雨控制区或者二氧化硫污染控制区划定、落后生产工艺和设备淘汰、现场检查、大气环境质量状况公报等制度。

3.2.2　行业标准

我国大气污染物排放的主要领域包括：电力、热力的生产及供应业，非金属矿物制品业，黑色金属冶炼及压延加工业，化学原料及化学制品制造业，石油加工、炼焦及核燃料加工业以及煤炭开采和洗选业。针对不同行业、不同排放类型，国家制定一系列标准限制大气污染物的排放，其中涉及能源活动的标准主要有：

《大气污染物综合排放标准》（GB 16297—1996）。该标准规定了 33 种大气污染物的排放限值，同时规定了标准执行中的各种要求。

《工业炉窑大气污染物排放标准》（GB 9078—1996）。该标准在原有《工业炉窑烟尘排放标准》（GB 9078—88）和其他行业性有关国家大气污染物排放标准（工业炉窑部分）的基础上修订。规定了 10 类 19 种工业炉窑烟（粉）尘浓度、烟气黑度、6 种有害污染物的最高允许排放浓度（或排放限值）和无组织排放烟（粉）尘的最高允许浓度。

《炼焦炉大气污染物排放标准》（GB 16171—1996）。该标准分年限规定了机械化炼焦炉无组织排放的颗粒物、苯可溶物和苯并（a）芘的最高允许排放浓度与非机械化炼焦炉颗粒物、二氧化硫、苯并（a）芘、林格曼黑度的最高允许排放浓度和吨产品污染物最高允许排放量。

《水泥工业大气污染物排放标准》（GB 4915—2004）。该标准规定了水泥工业各生产设备排气筒大气污染物排放限值、作业场所颗粒物无组织排放限值，以及环保相关管理规定等。

《火电厂大气污染物排放标准》（GB 13223—2011）。该标准首次发布于 1991 年，1996 年第一次修订，2003 年第二次修订。标准规定了火电厂大气污染物排放浓度限值、监测和监控要求，以及标准的实施与监督等相关规定。

《锅炉大气污染物排放标准》（GB 13271—2001）。该标准分年限规定了锅炉烟气中烟尘、二氧化硫和氮氧化物的最高允许排放浓度和烟气黑度的排放限值。

《平板玻璃工业大气污染物排放标准》（GB 26453—2011）。该标准规定了平板玻璃制造企业或生产设施的大气污染物排放限值、监测和监控要求，以及标准实施与监督等相关规定。自该标准实施之日起，平板玻璃制造企业的大气污染物排放控制按该标准的规定执行，不再执行《工业炉窑大气污染物排放标准》（GB 9078—1996）和《大气污染物综合排放标准》（GB 16297—1996）中的相关规定。

《钒工业污染物排放标准》（GB 26452—2011）。该标准规定了钒工业企业特征生产工艺和装置水污染物和大气污染物的排放限值、监测和监控要求，以及标准的实施与监督等相关规定。自该标准实施之日起，钒工业企业的大气污染物排放控制按该标准的规定执行，不再执行《大气污染物综合排放标准》（GB 16297—1996）和《工业炉窑大气污染物排放标准》（GB 9078—1996）中的相关规定。

《铅、锌工业污染物排放标准》（GB 25466—2010）。该标准规定了铅、锌工业企业生产过程中水污染物和大气污染物排放限值、监测和监控要求。自该标准实施之日起，铅、锌工业企业大气污染物排放执行该标准，不再执行《大气污染物综合排放标准》（GB 16297—1996）和《工业炉窑大气污染物排放标准》（GB 9078—1996）中的相关规定。

《铜、镍、钴工业污染物排放标准》（GB 25467—2010）。该标准规定了铜、镍、钴工业企业生产过程中水污染物和大气污染物排放限值、监测和监控要求。自该标准实施之日起，铜、镍、钴工业企业大气污染物排放执行该标准，不再执行《大气污染物综合排放标准》（GB 16297—1996）和《工业炉窑大气污染物排放标准》（GB 9078—1996）中的相关规定。

《镁、钛工业污染物排放标准》（GB 25468—2010）。该标准规定了镁、钛工业企业生产过程中水污染物和大气污染物排放限值、监测和监控要求。自该标准实施之日起，镁、钛工业企业大气污染物排放执行该标准，不再执行《大气污染物综合排放标准》（GB 16297—1996）和《工业炉窑大气污染物排放标准》（GB 9078—1996）中的相关规定。

《硫酸工业污染物排放标准》（GB 26132—2010）。该标准规定了硫酸工业企业或生产设施水和大气污染物的排放限值、监测和监控要求，以及标准的实施与监督等相关规定。自该标准实施之日起，硫酸工业企业大气污染物排放控制按该标准的规定执行，不再执行《大气污染物综合排放标准》（GB 16297—1996）中的相关规定。

《硝酸工业污染物排放标准》（GB 26131—2010）。该标准规定了硝酸工业企业或生产设施水和大气污染物的排放限值、监测和监控要求，以及标准的实施与监督等相关规定。自该标准实施之日起，硝酸工业企业大气污染物排放控制按该标准的规定执行，不再执行《大气污染物综合排放标准》（GB 16297—1996）中的相关规定。

《铝工业污染物排放标准》（GB 25465—2010）。该标准规定了铝工业企业生产过程中水污染物和大气污染物排放限值、监测和监控要求。自该标准实施之日起，铝工业企业大气污染物排放执行该标准，不再执行《大气污染物综合排放标准》（GB 16297—1996）和《工业炉窑大气污染物排放标准》（GB 9078—1996）中的相关规定。

《煤炭工业污染物排放标准》（GB 20426—2006）。该标准规定了原煤开采、选煤水污染物排放限值，煤炭地面生产系统大气污染物排放限值，以及煤炭采选企业所属煤矸石堆置场、煤炭贮存、装卸场所污染物控制技术要求。

《陶瓷工业污染物排放标准》（GB 25464—2010）。该标准规定了陶瓷工业企业的水和大气污染物排放限值、监测和监控要求。自该标准实施之日起，陶瓷工业的大气污染物排放控制按该标准的规定执行，不再执行《大气污染物综合排放标准》（GB 16297—1996）和《工业炉窑大气污染物排放标准》（GB 9078—1996）中的相关规定。

此外，涉及交通领域的排放标准主要有：

《轻型汽车污染物排放限值及测量方法（中国Ⅲ、Ⅳ阶段）》（GB 18352.3—2005）。该标准规定了装用点燃式发动机的轻型汽车，在常温和低温下排气污染物、曲轴箱污染物、蒸发污染物的排放限值及测量方法，污染控制装置的耐久性要求，以及车载诊断（OBD）系统的技术要求及测量方法。该标准规定了装用压燃式发动机的轻型汽车，在常温下排气污染物的排放限值及测量方法，污染控制装置的耐久性要求，以及车载诊断（OBD）系统的技术要求及测量方法。

《摩托车和轻便摩托车排气污染物排放限值及测量方法（双怠速法）》（GB 14621—2011）。该标准规定了摩托车、轻便摩托车怠速和高怠速工况下排气污染物的排放限值及测量方法。

《重型车用汽油发动机与汽车排气污染物排放限值及测量方法（中国Ⅲ、Ⅳ阶段）》（GB 14762—2008）。该标准规定了重型车用汽油发动机与汽车排气污染物排放限值及测量方法、车载诊断（OBD）系统的技术要求及试验方法。

《轻便摩托车污染物排放限值及测量方法（工况法，中国第Ⅲ阶段）》（GB 18176—2007）。该标准规定了两轮或三轮轻便摩托车工况法排气污染物的排放限值及测量方法、曲轴箱污染物排放要求、污染控制装置的耐久性要求。

《三轮汽车和低速货车用柴油机排气污染物排放限值及测量方法（中国Ⅰ、Ⅱ阶段）》（GB 19756—2005）。该标准规定了三轮汽车和低速货车用柴油机排气污染物的排放限值及测量方法。

3.2.3 大气污染物约束性减排指标

《中华人民共和国大气污染防治法》第三条规定：国家采取措施，有计划地控制或者逐步削减各地方主要大气污染物的排放总量。这一立法规定为我国制定约束性减排指标、控制大气污染物排放总量提供了强有力的依据。

进入 21 世纪，随着城市化、工业化进程的不断加快，我国能源消费总量呈快速增长趋势，以煤为主的能源结构致使我国大气污染物排放总量增长迅速。尤其是二氧化硫排放量，"十五"时期全国二氧化硫排放总量由 2001 年的 1 947.8 万吨增长至 2005 年的 2 549.3 万吨，增长了近 31%（如图 3-1），酸雨污染日益突出，酸雨区由 80 年代的西南局部地区发展到现在的西南、华南、华中和华东 4 个大面积的酸雨区，酸雨覆盖面积已占国土面积的 30% 以上，我国已成为继欧洲、北美之后的世界第三大重酸雨区，二氧化硫治理迫在眉睫。

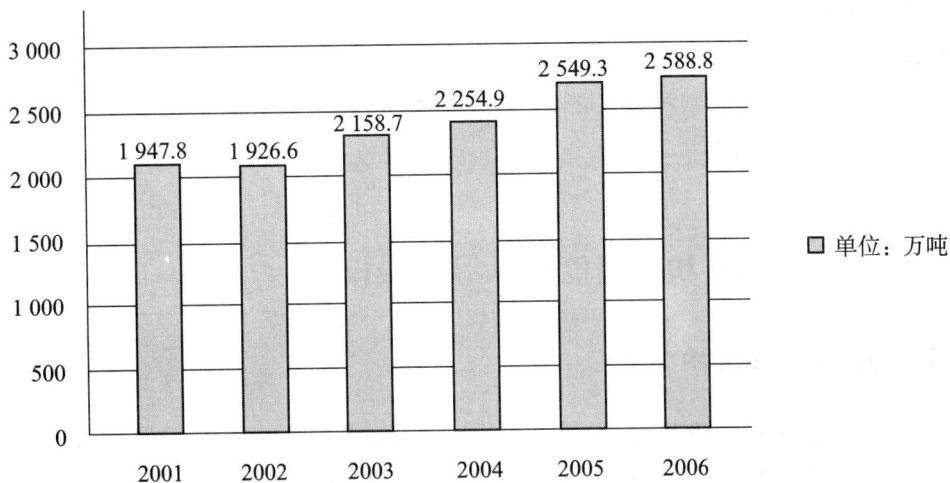

图 3-1 我国二氧化硫排放趋势（2001—2006）

2005年2月23日，《国务院关于落实科学发展观加强环境保护的决定》发布，《决定》指出：为全面落实科学发展观，加快构建社会主义和谐社会，实现全面建设小康社会的奋斗目标，必须把环境保护摆在更加重要的战略位置。《国民经济和社会发展第十一个五年规划纲要》明确指出：加大重点城市大气污染防治力度。加快现有燃煤电厂脱硫设施建设，新建燃煤电厂必须根据排放标准安装脱硫装置，推进钢铁、有色、化工、建材等行业二氧化硫综合治理。在大中城市及其近郊，严格控制新（扩）建除热电联产外的燃煤电厂，禁止新（扩）建钢铁、冶炼等高耗能企业。加大城市烟尘、粉尘、细颗粒物和汽车尾气治理力度。更重要的是，《纲要》首次提出了二氧化硫减排强制性指标，即"十一五"期间，主要污染物排放总量减少10%，到2010年，二氧化硫排放量由2005年的2 549万吨减少到2 295万吨，目标的提出显示出了我国治理二氧化硫的决心和信心。

强制性减排目标的提出，发挥了不可替代的推动作用，扭转了污染物排放的增长趋势。2006年，我国二氧化硫排放总量为2 588.8万吨，达到了历史上的排放峰值，至此，二氧化硫排放增长趋势得以扭转，2007—2010年全国二氧化硫排放总量逐年下降。2010年，我国二氧化硫排放总量为2 185.1万吨，较2005年下降14.29%，超额完成"十一五"时期设定的减排目标。

近年来，我国电力装机容量不断扩大，汽车保有量持续保持高速增长态势，氮氧化物排放已经成为继二氧化硫后第二严重的大气污染物，加速推进氮氧化物治理成为我国控制大气污染物排放的又一重要任务。《国民经济和社会发展第十二个五年规划纲要》提出：实施主要污染物排放总量控制。推进火电、钢铁、有色、化工、建材等行业二氧化硫和氮氧化物治理，强化脱硫脱硝设施稳定运行，加大机动车尾气治理力度。深化颗粒物污染防治。加强恶臭污染物治理。建立健全区域大气污染联防联控机制，控制区域复合型大气污染。地级以上城市空气质量达到二级标准以上的比例达到80%。"十二五"时期将继续设定减排目标，相比"十一五"指标，"十二五"增加了对氨氮和氮氧化物的约束指标，要求：到2015年，全国二氧化硫排放总量控制在2 086.4万吨，较2010年下降8%；全国氨氮和氮氧化物排放总量分别控制在238.0万吨、2 046.2万吨，比2010年的264.4万吨、2 273.6万吨分别下降10%。

3.3 通过节约能源和提高能效从源头减排

3.3.1 节能与环境保护

节能是指加强用能管理，采用技术上可行，经济上合理以及环境和社会可以承受的措施，减少从能源生产到消费各个环节中的损失和浪费，更加有效、合理地利用能源。其中，技术上可行是指在现有技术基础上可以实现；经济上合理就是要有合适的投入产出比；环境可以接受是指节能还要减少对环境的污染，其指标要达到环保要求；社会可以接受是指不影响正常的生产与生活水平的提高；有效就是要降低能源的损失与浪费。广义地讲，节能是指除狭义节能内容之外的节能方法，如节约原材料消耗、提高产品质量、提高劳动生产率、减少人力消耗、提高能源利用效率等。狭义地讲，节能是指节约煤炭、石油、电力、天然气等能源。

节能和提高能效是实施环境保护的有效手段。随着社会的不断进步与科学技术的不断发展，现在人们越来越关心我们赖以生存的地球，世界上大部分国家也充分认识到了环境对我们人类发展的重要性。各国都在积极采取有效的措施改善环境，减少污染。从节能的属性可以看出，通过开展节能工作，可以合理有效地减少能源的消耗，进而直接降低污染物的排放，同时降低能源成本。因此，除了积极配套污染后治理设施外，多数国家将节能与提高能效视为降低污染物排放、进一步改善环境的重要抓手。我国是世界能源消费大国，且能源消费结构以煤为主，煤炭消费量约占全国能源消费总量的70%，与其他国家煤炭占30% ~50%的比重相比，我国能源消费"碳化"严重，按照我国煤炭质量现状，每燃烧1吨标准煤，就能产生二氧化碳2 620千克、二氧化硫8.5千克、氮氧化物7.4千克。因此，通过大力开展节能工作，推广应用节能技术和产品，将为我国环境保护提供有效的支持。

节能和提高能效为缓解能源供应压力提供支持，间接实现环境保护。我国是能源生产和消费大国，但不是资源大国，多数情况下，用"多煤少油缺气"来形容我国的能源储备水平，但按照当前我国的发展速度和能源消费水平来看，即便是储量最多的煤炭，其储采比也小于50年，因此，我国能源形势十分严峻，如何确保能源供给安全，满足人们生活、生产、发展对能源的需求是我国迫在眉睫的焦点话题之一。在此背景下，要从根本上解决能源问题，从长远看是要积极开发新能源及替代能源，而从当前看，节能是目前最直接有效的重要措施。"十一五"以来，国家深化"构建资源节约型、环境保护型社会"这一战略目标，积极转变发展思路，紧紧抓住"节能"这一有力抓手，通过采取一系列措施，节能工作取得了历史性的成效，5年间累计实现节约标煤6.3亿吨，不但极大地缓解了能源供需矛盾，更是为改善环境发挥了不可替代的作用。仅通过节能，"十一五"期间预计实现减排二氧化硫535.5万吨，减排氮氧化物466.2万吨。若进一步考虑通过减少能源消费而减少的生产、加工、运输等过程的污染物排放，节能的减排贡献将会进一步得到放大，从而发挥更大的环境保护作用。

节能和提高能效为我国积极应对气候变化提供强有力的支撑。温室效应，又称"花房效应"，是大气保温效应的俗称。大气能使太阳短波辐射到达地面，但地表向外放出的长波热辐射线却被大气吸收，这样就使地表与低层大气温度增高，因其作用类似于栽培农作物的温室，故名温室效应。温室效应加剧主要是由于现代化工业社会燃烧过多煤炭、石油和天然气，这些燃料燃烧后放出大量的二氧化碳气体进入大气造成的。二氧化碳等气体具有吸热和隔热的功能。它在大气中增多的结果是形成一种无形的玻璃罩，使太阳辐射到地球上的热量无法向外层空间发散，其结果是地球表面变热起来。因此，二氧化碳、甲烷等气体也被称为温室气体。工业革命以来，化石燃料大量燃烧和毁林、土地利用变化等人类活动所排放温室气体导致大气温室气体浓度大幅增加，温室效应逐渐增强，从而引起全球气候变暖，并且受发展中国家以及新兴国家能源消费快速增长的影响，全球气候变暖形势正在进一步加剧。近年来，极端天气的频现、海平面的上升、冰川的融化、农作物减产、物种灭绝等现象不断告诫人类全球气候变暖所带来的巨大危害和影响，部分岛屿国家更是面临着失去家园的风险。因此，全人类必须马上采取措施，共同应对全球气候变化，捍卫人类的家园。二氧化碳、甲烷等温室气体的过量排放是导致全球气候变暖的直接原因，因此，减少、控制温室气体排放是当前全球应对气候变化的最直接的手段。能源消费的快速增长是导致二氧化碳大量排放的主要原因，因此，节能和提高能效将是温室气体减排最直接有效的措施之一。

3.3.2 "十一五"节能成效及对减排的贡献

"十一五"对于我国节能减排事业属于"不平凡"的5年，党中央、国务院高度重视节能工作，把节能作为调整经济结构、转变发展方式、推动科学发展的重要抓手之一，提出"十一五"单位国内生产总值能耗降低20%左右的约束性指标。国务院成立节能减排工作领导小组，发布节能减排综合性工作方案，作出关于加强节能工作的决定，采取强化目标责任、调整产业结构、实施重点工程、推动技术进步、强化政策激励、加强监督管理、开展全民行动等一系列强有力的政策措施，经过艰辛努力，节能成效显著。"十一五"期间，全国单位国内生产总值能耗下降19.1%，基本完成了"十一五"规划《纲要》确定的目标任务。

淘汰落后生产能力、开展十大重点节能工程、开展千家企业节能行动、推广合同能源管理、开展节能产品惠民工程等是我国"十一五"时期重点推进的节能措施和行动，对实现"十一五"节能减排目标贡献显著。具体成效表现在：

加快淘汰落后产能是转变发展方式、调整经济结构、提高经济增长质量和效益的重大举措，是实现"十一五"节能减排目标的重要措施。"十一五"期间，各地区、有关部门采取了一系列强有力的政策措施，综合运用法律、经济、技术及必要的行政手段，大力推动落后产能淘汰工作，圆满完成了"十一五"确定的目标。上大压小、关停小火电机组7 682.5万千瓦，淘汰落后炼铁产能12 000万吨、炼钢产能7 200万吨、水泥产能3.7亿吨等，在关闭造纸、化工、纺织、印染、酒精、味精、柠檬酸等重污染企业方面都取得积极进展。

十大重点节能工程包括燃煤工业锅炉（窑炉）改造工程、区域热电联产工程、余热余压利用工程、节约和替代石油工程、电机系统节能工程、能量系统优化工程、建筑节能工程、绿色照明工程、政府机构节能工程、节能监测和技术服务体系建设工程。十大重点节能工程是实现"十一五"单位国内生产总值能耗降低20%左右目标的一项重要的工程技术措施，目标是在"十一五"期间实现节能2.4亿吨标准煤。"十一五"期间，国家制定发布了十大重点节能工程实施意见，中央和省级地方财政都设立了节能专项资金，对节能改造实行投资补助和财政奖励，有力推动了十大重点节能工程的实施，共形成节能能力3.4亿吨标准煤。中央预算内投资安排80多亿元、中央财政节能减排专项资金安排220多亿元，共支持了5 200多个重点节能工程项目，形成节能能力1.6亿吨标准煤。十大重点节能工程的实施取得了良好的经济和社会效益。

2006年4月，国家发展改革委会同有关部门选取年综合能源消费量18万吨标准煤以上约一千家企业，启动了千家企业节能行动，目标是"十一五"期间节能1亿吨标准煤左右。千家企业能源消费量占工业能源消费量的一半，占全国能源消费量的三分之一。千家企业节能行动取得了显著成效。"十一五"期间，千家企业单位氧化铝综合能耗、乙烯生产综合能耗、烧碱生产综合能耗等指标下降了30%以上，单位原油加工综合能耗、电解铝综合能耗、水泥综合能耗等指标下降了10%以上，供电煤耗下降近10%，部分企业的指标达到了国际先进水平。据统计，"十一五"期间千家企业实现节能1.5亿吨标准煤。

合同能源管理是发达国家普遍推行的一种市场化节能机制，指节能服务公司与用能单位签订合同，为用能单位提供节能诊断、融资、改造、运行等一系列服务，并通过分享节能效益方式回收投资和合理利润的商业模式。加快推行合同能源管理，积极发展节能服务产业，是利用市场机制促进节能提高能效、减缓温室气体排放的有力措施，是培育战略性新兴产业、形成新的经济增长点的迫切要求，是建设资源节约型和环境友好型社会的客观需要。"十一五"期间，我国节能服务产业迅速发展，专业化节能服务公司迅速壮大、产业规模大幅增长、服务范围不断扩展、服务水平显著提高，节能服务公司已成为我国节能系统的一支重要力量。2010年与2005年相比，节能服务公司从80多家增加到800多家，从业人员从1.6万人增加到18万人，节能服务产业规模从47亿元增加到840亿元，合同能源管理项目投资从13亿元增加到290亿元，形成年节能能力从60多万吨标准煤增加到1 300多万吨标准煤。

为扩大消费需求，提高能源效率，促进产业升级，2009年6月，国家发展改革委、财政部组织实施了"节能产品惠民工程"，以财政补贴方式推广高效节能空调、节能汽车、节能灯、三相异步电动机和稀土永磁电动机等高效节能产品，目前已形成家用电器、交通工具、照明产品、工业设备等四大类高效节能产品推广体系。一年半来，中央财政共安排160多亿元，推广高效节能空调3 400多万台、节能汽车100多万辆、节能灯3.6亿多只。据初步测算，直接拉动消费需求1 200多亿元，实现年节电225亿千瓦时，年节油30万吨，减排二氧化碳1 400多万吨。"节能产品惠民工程"培育和形成了高效节能产品消费市场，促进了产业结构升级和技术进步，而且让普通消费者得到了"价格下降、节电省钱、生活质量提高"等多重惠民效果。

我国节能工作的成效对减排的贡献是十分显著的。"十一五"时期，我国累计实现节能6.3亿吨标准煤，减少二氧化碳排放14.6亿吨，对二氧化硫、氮氧化物、烟尘、工业粉尘等污染物排放的控制同样发挥了不可替代的作用。

复习思考题

一、单项选择题（在备选答案中选择 1 个最佳答案，并把它的标号写在括号内）

1. 《土地管理法》第四十二条规定：因挖损、塌陷、压占等造成土地破坏，用地单位和个人应当按照国家有关规定负责复垦；没有条件复垦或者复垦不符合要求的，应当缴纳（　　），专项用于土地复垦。

　　A. 矿产资源税 　　　　　　　　　　B. 土地占用费

　　C. 煤炭出省费 　　　　　　　　　　D. 土地复垦费

2. 根据《水法》的相关规定，建设水力发电站，应当（　　），兼顾防洪、供水、灌溉、航运、竹木流放和渔业等方面的需要。

　　A. 安置移民 　　　　　　　　　　　B. 梯级利用

　　C. 保护生态环境 　　　　　　　　　D. 修建水坝

二、多项选择题（在备选答案中有 2～5 个是正确的，将其全部选出并将它们的标号写在括号内，选错或漏选均不得分）

为了控制大气污染物排放，我国已建立了（　　）等制度。

　　A. 污染物排放总量控制 　　　　　　B. 排污许可证

　　C. 国际排放贸易 　　　　　　　　　D. 排污收费

　　E. 污染物排放超标违法

三、简答题

1. 核能安全利用主要涉及哪些方面？

2. 简要叙述我国排污收费制度的主要规定。

四、论述题

节能和提高能效如何实现源头减排？

第4章　我国节能减排的政策与行动

▶ **学习目标**

1. 应知道、识记、理解的内容

- 节能的意义
- 我国推动节能的主要政策
- 已经开展的重大节能行动

2. 应领会、掌握、应用的内容

- 把节能设定为约束性目标的原因
- "十一五"期间国家层面的节能减排政策与行动
- "十一五"期间地方推进节能减排的主要做法
- "十二五"期间的节能减排目标、措施与行动

▶ **自学时数**

4~6 学时。

▶ **教师导学**

通过学习本章，了解我国推动节能减排的主要政策与行动。重点掌握节能减排措施对控制污染物和温室气体排放的积极作用。

4.1　"十一五"节能的重要意义

4.1.1　"十一五"强化节能工作的背景

进入 21 世纪以来，随着工业化、城镇化快速发展，以及全球经济一体化的不断深入，我国的经济快速增长，各项建设取得了辉煌的成就，但同时也付出了巨大的代价，依靠大

量物质、能源投入支撑的粗放型经济增长方式难以为继。我国有 13 亿人口，超过了已经完成工业化国家的人口总和，如果我国继续走传统工业化道路，将需要几个地球才可以满足对能源的需求，因此我国的工业化和城市化也被赋予了新的任务，即在追求经济社会全面快速发展的同时注重资源和能源的节约，尽可能提高利用效率，走一条低投入、低消耗、高增长的新型工业化道路。

在发展过程中注重节能是由我国基本国情及国际环境共同决定的，具体表现在：

（1）资源、能源的禀赋条件决定了必须提高能源利用效率。我国是人均能源占有量极低的国家：石油、天然气的人均剩余探明可采储量分别只有世界平均水平的 7.7% 和 7.1%；即便是储量相对丰富的煤炭资源，也只有世界平均水平的 63%；除化石能源以外，铁矿石、铜、铝土等重要矿产资源人均储量分别为世界平均水平的 1/6、1/6 和 1/9，这样的禀赋条件难以支撑我国经济继续高投入、低水平的扩张。

（2）能源供应及安全问题日益显现，能源消费过快增长的趋势必须遏制。1980—2000年，我国能源消费总量增加了 7.8 亿吨，基本实现国内生产总值翻两番，能源消费翻一番的目标。而进入第十个五年计划时期，经济增长速度加快，能源消费总量也迅猛上升，2005 年我国能源消费总量达到 22.5 亿吨，5 年增加 8.6 亿吨，超过了过去 20 年增量的总和，激增的能源消费导致我国能源供应十分紧张，相当一部分能源需要靠进口解决，这就给国家能源安全带来巨大压力。根据国土资源部的数据，我国石油的剩余可采储量 2005年为 24.9 亿吨，按年采 2 亿吨计算，仅够再支持开采十余年，届时我国很可能将面临无油可采的局面。同时，我国原油的需求量也远超出国内石油的开采量，必须大量从国外进口石油，石油对外依存度快速上升，2005 年超过 50%，国家能源安全受到极大挑战。

（3）国内生态环境瓶颈制约，客观上要求能源的使用更加合理和高效。由于化石燃料的过度使用，我国的环境污染严重、生态破坏问题突出。目前我国二氧化硫、氮氧化物、颗粒物排放量都处于世界第一，水、大气、土壤等污染严重，固体废物、汽车尾气、持久性有机物、重金属等污染持续增加，一些地方生态环境承载能力已近极限。环境污染和生态破坏给国民经济造成重大损失。有学者认为，环境污染和生态破坏造成的损失占当年国内生产总值的 3% ~4%，一些污染严重地区的环境污染损失已经占到国内生产总值的 7%以上。同时也威胁到人民群众的生命财产安全。据悉，城市空气中颗粒物污染导致的健康危害在城市病死因中所占比例达 13%，相当于每年约 40 万城市居民因空气污染而过早死亡。因此合理、高效的使用能源是实现生态文明的必然选择。

（4）我国能源利用效率相对偏低、技术相对落后，需要通过节能来促进技术升级。我国已是世界单位国内生产总值能耗最高的国家之一，单位国内生产总值能耗不仅远高于发达国家，也高于世界平均水平。据计算，2003 年我国单位国内生产总值的能源消耗比世界平均水平高 2.2 倍，比美国高 2.3 倍，比欧盟高 4.5 倍，比日本高 8 倍。每年都有大量能源损失在加工转换、储运以及终端利用过程中。2005 年我国的一次能源消费相当于美国的60% 左右，但经济总量仅相当于美国的 15%。理论上讲，如果我国的能源利用效率达到世界先进水平，那么在现有基础上不用再增加能源消耗，也可以实现经济总量翻番。

（5）应对气候变化的国际压力加大，节能是减少温室气体排放的根本途径。全球气候变暖已成为不争的事实，人类大量使用化石能源是主要原因。中国作为世界最大的温室气体排放国之一，必须要承担起大国应负的责任。而减少温室气体排放的最有效途径就是大幅提高能源效率，节约能源。

节能是促进科学发展的重要抓手，是衡量发展质量的重要标志，是破解发展中的资源环境瓶颈约束的迫切要求，是应对气候变化的必然选择。我国政府充分认识到节能工作的紧迫性和必要性，在党的十六届五中全会上，资源节约被纳入我国基本国策，成为继计划生育、保护环境之后的又一项国家生存发展的基本准则，而节约能源是资源节约的重要组成部分。

4.1.2 "十一五"全国节能目标的提出及重要意义

党中央和国务院高度重视节能工作，在《国民经济和社会发展第十一个五年规划纲要》中首次明确提出了"'十一五'期间单位国内生产总值能源消耗下降20%左右"的约束性指标，把节能作为贯彻落实科学发展观，推动经济发展方式转变和经济结构调整的重要抓手。20%节能目标体现了节能减排在中国经济社会发展方式转变方面的重要指导作用，是衡量发展质量的重要标志，对加强能源节约、促进经济社会又好又快发展产生了十分重要和积极的作用。其重要意义体现在以下几方面：

（1）节能目标第一次作为约束性指标纳入到国家五年规划纲要，是党中央和国务院对于发展意识和观念的根本转变。从过去注重经济总量增长、维持较高的经济增长速度，向现在的注重发展质量，实现经济、社会与环境协调发展上转变，是贯彻和落实科学发展观的重大举措。

（2）节能作为约束性指标的提出，体现了国家从根本上转变发展方式的决心。约束性指标具有强制性和制约性，是各级政府在部署工作时必须优先考虑的指标，因此有利于形成转变经济发展方式的倒逼机制，有利于改变"唯国内生产总值论英雄"的各级政府工作绩效考核和评价体系，促进整个社会走上文明发展之路。

（3）单位国内生产总值能源消耗量下降目标的提出充分体现了我国在应对气候变化的坚定意志。单位国内生产总值能耗下降指标反映了能源消费和经济发展的关联性，旨在提高能源的利用效率、改善用能结构，用更少的能源投入取得更多的经济效益。既符合我国工业化、城市化加速阶段对于经济社会发展的急迫期望，又体现了应对气候变化共同但有区别的原则。

单位国内生产总值能源消耗下降20%左右这一约束性指标的提出标志着经济发展的转型及全社会的变革，是一项需要全社会共同艰苦努力而且还很难完成的目标。节能目标的提出，是落实科学发展观、构建社会主义和谐社会的重大举措；是建设两型社会的必然选择；是推进经济结构调整，转变经济发展方式的必由之路；是提高人民生活质量，实现社会经济可持续发展的必然要求。

4.1.3 "十一五"各省份节能目标

"十一五"规划纲要在国家层面提出了 20% 的节能目标，为确保该约束性指标的实现、突出节能的战略地位，必须调动各级政府、全国人民的积极性和责任感，从而形成合力。因此需要在国家目标的基础上，将节能目标按地区进行分解，实行节能目标责任制。这是我国开展节能工作的创新性举措之一。

单位国内生产总值能源消耗降低指标的地区分解，采取由地方政府自己上报目标，国家适当调整的方法。地方政府自行提出其节能目标，对于超过国家目标的省份，中央政府予以确认，对于未超过国家目标的省份，中央和地方通过协商机制进行探讨，确定相对合理的节能目标。

2006 年，国家发展改革委向国务院提交并报请下达《"十一五"期间各地区单位生产总值能源消耗降低指标计划》（简称《计划》），《计划》明确规定了各地区的"十一五"节能目标。同年 9 月，《国务院关于"十一五"期间各地区单位生产总值能源消耗降低指标计划的批复》发布，原则同意了《计划》中对于单位生产总值能源消耗指标的各地区分解方案（见表 4 - 1）。

表 4 - 1 　　　"十一五"期间各地区单位生产总值能源消耗降低指标计划表

地 区	2005 年基数（吨标煤/万元）	2010 年目标（吨标煤/万元）	下降幅度（%）
全 国	1.22	0.98	20
北 京	0.80	0.64	20
天 津	1.11	0.89	20
河 北	1.96	1.57	20
山 西	2.95	2.21	25
内蒙古	2.48	1.86	25
辽 宁	1.83	1.46	20
吉 林	1.65	1.16	30
黑龙江	1.46	1.17	20
上 海	0.88	0.70	20
江 苏	0.92	0.74	20
浙 江	0.90	0.72	20
安 徽	1.21	0.97	20
福 建	0.94	0.79	16
江 西	1.06	0.85	20
山 东	1.28	1.00	22
河 南	1.38	1.10	20
湖 北	1.51	1.21	20
湖 南	1.40	1.12	20
广 东	0.79	0.66	16

地　区	2005 年基数（吨标煤/万元）	2010 年目标（吨标煤/万元）	下降幅度（％）
广　西	1.22	1.04	15
海　南	0.92	0.81	12
重　庆	1.42	1.14	20
四　川	1.53	1.22	20
贵　州	3.25	2.60	20
云　南	1.73	1.44	17
西　藏	1.45	1.28	12
陕　西	1.48	1.18	20
甘　肃	2.26	1.81	20
青　海	3.07	2.55	17
宁　夏	4.14	3.31	20
新　疆	2.11	1.69	20

注：各地区单位生产总值能源消耗按 2005 年不变价格计算。

资料来源：《国务院关于"十一五"期间各地区单位生产总值能源消耗降低指标计划的批复》（国函〔2006〕94号），2006 年 9 月。

2007 年，中央政府考虑到个别省份完成"十一五"节能目标难度的确很大，特别是吉林完成 30％ 的节能目标已无可能，国家有关部门同意对吉林省、山西省和内蒙古自治区的"十一五"节能目标进行调整，分别从 30％、25％ 和 25％ 调低到 22％，其他地区不作调整。即便按此目标调整，也可完成"十一五"全国节能 20％ 左右的目标。

4.2　中国"十一五"节能的主要政策 *

为落实"十一五"规划《纲要》提出的单位国内生产总值能耗下降 20％ 左右的节能目标，中国政府综合运用行政、法律和经济手段推进节能工作，形成了政府主导作用、企业为主体、全社会共同参与的良好格局。

从 5 年发展历程看，中国"十一五"节能主要经历了三个阶段：其中 2006—2007 年为起步阶段，2008—2009 年为应对金融危机的特殊阶段，2010 年为收官之年的决战阶段，不同阶段节能政策的特点有所不同。

从以下三方面对中国"十一五"节能的主要政策进行概括。

4.2.1　行政手段

行政手段主要指国家通过行政机构，采取带强制性的行政命令、指示、规定等措施，来调节和管理经济的手段，因而具有权威性和强制性的特点。

1. 突出节能重要地位

针对"十五"期间日趋严峻的资源环境形势，2005 年底召开的党的十六届五中全会首次把节约资源确立为中国的基本国策，并提出了"'十一五'期间国内生产总值能耗下降20%左右"的目标。2006年发布的"十一五"经济社会发展规划《纲要》中，首次把节能的定量目标作为约束性指标，纳入国家经济社会发展最高层次的规划，体现了节能减排在中国经济社会发展转变方面的重要作用。

2006年8月中国政府发布了《国务院关于加强节能工作的决定》，在《决定》中提出"节能是一项长期的战略任务，必须摆在更加突出的战略位置"。从1980年能源战略方针中的"在近期把节约放在优先地位"，到2005年《决定》中的"节能是一项长期的战略任务"，"近期"与"长期"的一字之差，凸现了党中央、国务院对节能问题的关注程度提高到前所未有的高度。

2007年10月份召开的党的十七大再次强调要"加强能源资源节约和生态环境保护，增强可持续发展能力，促进国民经济又好又快地发展"，并指出"坚持节约能源和保护环境的基本国策，关系人民群众切身利益和中华民族的生存发展"，要求把"建设资源节约型、环境友好型社会放在工业化、现代化发展战略的突出位置，并落实到每个单位、每个家庭"，同时提出"要完善有利于节约能源资源和保护生态环境的法律和政策，加快形成可持续发展的体制机制"。党的十七大为中国大力推进节能工作再次吹响了战斗的号角。

在2008—2009年应对国际金融危机严重冲击的关键时期，中国党和政府也高度重视节能工作。胡锦涛总书记强调，"在应对国际金融危机的形势下，节能减排工作尤其不能放松。要切实加大节能环保投入，认真落实节能减排责任制，突出抓好节能减排重点工程建设，努力实现节能减排目标"。

2010年是中国"十一五"规划的收官之年，然而2010年初高耗能产品市场反弹，第一季度全国单位国内生产总值能耗上升3.2%，我国"十一五"节能目标面临很大风险。面对异常严峻的形势，国务院果断作出部署，发出《关于进一步加大工作力度确保实现"十一五"节能减排目标的通知》。《通知》重申"十一五"节能减排指标是具有法律约束力的指标，是政府向全国人民作出的庄严承诺，要求各地区、各部门要充分认识加强节能减排工作的重要性和紧迫性，切实增强使命感和责任感，下更大决心，花更大气力，果断采取强有力、见效快的政策措施，打好节能减排攻坚战。温家宝总理主持召开全国节能减排工作电视电话会议，要求采用"采取铁的手腕"确保实现"十一五"节能减排目标，充分体现了党中央、国务院对努力实现"十一五"节能目标的决心。

2. 强化节能组织领导

节能降耗是一项复杂的系统工程和庞大的社会工程。建立一套比较完善的能源管理体系和一支有力的节能工作队伍，是中国政府推进节能工作的组织保证。

中国于2007年成立了国务院节能减排工作领导小组，国务院总理温家宝担任组长，副总理曾培炎、国务委员唐家璇任副组长，作为国家节能减排工作的议事协调机构，成员单位包括国家发展改革委、外交部、科技部、财政部等部门。领导小组下设国务院节能减排工作领导小组办公室，设在国家发展改革委。国务院节能减排工作领导小组的成立，强化了政府各部门在推进节能工作过程中的协调机制，使各部门在推进工作时更好地统筹协调、形成合力。

多数省份也成立了节能减排领导小组，省长主抓节能工作，推进节能所需的资金投入、机构设置、人员编制等问题得到更好解决，为节能目标完成提供了重要保障。

"十一五"初期，国务院发布了《节能减排综合性方案》，指出"当务之急，是要建立健全节能减排工作责任制和问责制，一级抓一级，层层抓落实，形成强有力的工作格局。地方各级人民政府对本行政区域节能减排负总责，政府主要领导是第一责任人"。"十一五"期间，国家发展改革委先后印发《建设节约型社会近期重点工作分工的通知》、《各部门节能减排工作安排》、《推动落实节能减排工作安排部门分工》等文件，进一步明确中央各部门在各项节能减排工作任务中的牵头单位和参与单位，推进节能工作的组织领导体系框架逐步成形。

3. 建立节能目标评价考核制度

将节能目标按地区进行分解，是中国政府推进节能的创新性举措之一。"十一五"经济社会发展规划《纲要》将单位国内生产总值能耗下降作为 8 项约束性指标之一。《国务院关于加强节能工作的决定》要求将单位国内生产总值能耗下降指标纳入各地经济社会发展综合评价和年度考核体系，并据此对地方各级人民政府领导班子和领导干部实行节能工作问责制。对于节能工作情况的评价考核，国务院转发了国家发展改革委、国家统计局等部门共同制定的《单位 GDP 能耗考核体系实施方案》。经过几年的实践和不断完善，节能目标评价考核已经逐步常态化、制度化。

参照中央对各省份的节能目标责任评价考核制度，各级政府结合本地区特点也制定了相应的节能目标责任评价考核制度，并每年在国家考核之前对所辖各地区实施节能目标责任评价考核。

（1）省级政府节能目标责任评价考核制度。

根据《国务院批转节能减排统计监测及考核实施方案和办法的通知》，国家发展改革委作为国家节能主管部门，每年会同监察部、人力资源社会保障部、住房城乡建设部、国务院国资委、质检总局、国家统计局以及有关专家组成 5~7 个评价考核工作组，对全国 30 个省份节能目标完成情况和节能措施落实情况进行了现场评价考核。为确保考核的规范性，考核小组制定了《节能目标责任现场评价考核工作方案》，细化了核查内容，统一了打分标准，明确了工作流程和具体要求，并对参加考核的人员进行了培训和工作部署。

年度节能目标完成考核以现场评价考核为重点，采取自查、核查和现场评价考核相结合的方式，现场听取汇报，并在现场核查有关文件，并抽查重点用能企业的节能情况。通过座谈讨论与实地考察相结合，内部评议与交换意见相结合，对各地区年度节能目标完成情况进行打分评估。考核结束后，国家发展改革委和国家统计局在官方网站上发布公报，向全社会通报上一年度各省份的考核结果。

具体考核办法是：在各地区政府确定的年度万元国内生产总值能耗降低目标和国家统计局核定的该地区当年万元国内生产总值能耗降低率基础上，中央政府派出考核小组，对节能目标完成情况和节能措施落实情况两方面的内容进行考核。考核方法采取量化打分的方法，分为节能目标完成情况和节能措施落实情况两类指标，满分共计100分。其中：节能目标完成指标为定量考核指标，根据目标完成率评分，满分为40分，超额完成的适当加分；节能措施落实指标为定性考核指标，满分为60分。节能措施落实情况的考核，主要包括节能工作组织领导、节能目标分解落实、淘汰落后生产能力、节能投入和实施重点工程、节能技术开发和推广、重点耗能企业管理、节能能力建设、基础工作和法律法规执行情况等（见表4-2）。

表4-2　　　　　　　　省级人民政府节能目标责任评价考核计分表

考核指标	序号	考核内容	分值	评分标准
节能目标（40分）	1	万元国内生产总值能耗降低率	40	完成年度计划目标得40分，完成目标的90%得36分，完成80%得32分，完成70%得28分，完成60%得24分，完成50%得20分，完成50%以下不得分。每超额完成10%加3分，最多加9分。本指标为否决性指标，只要未达到年度计划确定的目标值即为未完成等级。
节能措施（60分）	2	节能工作组织和领导情况	2	1. 建立本地区的单位国内生产总值能耗统计、监测、考核体系，1分；2. 建立节能工作协调机制，明确职责分工，定期召开会议，研究重大问题，1分。
	3	节能目标分解和落实情况	3	1. 节能目标逐级分解，1分；2. 开展节能目标完成情况检查和考核，1分；3. 定期公布能耗指标，1分。
	4	调整和优化产业结构情况	20	1. 第三产业增加值占地区生产总值比重上升，4分；2. 高技术产业增加值占地区工业增加值比重上升，4分；3. 制定和实施固定资产投资项目节能评估和审查办法，4分；4. 完成当年淘汰落后生产能力目标，8分。
	5	节能投入和重点工程实施情况	10	1. 建立节能专项资金并足额落实，3分；2. 节能专项资金占财政收入比重逐年增加，4分；3. 组织实施重点节能工程，3分。

续表

考核指标	序号	考核内容	分值	评分标准
节能措施 （60分）	6	节能技术开发和推广情况	9	1. 把节能技术研发列入年度科技计划，2分； 2. 节能技术研发资金占财政收入比重逐年增长，3分； 3. 实施节能技术示范项目，2分； 4. 组织推广节能产品、技术和节能服务机制，2分。
	7	重点企业和行业节能工作管理情况	8	1. 完成重点耗能企业（含千家企业）当年节能目标，3分； 2. 实施年度节能监测计划，1分； 3. 新建建筑节能强制性标准执行率完成年度目标得4分，完成80%得2分，不足70%的不得分。
	8	法律、法规执行情况	3	1. 出台和完善节约能源法配套法规等，1分； 2. 开展节能执法监督检查等，1分； 3. 执行高耗能产品能耗限额标准，1分。
	9	节能基础工作落实情况	5	1. 加强节能监察队伍、机构能力建设，1分； 2. 完善能源统计制度并充实能源统计力量，1分； 3. 按要求配备能源计量器具，1分； 4. 开展节能宣传和培训工作，1分； 5. 实施节能奖励制度，1分。
小计			100	

注：（1）年度计划节能目标以各地区根据《批复》制定的分年度目标为准；上年度未完成的节能目标，须分摊到以后年度。
  （2）2010年节能目标以《批复》中的目标为准。

考核结果分为超额完成（95分以上）、完成（80～94分）、基本完成（60～80分）、未完成（60分以下）四个等级。节能目标完成情况为考核的否决性指标，未完成年度节能目标的，均被列入未完成等级。

考核结果经国务院审定后，将作为各级政府干部综合考核评价的重要依据，并实行"问责"制和"一票否决"制。对考核等级为完成和超额完成的省级人民政府，给予表彰奖励；对考核等级为未完成的省级人民政府，领导干部不得参加年度评奖、授予荣誉称号等，国家暂停对该地区新建高耗能项目的核准和审批；考核等级为未完成的省级人民政府，应向国务院作出书面报告，提出限期整改工作措施。

（2）千家重点耗能企业节能目标责任评价考核。

"十一五"初期，受国务院委托，国家发展改革委与千家企业签订了节能目标责任书，明确了各企业"十一五"节能目标责任。根据国务院批转的国家发展改革委和国家统计局会同有关部门制定的《单位 GDP 能耗考核体系实施方案》，各省、自治区、直辖市、新疆生产建设兵团节能主管部门要对本辖区内千家企业节能目标责任完成情况实施评价考核。

千家企业节能考核的内容主要包括节能目标完成情况和落实节能措施情况。考核采用量化打分的方法，满分为 100 分。考核以各重点耗能企业签订的节能目标责任书确定的年度节能目标为基准。考核分为节能目标完成率和节能措施两部分。其中，节能目标完成率按照省级节能主管部门认可的企业节能目标完成率进行评分，满分为 40 分，超额完成指标的适当加分；节能措施落实指标为定性考核指标，考核各重点耗能企业落实节能措施情况，满分为 60 分（见表 4 - 3）。考核结果分为超额完成（95 分以上）、完成（80 ~ 94 分）、基本完成（60 ~ 80 分）、未完成（60 分以下）四个等级。未完成节能目标的企业，均列入未完成等级。

表 4 - 3   **千家重点耗能企业节能目标责任评价考核计分表**

考核指标	序号	考核内容	分值	评分标准
节能目标 （40 分）	1	节能量	40	完成年度计划目标得 40 分，完成目标的 90% 得 35 分、80% 得 30 分、70% 得 25 分、60% 得 20 分、50% 得 15 分、50% 以下不得分。每超额完成 10% 加 2 分，最多加 6 分。本指标为否决性指标，只要未达到目标值即为未完成等级。
节能措施 （60 分）	2	节能工作组织和领导情况	5	1. 建立由企业主要负责人为组长的节能工作领导小组并定期研究部署企业节能工作，3 分； 2. 设立或指定节能管理专门机构并提供工作保障，2 分。
	3	节能目标分解和落实情况	10	1. 按年度将节能目标分解到车间、班组或个人，3 分； 2. 对节能目标落实情况进行考评，3 分； 3. 实施节能奖惩制度，4 分。
	4	节能技术进步和节能技改实施情况	25	1. 主要产品单耗或综合能耗水平在千家企业同行业中，位居前 20% 的得 10 分，位居前 50% 的得 5 分，位居后 50% 的不得分； 2. 安排节能研发专项资金并逐年增加，4 分； 3. 实施并完成年度节能技改计划，4 分； 4. 按规定淘汰落后耗能工艺、设备和产品，7 分。

续表

考核指标	序号	考核内容	分值	评分标准
节能措施 （60分）	5	节能法律法规执行情况	10	1. 贯彻执行节约能源法及配套法律法规及地方性法规与政府规章，2分； 2. 执行高耗能产品能耗限额标准，4分； 3. 实施主要耗能设备能耗定额管理制度，2分； 4. 新、改、扩建项目按节能设计规范和用能标准建设，2分。
	6	节能管理工作执行情况	10	1. 实行能源审计或监测，并落实改进措施，2分； 2. 设立能源统计岗位，建立能源统计台账，按时保质报送能源统计报表，3分； 3. 依法依规配备能源计量器具，并定期进行检定、校准，3分； 4. 节能宣传和节能技术培训工作，2分。
小计			100	

注：（1）节能目标以企业根据节能目标责任书制定的年度目标为准；上年度未完成的节能目标，须分摊到以后年度。

（2）2010 年节能目标以节能目标责任书中签订的目标为准。

4. 做好重点用能企业监管

2006 年，中国政府启动了"千家企业节能行动"，要求强化年耗能在 18 万吨标准煤以上的重点耗能企业的节能工作（详见 4.3.2）。在此基础上，各地区相继开展了旨在加强本地重点耗能企业节能管理的各项行动和活动。

根据《节能法》的规定，重点用能单位，一是指年综合能源消费量 1 万吨标准煤以上的用能单位；二是指国务院有关部门或者省、自治区、直辖市人民政府管理节能工作的部门指定的年综合能源消费总量 5 000 吨以上不满 1 万吨标准煤的用能单位。

根据统计数据，截至 2009 年底，全国共有规模以上工业企业 431 744 家，其中：年消耗标煤 5 000 吨以上的企业共 28 283 家，占全部规模以上企业数量的 6.6%。2009 年，全国规模以上工业企业共计消耗能源 22.16 亿吨标煤，重点用能企业共消耗标煤 20.3 亿吨，占全部规模以上工业企业能源消费总量的 91.6%。同年，重点用能企业共实现总产值 25.5 万亿元，占全部规模以上工业企业总产值的 46.6%。尽管在企业数量上并不占据主要份额，但无论从能源消费量还是企业总产值，重点用能企业均是我国节能的重点监管对象。

从地区分布上看，重点用能企业分布的地区差异较大。山东省最多，共有年耗标煤 5 000 吨以上的企业 3 028 家，广东省第二，有 2 280 家；而传统的重化工业大省山西省则有 1 063 家，重化工业快速发展的内蒙古自治区有 1 011 家。全国重点用能企业数量最少的西藏自治区，仅有 12 家。在各省份内部，重点用能企业的地域分布同样呈现出不均衡状态。

"十一五"期间，中央政府组织实施了千家企业节能行动，各地方政府也分别针对年耗能量在18万吨标准煤以下的重点耗能企业加强了监管，结合本地区工业结构特点、节能管理能力等状况，制定了本省监管重点用能企业的年能耗量最低标准门槛。其中，5个地区门槛在6万吨标准煤以上，8个地区的门槛在2万~6万吨标准煤，17个地区门槛不到2万吨标准煤。

从"十一五"地方政府监管的重点用能企业数量看，有3个地区节能行动包含的重点用能企业数量在500家以上，分别是辽宁、山东、浙江三省；有8个地区节能行动包含的重点用能企业数量在200~500家，包括天津、黑龙江、福建、河南、广西、新疆等省份；有9个地区节能行动包含的重点用能企业数量在100~200家，包括河北、山西、上海、江苏、江西等省份；有10个地区节能行动包含的重点用能企业数量在100家及以下，包括北京、内蒙古、海南、重庆、青海、宁夏等省份。

从各省级政府重点用能企业节能行动所设定的总体节能目标看，有13个省份为行动制定了节能量的目标，包括北京、山西、辽宁、安徽、福建等省份；有5个省份为行动制定了单位增加值（产值）能耗下降一定幅度的目标，包括湖北、重庆、青海、宁夏、新疆等省份；有7个省份为行动既制定了节能量目标，同时也制定了单位增加值（产值）能耗下降一定幅度的目标，包括内蒙古、吉林、上海、江西等省份。

各地区推动重点用能企业节能行动的措施主要有三类：一是支持和服务类措施。具体包括利用财政资金支持企业节能技术改造项目、推广节能新技术和新产品、加强宣传和培训，试点能源管理师制度、开展重点用能企业能效水平对标活动、建立表彰奖励制度等。二是约束性措施。具体包括强化企业节能目标责任考核、制定地方强制性能耗限额标准并实施差别电价、开展针对重点用能企业的节能监察等。三是基础管理类措施。具体包括建立重点用能企业能耗信息监测平台、实施能源利用状况报告制度、编制企业节能规划并开展能源审计等。

在"十一五"期间，一些地区积极开展制度创新，地方重点企业节能工作开展得有声有色、极富特点，值得在全国推广。例如：河北省的"双三十制度"、山东省的能源管理师试点、江苏省的能效之星计划、山西省的淘汰落后产能行动、北京市的普及节能技术行动、上海市的节能警察等等。这些制度对推动企业节能工作发挥了重要作用。

5. 加强能源消费统计

为了进一步强化能源消费统计工作，国务院批转了《节能减排统计监测及考核实施方案和办法》，有关部门制定了《单位GDP能耗统计指标体系实施方案》。

《方案》要求逐步建立和完善国家能源统计制度，各地区要建立适合本地能源统计核算和节能降耗工作需要的地方能源统计制度，各级政府部门、协会、能源产品生产经营企业尽快建立有关能源统计制度，做好各项能源指标统计。各有关部门要加强能源统计业务建设，充分利用现代化信息技术，加快建立安全、灵活、高效的能源数据采集、传输、加工、存储和使用等一体化的能源统计信息系统。各社会用能单位要从仪器仪表配置、商品检验、原始记录和统计台账等基础工作入手，全面加强能源利用的计量、记录和统计，依法履行统计义务，如实提供统计资料。

"十一五"期间，国家统计局专门成立了能源统计司，多数地级市成立了能源统计处，能源消费统计队伍显著加强。统计系统加强了对年耗能 1 万吨标准煤以上企业的能源消费监控，每月定期收集能耗统计数据。统计系统逐步完善了分地区能源消费核算制度、25种重点耗能产品 108 项单位产品能耗统计调查制度等基础统计制度，定期向全社会发布本地区单位国内生产总值能耗、单位国内生产总值电耗、工业增加值能耗等信息。住房城乡建设部、国管局、交通运输部、铁道部等部门加强了重点耗能大户能源消费信息的收集能力，苏州、青岛等地区和一些重点用能企业建立了能源消费在线监测系统。能源消费统计能力的增强为科学决策奠定了重要基础。

6. 做好宣传教育和节能表彰

"十一五"期间，在政府的组织下，有关部门和社会组织显著加大了节能宣传和教育的力度。利用电视、报纸、网络、杂志等媒介，采取新闻报道、专家访谈、专题报道、公益广告、知识竞赛、宣传挂图等群众喜闻乐见、易于接受的形式，通过举办节能宣传周、节能技术展览会、节能灯发放、宣传节能社区、节能家庭、志愿者服务等多种形式，使节能宣传进机关、进企业、进学校、进社区、进家庭，让国家的节能政策家喻户晓，人人皆知。

每年一次的全国节能宣传周是由国家发展改革委、教育部、科技部、环境保护部、国家广电总局、全国总工会、共青团中央七部委联合主办的宣传活动，每年 6 月，全国各地开展了轰轰烈烈的节能宣传活动，国家主要领导人参与活动并发表讲话，在社会上形成强大的影响力。"十一五"期间，结合历年节能工作的重点和特点，提出了具有年度特色的宣传主题和宣传口号。"十一五"期间全国节能宣传周活动的主题分别如下。

2006 年：节约能源，从我做起

2007 年：节能减排，科学发展

2008 年：依法节能，全民行动

2009 年：推广使用节能产品，促进扩大消费需求

2010 年：节能攻坚，全民行动

通过加大节能宣传和教育力度，节能科学知识加快普及，节约型的消费方式得到倡导，严重浪费能源的行为得到曝光，节能的单位和个人得到表彰，营造了全社会倡导节能减排的良好舆论氛围，老百姓的节能意识显著增强。

4.2.2 法律手段

法律手段是国家制定和运用法律法规来调节经济活动的手段，具有严肃性、权威性、

规范性的特点。法律手段能够使管理者和被管理者有法可依，有章可循，通过规范行为减少主观随意性，达到行政管理的统一化、稳定化。

1. 修订、完善《节约能源法》

《中华人民共和国节约能源法》（以下简称《节约能源法》）是中国政府推进节能工作的基本法律依据。《节约能源法》最初制定于1997年，于1998年1月1日开始生效。随着中国经济由计划经济向市场经济转轨，原有《节约能源法》中的部分内容已经不适应市场经济发展的需要。"十一五"初期，全国人大常委会开始组织修订《节约能源法》，修订后的《节约能源法》于2007年10月由十届全国人大常委会第30次会议审议通过。修订后的《节约能源法》与原《节约能源法》相比，有以下五个特点：

（1）扩大了法律调整的范围。修订后的《节约能源法》增加了建筑节能、交通运输节能、公共机构节能等内容。

（2）健全了节能管理制度和标准体系。新修订的《节约能源法》设立了一系列节能管理制度，如节能目标责任评价考核制度、固定资产投资项目节能评估和审查制度、落后用能产品淘汰制度、重点用能单位节能管理制度、能效标识管理制度、节能奖励制度等。还明确国家要制定强制性用能产品（设备）能效标准、建筑节能标准、交通运输营运车船燃料消耗限值标准、公共机构能源消耗定额和支出标准等。

（3）完善了促进节能的经济政策。修订后的《节约能源法》规定中央财政和省级地方财政要安排节能专项资金支持节能工作，对生产、使用列入推广目录需要支持的节能技术和产品实行税收优惠，对节能产品的推广和使用给予财政补贴，引导金融机构增加对节能项目的信贷支持等，从总体上构建了推动节能的政策框架。

（4）明确了节能管理和监督主体。修订后的《节约能源法》规定了统一管理、分工协作、相互协调的节能管理体制，理顺了节能主管部门与各相关部门在节能监督管理中的职责。

（5）强化了法律责任。修订后的《节约能源法》规定了19项法律责任，包括违反固定资产投资项目节能评估和审查规定，重点用能单位违反管理制度，生产、进口、销售不符合强制性能效标准的用能产品、设备，使用国家明令淘汰的用能设备或者生产工艺，违反能效标识管理，编造虚假能源统计数据等方面的法律责任，明确了相应的处罚措施，加大了处罚范围和力度。

修订后的《节约能源法》已于2008年4月1日起开始实施。

2. 确立六项节能长效机制

新修订的《节约能源法》突出了节能管理制度的设计，这次新确立的节能管理制度主要包括六项：

（1）节能目标责任制和节能评价考核制度。修订后的《节约能源法》规定，国家实行节能目标责任制和节能评价考核制度，将节能目标完成情况作为对地方政府及其负责人考核评价的内容；省级地方政府每年要向国务院报告节能目标责任的履行情况。这使节能问责制的要求刚性化、法定化，有利于增强各级领导干部的节能责任意识，强化政府的主导责任。节能目标责任制和节能考核评价制度具有典型的中国特色，是中国社会市场经济制度下有别于西方市场经济国家的节能制度。这一制度的设立，为依靠行政手段推进节能奠定了坚实的法律基础。

（2）固定资产投资项目节能评估和审查制度。《节约能源法》规定建立固定资产投资项目节能评估和审查制度，通过项目评估和节能评审，控制不符合强制性节能标准和节能设计规范的投资项目，遏制高耗能行业盲目发展和过快增长。中国处在经济快速发展的过程中，而当前经济发展主要依靠固定资产投资项目拉动。对固定资产投资项目规定要其编制节能篇，并对项目进行节能评审，是源头控制实现节能的有效手段。

（3）落后高耗能产品、设备和生产工艺淘汰制度。《节约能源法》规定，国家要制定并公布淘汰的用能产品、设备和生产工艺的目录及实施办法；禁止生产、进口、销售国家明令淘汰的用能产品、设备。这一方面把住了高耗能产品、设备和生产工艺的市场入口关，也加大了淘汰力度。这一规定与市场经济国家的措施类似。

（4）重点用能单位节能管理制度。《节约能源法》明确了重点用能单位的范围，对重点用能单位和一般用能单位实行分类指导和管理；规定重点用能单位应每年向管理节能工作部门报送能源利用状况报告；要求管理节能工作的部门加强对重点用能单位的监督和管理；规定重点用能单位必须设立能源管理岗位，聘任能源管理负责人。无论在中国的计划经济时期，还是在西方市场经济国家，加强重点用能单位的节能管理是节能制度设计的共识。

（5）能效标识管理制度。新修订的《节约能源法》将能效标识管理作为一项法律制度确立下来，明确了能效标识的实施对象，要求生产者和进口商必须对能效标识及相关信息的准确性负责，并对应标未标、违规使用能效标识等行为规定了具体的处罚措施。这一制度是借鉴了市场经济国家的普遍经验而建立的。

（6）节能表彰奖励制度。《节约能源法》规定，各级人民政府对在节能管理、节能科学技术研究和推广应用中有显著成绩以及检举严重浪费能源行为的单位和个人，给予表彰和奖励。这是加强节能管理的一项鼓励措施，旨在为全社会树立先进典型，激发全社会作好节能工作的积极性。无论在中国的计划经济时期，还是在西方市场经济国家，对贡献突出的个人或集体给予奖励是节能制度设计的共识。

3. 制定《节约能源法》配套法规和标准

与美国的法律体系不同，中国的《节约能源法》是一部原则性较强的法律。为更好地贯彻落实《节约能源法》，必须要在中央和地方层面制定一系列配套法规、标准、标识等作为技术支撑。

（1）《节约能源法》配套法规。

自从 1998 年首次制定《节约能源法》以来，中国政府曾制定过一系列《节约能源法》配套法规和部门规章，具体包括：重点用能单位管理办法、节约用电管理办法、中国节能产品认证管理办法、民用建筑节能管理规定、铁路实施《节约能源法》细则、交通行业实施《节约能源法》细则等。由于上述法规和规章制定的时间比较早，需要根据新修订的《节约能源法》重新加以修订。

在《节约能源法》修订完成后，"十一五"期间国家着手对节能法规、规章和标准逐步加以完善。2008 年，国务院制定并颁布了《民用建筑节能条例》、《公共机构节能条例》，两个条例自 2008 年 10 月 1 日起开始施行，为规范民用建筑和公共机构等重点领域节能发挥了重要作用。其中，《民用建筑节能条例》共 6 章 45 条，分别对新建建筑节能、既有建筑节能、建筑用能系统运行节能、法律责任和附则等作出了详细规定，《公共机构节能条例》对公共机构的节能规划、节能管理、节能措施、监督等提出了明确要求。在细化节能管理制度方面，国家发展改革委 2010 年颁布了《固定资产投资项目节能评估和审查暂行办法》、国家质检总局 2009 年颁布了《高耗能特种设备节能监督管理办法》等规章。

下一步，我国仍需继续修订实施《重点用能单位节能管理办法》、《能效标识管理办法》、《节能产品认证管理办法》等，为进一步推进依法节能提供重要支撑。

（2）完善节能标准。

节能标准是为实现节能目的而制定的标准，是从源头控制能源消费的基本依据。节能标准是覆盖面比较广的概念，涉及工业、农业、交通、建筑等多项领域，包括节能基础、管理、方法等基础概念的界定，也包括工业生产工艺、家用电器和汽车等终端用能产品、建筑材料等能源利用相关参数的规定。

按不同的分类方法，中国节能标准可以分为多种类别：

从节能标准制定机构和管辖范围上看，中国节能标准可以分为国家标准、地方标准、行业标准和企业标准。其中，国家标准是要求全中国各种类型的企业必须要达到的基本标准。地方标准、行业标准必须建立在国家标准的基础之上，并且在参数上要比国家标准更加严格。企业标准也必须要高于地方标准和行业标准。因此，越向下，标准的要求越严格。

从法律约束力上看，中国节能标准可以分为强制性标准和推荐性标准。强制性标准是指国家以法律的形式明确要求企业执行所规定技术内容和要求的标准。不允许任何企业或个人以任何理由或方式加以违反或变更。对违反强制性标准的企业或个人，国家将依法追究当事人的法律责任。推荐性标准是指国家鼓励自愿采用的、具有指导作用但又不宜强制执行的标准。推荐性标准所规定的技术内容和要求具有普遍的指导作用，允许使用单位结合自己的实际情况，灵活加以选用。

从标准所针对的对象上看，中国节能标准可以分为六类：

1）综合、基础类标准。主要包括术语和分类方面的标准、图形符号和文字代号方面的标准、能源统计与分析管理方面的标准、能源计量器具配备方面的标准、节能效益计算与评价方面的标准等。

2）终端用能产品能效标准。具体包括工业通用设备的能效标准、家用耗能器具的能效标准、照明器具的能效标准、商用设备的能效标准、电子信息通讯的能效标准、交通运输工具的能效标准、农用设备的能效标准等。在中国，终端用能产品能效标准属于强制性标准。目前中国已发布几十项终端用能产品能效的国家标准。

3）工业节能标准。主要包括工业节能设计标准、工业企业能量平衡标准、工业能耗测试与计算标准、工业能源消耗定额标准、工业用能设备节能监测标准、工业用能设备经济运行标准、工业能源审计标准、高效工业节能产品及装置标准、工业企业合理用能评价标准等。

4）农业节能标准。主要包括农业节能作业要求标准、农业节能设计标准、农业能耗测试与计算标准、农业用能设备节能监测标准、农业用能设备经济运行标准、农业能源消耗定额标准、农业能源审计标准等。

5）交通运输节能标准。主要包括交通运输节油技术与装置标准、交通运输节能检测标准、交通运输燃油消耗量测试与计算标准、交通运输能源审计标准、交通运输能源平衡标准、交通运输能源利用评价与管理标准、交通运输能源消耗统计分析标准等。

6）建筑节能标准。主要包括建筑节能设计标准、建筑物能源审计、建筑节能监测标准、节能建筑系统和材料标准、建筑物能效分级标准、工程施工与验收标准等。

上述六类节能标准（图 4 - 1）是中国节能标准的总体框架和长期规划。

截至目前，中国政府已经在综合和基础类、终端用能产品、工业节能等方面制定了一些标准，但与中国节能标准总体框架的要求相比，仍有很多工作有待完成。因此，建立和健全中国节能标准体系是一项艰巨的历史任务，需要继续做大量工作。

在工业标准方面，"十一五"期间国家有关部门共制（修）定 27 项高耗能产品能耗限额强制性国家标准，涉及火力发电、钢铁、有色、建材和石油化工五大行业。这类标准规定了三类能耗限额指标，分别是：现有企业单位产品能耗限额限定值，新建企业单位产品能耗限额准入值，以及企业单位产品能耗限额先进值。其中，现有企业能耗限额限定值指标和新建企业能耗限额准入值指标是强制性要求，单位产品能耗限额先进值指标是推荐性要求。

在民用产品标准方面，国家针对家用电器、照明器具、工业及商用设备以及交通运输工具制定了强制性终端用能产品能效国家标准。"十一五"期间，我国共制（修）定 40 项用能产品强制性能效标准，涵盖了家用燃气快速热水器、家用贮水式电热水器、家用电磁炉、变频空调、多联式空调、计算机显示器、静电复印机、中小型三相异步电动机、交流接触器、外部电源、清水离心泵。其中：家用电器类 12 项、照明设备类 8 项、商用设备类 4 项、工业设备类 8 项、办公设备类 4 项、交通工具类 4 项。部分终端能效标准规定了三类节能指标，分别是能效限值、等级和节能评价值（见表 4—4）。

节能标准体系

综合、基础类标准子体系

- 术语、分类方面的标准
- 图形符号和文字代号方面的标准
- 能源统计与分析管理方面的标准
- 能源计量器具配备方面的标准
- 节能效益计算与评价方面的标准

终端用能产品能效标准子体系

- 工业通用设备方面的能效标准
- 家用耗能器具方面的能效标准
- 照明器具方面的能效标准
- 商用设备方面的能效标准
- 电子信息通讯方面的能效标准
- 交通运输工具方面的能效标准
- 农用设备方面的能效标准

工业节能标准子体系

- 节能设计方面的标准
- 能量平衡方面的标准
- 能耗测试与计算方面的标准
- 能源消耗定额方面的标准
- 用能设备节能监测方面的标准
- 能源审计方面的标准
- 用能设备经济运行方面的标准
- 高效节能产品及装置方面的标准
- 评价企业合理用能方面的标准

节能标准体系

农业节能标准子体系

- 节能作业要求方面的标准
- 节能设计方面的标准
- 能耗测试与计算方面的标准
- 用能设备节能监测方面的标准
- 用能设备经济运行方面的标准
- 能源消耗定额方面的标准
- 能源审计方面的标准

交通运输节能标准子体系

- 节油技术与装置方面的标准
- 节能检测方面的标准
- 燃油消耗量测试与计算方面的标准
- 能源审计方面的标准
- 能源平衡方面的标准
- 能源利用评价与管理方面的标准
- 交通能源消耗统计分析方面的标准

建筑节能标准子体系

- 节能设计方面的标准
- 能源审计、监测方面的标准
- 节能建筑系统和材料方面的标准
- 能效分级方面的标准
- 工程施工与验收方面的标准

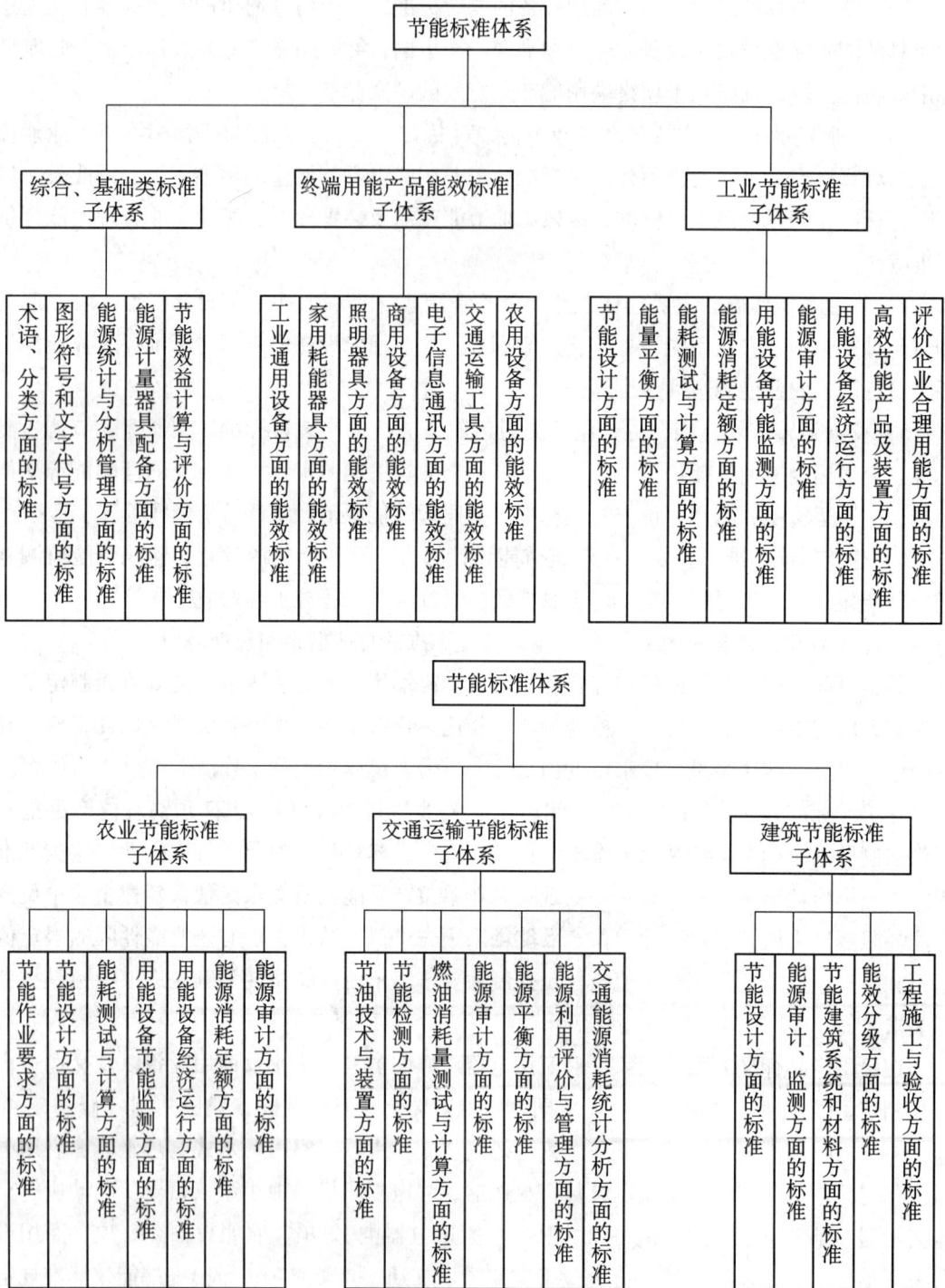

图 4-1 中国节能标准体系

表 4 - 4　　　　　　中国已颁布实施的终端用能产品能效标准列表

标准号	标准名称
GB 12021.2—2008	家用电冰箱耗电量限定值及能源效率等级
GB 12021.3—2010	房间空气调节器能效限定值及能源效率等级
GB 12021.4—2004	电动洗衣机能耗限定值及能源效率等级
GB 12021.6—2008	自动电饭锅能效限定值及能效等级
GB 12021.7—2005	彩色电视广播接收机能效限定值及节能评价值
GB 12021.9—2008	交流电风扇能效限定值及能效等级
GB 15744—2008	摩托车燃油消耗量限值及测量方法
GB 16486—2008	轻便摩托车燃油消耗量限值及测量方法
GB 17896—1999	管形荧光灯镇流器能效限定值及节能评价值
GB 18613—2006	中小型三相异步电动机能效限定值及能效等级
GB 19043—2003	普通照明用双端荧光灯能效限定值及能效等级
GB 19044—2003	普通照明用自镇流荧光灯能效限定值及能效等级
GB 19153—2009	容积式空气压缩机能效限定值及节能评价值
GB 19415—2003	单端荧光灯能效限定值及节能评价值
GB 19576—2004	单元式空气调节机能效限定值及能效等级
GB 19577—2004	冷水机组能效限定值及能效等级
GB 19573—2004	高压钠灯能效限定值及能效等级
GB 19574—2004	高压钠灯用镇流器能效限定值及节能评价值
GB 19578—2004	乘用车燃料消耗量限值
GB 19761—2009	通风机能效限定值及节能评价值
GB 19762—2007	清水离心泵能效限定值及节能评价值
GB 20052—2006	三相配电变压器能效限定值及节能评价值
GB 20053—2006	金属卤化物灯用镇流器能效限定值及能效等级
GB 20054—2006	金属卤化物灯能效限定值及能效等级
GB 20665—2006	家用燃气快速热水器和燃气采暖热水炉能效限定值及能效等级
GB 20943—2007	单路输出式交流—直流和交流—交流外部电源能效限定值及节能评价值
GB 20997—2007	轻型商用车燃料消耗量限值
GB 21377—2008	三轮汽车燃料消耗量限值及测量方法
GB 21378—2008	低速货车燃料消耗量限值及测量方法
GB 21454—2008	多联式空调（热泵）机组能效限定值及能效等级
GB 21455—2008	转速可控型房间空气调节器能效限定值及能效等级
GB 21456—2008	家用电磁灶能效限定值及能效等级
GB 21518—2008	交流接触器能效限定值及能效等级
GB 21519—2008	储水式电热水器能效限定值及能效等级
GB 21520—2008	计算机显示器能效限定值及能效等级
GB 21521—2008	复印机能效限定值及能效等级
GB 24500—2009	工业锅炉能效限定值及能效等级
GB 24790—2009	电力变压器能效限定值及能效等级
GB 24849—2010	家用和类似用途微波炉能效限定值及能效等级
GB 24850—2010	平板电视能效限定值及能效等级

此外，国家还发布了 5 项交通工具燃料经济性标准，涉及轻型商用车、载客汽车、载货汽车、三轮汽车和低速货车，规定了燃油消耗量限值和测试方法。

截至 2010 年底，我国制定的节能标准近 600 项，其中，国家标准 208 项，行业标准近 400 项。我国已实施的国家标准包括：终端用能产品能源效率标准 40 项；高耗能产品单位产品能耗限额标准 27 项；节能监测标准 22 项；经济运行标准 9 项；能耗计算标准 11 项；合理用能标准 6 项；能源计量器具配备与管理标准 9 项；建筑节能标准 21 项；其他能源基础、管理标准 60 余项（见表 4-5）。

表 4-5　　　　　　　　　　　　　　　重要的节能国家标准

标准类别	数量	主要作用	性质
终端用能产品能效标准	40	规定用能产品的能源效率最低要求和能源效率等级。	强制性
高耗能产品单位能源消耗限额标准	27	规定高耗能工业行业单位产品能源消耗限定值指标、新建企业的能耗限额准入值指标和能耗先进水平。	强制性
节能监测标准	22	节能监测标准是对节能活动中的检测方法、计算分析方法所规定的技术要求。	推荐性
经济运行标准	9	规定经济运行的定义、基本要求、判别与评价方法、技术管理措施以及系统电能平衡测试与计算方法等内容。	推荐性
能耗计算标准	11	规定用能单位开展能耗统计和计算工作的基本方法和技术要求，是开展节能工作的重要基础。	推荐性
合理用能标准	6	规定各类型用能单位在合理用用热、合理用电等方面的技术要求。	推荐性
能源计量器具配备与管理标准	9	规定各种用能单位能源计量器具配备率、计量器具准确率以及管理的基本要求。	推荐性
建筑节能标准	21	规定了建筑材料、结构的节能技术要求和节能评价方法，以及建筑物的节能设计要求。	推荐性
能源基础、管理等其他标准	63	包括术语、单位符号、能量平衡、节能效益计算、能源管理、能源审计等范围广泛的节能标准。	推荐性

（3）扩大节能标识覆盖范围。

能源标识能够加强生产者与消费者的交流，引导消费者购买能源效率高的产品，同时推动生产者采用高能效的技术，对推广节能产品起到信息公开的作用。

在能效标识制度方面，2004 年中国颁布了《能源效率标识管理办法》，明确规定：国家针对节能潜力大、使用面广的用能产品建立与组织实施能效标识制度，制定《中华人民共和国实行能源效率标识的产品目录》，并就具体实施、监督管理、罚则进行了具体规定。纳入能效标识产品目录的产品，都实施了能效标准，有的能效标准是在实施多年后所对应的产品才被纳入能效标识产品目录，所有能效标准都规定了能效限定值、节能评价值、能效等级、试验方法和检验规则。

《能源效率标识管理办法》规定了我国能效标识制度采用"企业自我申明＋备案＋社会监督"的实施模式，政府要对能效标识的使用情况进行监督管理，对没有按《办法》及相应实施规则标注能效标识等违法行为进行处罚。国家发展改革委、国家质检总局、国家认监委负责节能标识的制定、发布以及检验方面的工作。

"十一五"期间，政府有关部门先后发布了七批《实行能源效率标识的产品目录》和相应的实施规则，涉及产品共 23 类，包括家用电冰箱、房间空气调节器、电动洗衣机、单元式空气调节机、自镇流荧光灯、高压钠灯、冷水机组、中小型三项异步电动机、家用燃气快速热水器和燃气采暖热水炉、转速可控型房间空调器、多联式空调（热泵）机组、储水式电热水器、家用电磁灶、计算机显示器、复印机、自动电饭锅、交流电风扇、交流接触器、容积式空气压缩机、电力变压器、通风机、平板电视、家用和类似用途微波炉。此外，结合家用电冰箱和房间空气调节器能效标准修订，对能效标识实施规则进行了修订并分别于 2010 年 3 月 1 日和 2010 年 6 月 1 日实施。"十一五"初期制定的实行能效标识管理的产品达到 20 类的目标已圆满实现，能效标识目录发布、产品备案公告、实验室备案、宣贯培训和监督检查的实施体系已基本形成。

为规范管理，能效标识实施规则通常企业按产品规格型号逐一备案。型号不同，但结构相同，能效指数（EEI）和被动待机功率一致的产品在备案时可不再提交检测报告。根据《能效标识管理办法》生产者或进口商应当自使用标识之日起 30 日内完成备案，通过信函等方式提交相关备案材料，并同时在中国能效标识网上填写相关备案信息。授权机构负责完成标识信息的核查和备案工作。生产者或进口商应在每年 3 月 15 日前，向授权机构提交上一年度的标识使用情况报告。报告包括各型号的标识备案情况、标识的监督处罚情况、标识使用情况等能效标识相关的资料。通过备案核验的产品，将在中国能效标识网上进行公告。

"十一五"期间，国家有关部门对能效标识的实施情况多次进行抽查。2006 年第四季度，国家质检总局对家用电冰箱开展了能效标识专项监督抽查，合格率为 83.3%。2006 年受国家发展改革委和国家质检总局委托，中国标准化研究院能效标识管理中心组织了能效标识市场专项检查，合格率为 79.6%。此后，根据能效标识制度实施情况的需要，国家能效标识主管部门及能效标识授权管理部门进行了多次专项监督抽查和市场调查，2010 年 3 月公布的 2009 年度能效标识市场专项检查结果，总合格率为 94.44%，我国能效标识制度的实施取得了良好效果。

根据中国标准化研究院能效标识管理中心的测算，截至 2010 年 3 月，我国能效标识制度实施 5 年已累计节电 1 500 多亿千瓦时，折合标准煤 6 000 多万吨，减排二氧化碳 1.4 亿吨，减排二氧化硫 60 万吨，对"十一五"节能降耗目标作出了显著贡献。

4. 组织实施固定资产投资节能评估

建立和实施固定资产投资项目节能评估和审查制度，把节能作为项目审批、核准以及开工建设的前置条件，对不符合节能标准的项目实行前置否决，是符合我国工业化、城镇化快速发展阶段的重要法律制度，有利于从源头上遏制能耗不合理增长，约束新上项目落实有关节能法规、标准，不断提高能源利用效率。

"十一五"初期，为贯彻落实《国务院关于加强节能工作的决定》，2007 年《国家发展改革委关于加强固定资产投资项目节能评估和审查工作的通知》发布，开展固定资产投资项目（含规划、新、改、扩建工程）节能评估和审查工作，要求审批、核准的固定资产投资项目，可行性研究报告或项目申请报告必须包括节能分析篇（章），咨询评估单位的评估报告必须包括对节能分析篇（章）的评估意见；批复文件必须包括对节能分析篇（章）的批复或请示内容，并编制了《固定资产投资项目节能评估和审查指南》（2006）。

2007 年修订的《节约能源法》，进一步确立了实施固定资产投资项目节能评估的法律地位。2010 年，国家发展改革委发布了《固定资产投资项目节能评估和审查暂行办法》（简称《能评办法》），并于 2010 年 11 月 1 日起正式实施，固定资产投资项目节能评估和审查制度正式步入实施阶段。

《能评办法》明确要求新上项目必须进行节能评估和节能审查。其中，节能评估是由第三方机构根据节能法规、标准，对新上项目的能源利用是否科学合理进行分析评估；节能审查是由政府有关部门对项目节能评估文件进行审查或实行登记备案。

《能评办法》规定，节能评估按照项目建成投产后年能源消费量实行分类管理，其中年耗能 3 000 吨标准煤以上的项目编制节能评估报告书，年耗能 1 000~3 000 吨标准煤的项目编制节能评估报告表，其他低能耗项目填报节能登记表。节能审查按照各级政府项目管理权限实行分级管理。《能评办法》要求节能审查机关收到项目节能评估文件后，要委托有关机构进行评审，形成评审意见，作为节能审查的重要依据。接受委托的评审机构应在节能审查机关规定的时间内提出评审意见。评审费用由节能审查机关的同级财政安排，标准按照国家有关规定执行。《能评办法》还对固定资产投资项目节能评估和审查的实施、监管和处罚等作了规定。

为帮助各地区和企业做好节能评估工作，国家节能中心编写了《固定资产投资项目节能评估工作指南》，进一步明确了节能评估的程序、步骤、要点以及评估文件的编制要求。节能评估制度的实施为进一步开展能源消费总量控制提供了重要抓手。

5. 建立健全节能执法体系

节能监察是我国节能执法的重要力量。"十一五"期间，地方各级节能监察机构进一步健全。截至 2010 年底，全国共组建了省、市、县三级节能监察、监测机构、节能技术服务中心 612 家，其中省级节能监察机构 32 家，市级节能监察机构 227 家，县级节能监察机构 347 家，覆盖了全国 68% 的地市，12% 的县区。为了加强各级节能监察机构的能力建设，各级政府加大了财政投入力度，支持节能监察中心购买设备、接受培训、开展节能执法工作等。经过 5 年的努力，各级节能机构引进了一批专业技术人员，节能执法队伍逐步壮大，节能执法能力得到明显提升（见表 4－6）。

表 4－6　　　　　　　　　各地区节能监察机构情况

地　区	主管部门	省　级		地市级		区县级	
		机构名称	人数	机构数量	人数	机构数量	人数
北　京	发改委	北京市节能环保中心	105	0	0	0	
	发改委	北京市节能监察大队	18				
天　津	经信委	天津市节能技术服务中心	23	0	0	0	
河　北	发改委	河北省节能监察监测中心	45	9	148	68	247
山　西	经信委	山西省节能监察总队	25	11	165	5	32
内蒙古	经信委	内蒙古自治区节能监察中心	18	12	180	20	71
辽　宁	经信委	辽宁省节能监察中心	40	13	230	11	21
吉　林	工信厅	吉林省节能监察中心	30	10	99	0	0
黑龙江	工信委	黑龙江省节能技术服务中心	55	1	22	0	0
上　海	经信委	上海市节能监察中心	43	0	0	0	
江　苏	经信委	北京市节能环保中心	105	11	217	15	72
		江苏省节能技术服务中心	82				
浙　江	经信委	浙江省能源监察总队	41	11	99	51	153
安　徽	发改委	安徽省节能减排监测信息中心	7	13	73	8	25
	经信委	安徽省节能监察中心	30				
福　建	经贸委	福建省节能监察（监测）中心	39	8	47	28	
江　西	工信厅	江西省节能监察总队	21	11	66	0	0
	发改委	江西省节能中心	5				
山　东	节能办	山东省节能监察中心	33	17	281	66	
河　南	发改委	河南省节能监测中心	32	10	142	1	6
湖　北	发改委	湖北省节能监察中心	17	11	57	0	
湖　南	经信委	湖南省节能监察中心	25	7	68	3	11
广　东	经信委	广东省节能监察中心	30	11	98	1	3
广　西	工信委	广西壮族自治区节能监察中心	15	7	18	0	
	工信委	广西壮族自治区节约能源技术服务中心					
海　南	工信厅	海南省节能监察大队	15	1	20	0	0
重　庆	经信委	重庆市能源利用监测中心（监察中心）	19	0	0	0	0
	经信委	重庆市节能技术服务中心	83				
四　川	经信委	四川省节能监察中心（四川省节能技术服务中心）	31	20	94		

续表

地　区	主管部门	省　级		地市级		区县级	
		机构名称	人数	机构数量	人数	机构数量	人数
贵　州	工信委	贵州省工业和信息化节能监察总队	7	10	52	10	23
	能源局	贵州省节能监测中心	30				
	发改委	贵州省节能减排监察总队	7				
云　南	工信委	云南省节能技术服务中心	72	2	14	10	57
陕　西	发改委	陕西省节能监察中心	25	8	91	12	
甘　肃	经信委	甘肃省节能监察中心	22	12	63	24	71
青　海	经委	青海省节能监察办公室	19	0	0	0	
宁　夏	经信委	宁夏回族自治区节能监察中心	12	5	15	2	14
新　疆	发改委	新疆维吾尔自治区全社会节能监察局	18	4	39	0	0
	经委	新疆维吾尔自治区节能监察总队	12				
西藏				0	0	0	0
合计			1 161	235	2 398	335	806

资料来源：国家节能中心。

"十一五"期间，各地节能监察机构协助政府部门开展了节能监察、节能监测、能源审计、能效对标，建立能源利用状况报告制度、固定资产投资项目节能评估、推广节能新产品和新技术、传播节能信息等多项工作，为促进全国和各地完成节能目标任务，帮助企业提高能源利用效率发挥了重要作用。

6. 开展执法检查

开展节能法执法检查，是政府节能主管部门的重要职责之一。"十一五"期间，各级政府节能主管部门及有关部门努力履行节能监管职责，加强了对《节约能源法》贯彻落实情况的监督检查，查处各种违反《节约能源法》的行为。《节约能源法》执法检查的重点包括：违规建设高耗能项目，违反能源统计制度，违反能效标识制度，违反重点用能单位能源利用状况报告制度，违反计量器具配备和能源计量数据使用制度，以及生产、进口、销售和使用国家明令淘汰的用能产品、设备等问题。

在日常检查的基础上，针对重点节能工作，中央政府还多次在全国范围内组织专项节能执法检查。"十一五"期间，中央政府先后对高耗能行业清理、淘汰落后、差别电价和惩罚性电价执行、重点用能行业单位产品能耗限额标准执行、能效标识落实等组织了专项检查，严厉查处了违规出台电价、地价、税费等优惠政策的行为。特别是为确保"十一五"节能减排目标实现，2010 年下半年国务院派出 6 个督查组对河北、山西等 18 个重点地区展开节能减排专项督查，督促检查各地贯彻落实国务院节能减排要求，对确保目标完成的措施逐项核实，对完成任务有困难的地区，督促其实施预警调控。

　　除了政府组织的执法检查外，全国人大常委会对《节约能源法》的贯彻落实情况给予高度重视，多次组织《节约能源法》执法检查。2006 年，全国人大常委会组成执法检查组，分 5 个小组前往山西、天津、重庆、新疆、湖北、河南、河北、内蒙古、浙江、吉林等 10 个省份对《节约能源法》的实施情况进行执法检查。这次执法检查行动为 2007 年开始的《节约能源法》修订奠定了重要基础。2010 年，全国人大常委会组成 4 个检查组，对天津、山西、辽宁、吉林、浙江、江西、山东、重庆等 8 个重点地区开展以建筑节能为重点的《节约能源法》执法检查。同时，全国人大常委会还委托北京、河北、黑龙江、上海、河南、广东、四川、甘肃、青海、宁夏、新疆等省份人大常委会分别对本行政区域内《节约能源法》的实施情况进行检查。2010 年全国人大常委会的执法检查为确保"十一五"各地区节能目标完成发挥了重要的督促作用。

　　除了政府、人大常委会等机构发起的"自上而下"的执法专项检查以外，中国政府还充分发挥人民群众的监督作用，鼓励各地方节能主管部门开设节能违法行为和事件举报电话和网站，方便群众举报。

4.2.3　经济手段

　　经济手段是指是国家运用经济政策，通过对经济利益的调整而影响和调节社会经济活动的措施。经济政策包括财政政策、货币政策、产业政策、信贷政策、收入分配政策、价格政策、汇率政策、税收政策等，即通过调整价格、税率、利率、汇率、存款准备金率等经济参数来影响市场的供求关系，以实现国家推进节能的目标。经济手段具有间接性、有偿性、平等性的特点。

　　中国促进节能的经济政策主要体现在以下五方面。

1. 财政政策

　　"十一五"以来，中央政府大幅增加了中央预算内投资和中央财政资金对节能减排的支持力度，设立了节能减排专项资金。"十一五"期间，安排中央预算内投资 894 亿元、中央财政节能减排专项资金 1 338 亿元，共计 2 232 亿元，用于支持十大重点节能工程、节能产品惠民工程、城镇污水处理设施及配套管网建设、重点流域水污染防治、节能环保能力建设等。

　　各省份也设立节能专项资金，重点支持节能重点工程建设、高效节能产品推广、节能能力建设等。地方节能专项资金或者用于在国家奖励补贴基础上进一步加大力度，或者降低门槛扩大奖励补贴范围。

　　节能专项资金支持的具体领域和措施包括以下方面。

　　（1）企业节能技术改造。

　　中央财政采取"以奖代补"方式，对十大重点节能工程给予适当奖励，奖励金额按项目技术改造完成后实际形成的节能能力和规定的标准确定；财政奖励的节能技术改造项目包括燃煤锅炉（窑炉）改造、余热余压利用、节约和替代石油、电机系统节能和能量系统优化等；财政奖励对象主要是实施节能技术改造项目的重点耗能企业；奖励标准为东部地区每吨标准煤 200 元，中西部地区每吨标准煤 250 元。采取中央预算内投资补贴方式，按总投资额的 6%～8%（单个项目补贴资金不超过 1 000 万元）支持十大重点节能工程。

（2）淘汰落后产能。

中央财政安排专项资金，采取转移支付方式，对淘汰任务重、财力相对薄弱地区淘汰落后产能给予奖励。奖励资金由地方根据当地实际情况安排使用，主要用于解决淘汰落后产能带来的人员安置、资产补偿问题。适用行业包括《国务院关于印发节能减排综合性工作方案的通知》规定的电力、炼铁、炼钢、电解铝、铁合金、电石、焦炭、水泥、玻璃、造纸、酒精、味精、柠檬酸等 13 个行业。优先支持的对象包括：淘汰落后产能任务重、困难大的企业，主要是整体淘汰的企业；项目审批手续完善；在国家产业政策规定期限内淘汰的落后产能；没有享受国家其他相关政策的企业。

（3）建筑节能改造。

财政部、住房城乡建设部出台了《北方采暖地区既有居住建筑供热计量及节能改造奖励资金管理暂行办法》（财建〔2007〕957 号），安排财政专项资金，对北方采暖地区既有居住建筑供热计量及节能改造进行奖励。中央财政奖励资金标准为每平方米 50 元，其中严寒地区 55 元，寒冷地区 45 元。

（4）国家机关办公建筑和大型公共建筑节能。

为加快政府办公建筑和大型公共建筑节能改造，2007 年起，中央财政安排专项资金，支持国家机关办公建筑和大型公共建筑节能。包括：建立建筑节能监管体系，搭建建筑能耗监测平台，进行建筑能耗统计、建筑能源审计和建筑能效公示等补助支出，其中：搭建建筑能耗监测平台补助包括安装分项计量装置、数据联网等；建筑节能改造贴息支出；财政部批准的国家机关办公建筑和大型公共建筑节能相关的其他支出等。2008 年度，中央财政安排的专项资金总额共 15 亿元。此外，中央财政对采用合同能源管理形式对国家机关办公建筑和大型公共建筑实施的节能改造项目，给予贷款贴息补助。地方建筑节能改造项目贷款，中央财政贴息 50%；中央机关建筑节能改造项目贷款，中央财政全额贴息。

（5）推广高效节能产品。

为支持高效节能产品的推广使用，扩大高效节能产品市场份额，提高用能产品的能源效率水平，实施了"节能产品惠民工程"，采取财政补贴方式，对量大面广的十大类高效节能产品进行推广应用，包括已经实施的高效照明产品、空调、电机、节能与新能源汽车等。财政补助标准主要依据高效节能产品与同类普通产品成本差异的一定比例确定，补贴方式主要采取间接补贴方式，通过招标方式确定推广中标企业。

对于高效照明产品，采取间接补贴方式，由财政补贴给中标企业，再由中标企业按中标协议供货价格减去财政补贴资金后的价格销售给终端用户；财政补贴的受益对象包括大宗用户和城乡居民用户，采用合同能源管理推广高效照明产品的节能服务公司可视为大宗用户。大宗用户每只高效照明产品，中央财政按中标协议供货价格的 30% 给予补贴。城乡居民用户每只高效照明产品，中央财政按中标协议供货价格的50%给予补贴。部分地方政府在国家补贴基础上，制定了配套补贴政策。如北京市在国家补贴50%的基础上，市、区财政又分别补贴30%和10%，推出"1元节能灯"政策；山西省针对不同用户按照20%~40%的标准给予配套补贴；河北、陕西、宁夏、云南等省份对低保户、军烈属和困难户等免费发放节能灯；宁波市由市县两级财政配套补贴，免费为中小学校更换节能灯；南宁市也提出了15%的配套补贴政策。"十一五"推广高效照明产品3.6亿支以上。

对于高效家用电器，采取间接补贴方式，生产企业按正常售价减去财政补贴后的价格进行销售，财政根据产品推广数量和补贴标准对生产企业给予补贴。以房间空调器为例，对能效等级2级的空调给予每台（套）150~200元的补贴，对能效等级1级的空调给予每台（套）200~250元的补贴。

对于高效电机，根据产品能效等级，对高效电机生产企业给予直接补贴。其中，对能效等级为1级和2级、额定功率为0.55千瓦（含）至315千瓦（含）的低压三相异步电机给予每千瓦15~40元补贴；对损耗比现行准入标准低20%、额定功率为355千瓦（含）至25 000千瓦（含）的高压三相异步电机给予每千瓦12元补贴；对额定功率为0.55千瓦（含）至315千瓦（含）的稀土永磁电机给予每千瓦40~60元补贴。中央财政将补贴资金拨付给高效电机生产企业，由生产企业按补贴后的价格销售给水泵、风机等成套设备制造企业。

节能与新能源汽车方面，对综合工况油耗比现行国家燃油消耗限值标准低20%左右、符合条件的汽车，国家财政将给予每辆3 000元人民币的补贴，由生产企业在销售时兑付给购买者。对插电式混合动力乘用车和纯电动乘用车等新能源汽车，中央财政对试点城市私人购买、登记注册和使用的给予一次性补助，对动力电池、充电站等基础设施的标准化建设给予适当补助；并安排一定工作经费，用于目录审查、检查检测等工作。补助标准根据动力电池组能量确定。对满足支持条件的新能源汽车，按每千瓦时3 000元给予补助。插电式混合动力乘用车最高补助每辆5万元；纯电动乘用车最高补助每辆6万元。试点期内（2010—2012年），每家企业销售的插电式混合动力和纯电动乘用车分别达到5万辆的规模后，中央财政将适当降低补助标准。

此外，中央财政安排专项资金用于老旧汽车报废更新补贴。对客运车、货车、公交车，符合一定使用年限要求的中、轻、微型载货车和部分中型载客车，适度提前报废并换购新车的，或者对提前报废污染物排放达不到国Ⅰ标准的汽油车和达不到国Ⅲ标准的柴油车，并换购新车的，按照原则上不高于同型车单辆购置税的金额给予补贴。安排补贴资金2007年为10.3亿元，2008年为10亿元，2009年为50亿元。

（6）合同能源管理推广。

为加快推行合同能源管理，促进节能服务产业发展，《国务院关于加快推行合同能源管理促进节能服务产业发展意见的通知》发布，将合同能源管理项目纳入中央预算内投资和中央财政节能减排专项资金支持范围，对节能服务公司采用合同能源管理方式实施的节能改造项目，符合相关规定的，给予资金补助或奖励。并要求有条件的地方也要安排一定资金，支持和引导节能服务产业发展。2010年，中央财政安排20亿元，对专业节能服务公司采取合同能源管理方式实施节能改造的项目给予不低于每吨标准煤300元的补贴（中央财政每吨标准煤240元，省财政不低于每吨标准煤60元）。

（7）支持节能技术研发和产业化。

中央财政加大对能源和节能技术研究的支持力度，通过863计划、973计划、科技攻关计划和国家自然科学基金等国家科技计划和基金，支持节能科技研发。支持的领域包括高效节能与分布式供电技术、洁净煤技术、氢能源与燃料电池、大规模高效煤气化与高温煤气净化技术、高温费托（F-T）合成技术、兆瓦级并网光伏发电系统、薄膜太阳电池、电网安全与调度控制技术、氢能系统应用、核燃料循环技术、核安全与辐射防护技术等。截至2007年底，"十一五"国家科技计划（2006—2010年）已安排节能减排和气候变化科技经费逾70亿元。

（8）节能减排监管能力建设。

在支持节能能力建设方面，中央预算内安排投资10亿元对西部、中部和东北地区建立省级节能监测中心给予财政补贴。补贴标准为西部地区中央和地方各出资50%；中部地区中央补贴30%，地方配套70%；东北地区中央补贴20%，地方配套80%。同时要求每个节能监测能力建设项目总投资控制在800万~900万元。

2. 税收政策

目前我国支持节能减排的税收优惠政策主要包括：企业所得税减免和抵免优惠、增值税减免、汽车消费税和购置税调整、成品油价格和税费改革、资源税改革、调整出口退税政策等。

（1）企业所得税优惠政策。

在企业所得税方面，修订后的《企业所得税法》第二十七条第三项和实施条例第八十八条规定：企业从事符合条件的节能节水项目，包括节能减排技术改造等项目的所得，自项目取得第一笔生产经营收入所属纳税年度起，第一年至第三年免征企业所得税，第四年至第六年减半征收企业所得税。2010年，公布了《环境保护节能节水项目企业所得税优惠目录》，对公共污水处理、公共垃圾处理、沼气综合开发利用、节能减排技术改造和海水淡化共5大类17小类的环境保护、节能节水项目的具体条件进行了规定。《企业所得税法》第三十四条和实施条例第一百条规定：企业购置并实际使用《节能节水专用设备企业所得税优惠目录》等规定的节能节水等专用设备的，该专用设备投资额的10%可以从企业当年的应纳税额中抵免；当年不足抵免的，可以在以后5个纳税年度结转抵免。

根据《资源综合利用企业所得税优惠目录》（2008年版）（以下简称《目录》）规定，对所列的共生、伴生矿产资源、废水（液）、废气、废渣和再生资源共3大类16项资源为主要原料，生产《目录》内符合国家或行业相关标准及要求的产品所取得收入，在计算应纳税所得额时，减按90%计入当年收入总额，享受所得税优惠政策。

（2）增值税优惠政策。

在增值税方面，自 2001 年 1 月 1 日起，对作为节能建筑原材料的部分新型墙体材料产品实行增值税减半征收政策；对煤层气抽采企业的增值税一般纳税人抽采销售煤层气实行增值税先征后退。鼓励资源综合利用，对销售以工业废气为原料生产的高纯度二氧化碳产品、以垃圾为燃料生产的电力或者热力、以煤炭开采过程中伴生的舍弃物油母页岩为原料生产的页岩油、废旧沥青混凝土为原料生产的再生沥青混凝土、采用旋窑法工艺生产并且生产原料中掺兑废渣比例不低于 30% 的水泥（包括水泥熟料）实行增值税即征即退的政策。

（3）汽车消费税和购置税调整。

2008 年 8 月 1 日，《财政部国家税务总局关于调整乘用车消费税政策的通知》将乘用车消费税政策作如下调整：一是气缸容量（排气量，下同）在 1.0 升以下（含 1.0 升）的乘用车，税率由 3% 下调至 1%；二是气缸容量在 3.0 升以上至 4.0 升（含 4.0 升）的乘用车，税率由 15% 上调至 25%；三是气缸容量在 4.0 升以上的乘用车，税率由 20% 上调至 40%。

在汽车购置税方面，为鼓励节能型小排量汽车发展，对 2009 年 1 月 20 日至 12 月 31 日购置 1.6 升及以下排量乘用车，暂减按 5% 的税率征收车辆购置税，2010 年调整为 7.5%。

（4）成品油价格和税费改革。

2008 年 12 月 18 日，《国务院关于实施成品油价格和税费改革的通知》（国发〔2008〕37 号）发布，对燃油税费进行进一步改革。主要内容包括：取消公路养路费、航道养护费、公路运输管理费、公路客货运附加费、水路运输管理费、水运客货运附加费等六项收费；逐步有序取消已审批的政府还贷二级公路收费；汽油消费税单位税额每升由 0.20 元提高到 1.00 元，柴油每升由 0.10 元提高到 0.80 元，其他成品油单位税额相应提高。汽、柴油等成品油消费税价内征收，单位税额提高后，现行汽、柴油价格水平不提高。

（5）资源税改革。

2010 年 6 月 2 日，财政部、国家税务总局公布了新疆资源税改革方案细则，新疆原油、天然气资源税由从量计征改为从价计征，税率为 5%。在总结经验的基础上，资源税改逐步向全国推开。

（6）出口退税政策调整。

"十一五"期间，我国多次对出口退税政策进行调整，进一步控制部分高耗能、高污染、资源性产品出口，主要是：调整部分产品的出口退税率；停止部分产品的加工贸易；对部分产品征收出口暂定关税。2007 年取消并降低了近 3 000 种"两高一资"产品的出口退税。同时，对煤炭、钢材、焦炭等高载能产品实施 3% ~ 15% 不等的出口暂行税率。2010 年 7 月 15 日起，取消了 406 项商品的出口退税，包括钢铁、有色金属加工材等多种高耗能产品。

（7）促进合同能源管理的税收政策。

一是对节能服务公司实施合同能源管理项目取得的营业税应税收入，暂免征收营业税，对其实施合同能源管理项目无偿转让给用能单位的形成的资产，免征增值税；二是节能服务公司实施合同能源管理项目，符合税法有关规定的，自项目取得第一笔生产经营收入所属纳税年度起，第一年至第三年免征企业所得税，第四年至第六年减半征收企业所得税；三是用能企业按照能源管理合同实际支付给节能服务公司的合理支出，均可以在计算当期应纳税所得额时扣除，不再区分服务费用和资产价款进行税务处理；四是能源管理合同期满后，节能服务公司转让给用能企业的资产，按折旧或摊销期满的资产进行税务处理。节能服务公司与用能企业办理上述资产的权属转移时，也不再另行计入节能服务公司的收入。

（8）鼓励先进节能环保技术设备进口的税收优惠政策。

《财政部国家发展改革委海关总署国家税务总局关于落实国务院加快振兴装备制造业的若干意见有关进口税收政策的通知》（财关税〔2007〕11号）规定，对国内企业为开发、制造重大技术装备而进口的部分关键零部件和国内不能生产的原材料所缴纳的进口关税和进口环节增值税实行先征后退。国务院确定的16项重大技术装备关键领域中，大型清洁高效发电装备与节能直接相关。具体包括：百万千瓦核电机组、超超临界火电机组、燃气—蒸汽联合循环机组、整体煤气化燃气—蒸汽联合循环机组、大型循环流化床锅炉、大型水电机组及抽水蓄能水电站机组、大型空冷电站机组及大功率风力发电机等新能源装备。

3. 价格政策

（1）差别电价政策。

为抑制高耗能行业盲目扩张，对电解铝、铁合金、电石、烧碱、水泥、钢铁、黄磷、锌冶炼等8个高耗能行业淘汰类、限制类企业实行差别电价，并不断提高加价标准。同时，鼓励各地在国家规定基础上，按照规定程序加大差别电价实施力度，大幅提高差别电价加价标准。此后，将差别电价增加的电费收入全额上缴地方国库，严令各地停止执行自行出台的对高耗能企业的优惠电价政策，并将差别电价政策落实情况与电力规划、大用户直购电试点挂钩。

（2）惩罚性电价。

按照《国务院关于进一步加大工作力度确保实现"十一五"节能减排目标的通知》（国发〔2010〕12号）的要求，自2010年起，政府对能源消耗超过国家和地方规定的单位产品能耗（电耗）限额标准的企业开始征收惩罚性电价。超过限额标准一倍以上的，比照淘汰类电价加价标准执行；超过限额标准一倍以内的，由省级价格主管部门会同电力监管机构制定加价标准。省级节能主管部门每年定期会同有关单位在提出超能耗（电耗）企业和产品名单，省级价格主管部门会同电力监管机构按企业和产品名单落实惩罚性电价政策。山东、河北、广东、河南等省率先对其行政区域内的超能耗企业实施了惩罚性电价。

惩罚性电价本质上是差别电价的升级，直接针对能效水平未达到国家强制性能效标准但短期内暂未淘汰的企业，其目的是加强对高耗能产业的整治力度，督促企业加快提高能源利用效率，利用价格手段倒逼经济转型。

（3）阶梯电价政策。

在居民生活领域，为引导居民合理用电、节约用电，2010 年 10 月 9 日，《国家发展改革委关于居民生活用电实行阶梯电价的指导意见》发布，对居民生活用电实行阶梯电价。

居民阶梯电价将城乡居民每月用电量按照满足基本用电需求、正常合理用电需求和较高生活质量用电需求划分为三档，电价实行分档递增。其中：第一档电价原则上维持较低价格水平，3 年之内保持基本稳定。第二档电价逐步调整到弥补电力企业正常合理成本并获得合理收益的水平。起步阶段电价在现行基础上提价 10% 左右。今后电价按照略高于销售电价平均提价标准调整。第三档电价在弥补电力企业正常合理成本和收益水平的基础上，再适当体现资源稀缺状况，补偿环境损害成本。起步阶段提价标准不低于每千瓦时 0.20 元，今后按照略高于第二档调价标准的原则调整，最终电价控制在第二档电价的 1.5 倍左右。

（4）有利于节能的电价政策。

2007 年 4 月《国家发展改革委关于降低小火电机组上网电价促进小火电机组关停工作的通知》下发，为了促进电力行业节能降耗和减少污染物排放，2007 年 8 月到 2008 年 1 月，国家发展改革委分 4 批公布了小火电机组降价方案。

4. 金融政策

2007 年，《中国人民银行关于改进和加强节能环保领域金融服务工作的指导意见》和《中国银监会节能减排授信工作指导意见》出台，要求银行业金融机构要及时跟踪国家确定的节能重点工程，节能技术服务体系等项目，综合考虑信贷风险评估、成本补偿机制和政府扶持政策等因素，有重点地给予信贷支持，作好相应的投资咨询、资金清算、现金管理等金融服务，并积极开发与节能减排有关的创新金融产品。对贷款实行差别定价，严控对高耗能、高污染企业的信贷投入；加大对环保企业和项目的信贷支持，改善环保领域的直接融资服务。

2010 年，《中国人民银行中国银监会关于进一步做好支持节能减排和淘汰落后产能金融服务工作的意见》出台，提出要把金融支持节能减排和淘汰落后产能工作摆在更加突出的位置，对辖区内节能减排和淘汰落后产能项目信贷和融资情况进行一次全面、深入的摸底排查，对失信者实施黑名单制度。在审批新的信贷项目和发债融资时，要严格落实国家产业政策和环保政策的市场准入要求，严格审核高耗能、高排放企业的融资申请，对产能过剩、落后产能以及节能减排控制行业，要合理上收授信权限，特别是涉及扩大产能的融资，授信权限应一律上收到人民银行总行。对不符合国家节能减排政策规定和国家明确要求淘汰的落后产能的违规在建项目，不得提供任何形式的新增授信支持。对列入国家重点节能技术推广目录的项目、国家节能减排十大重点工程、重点污染源治理项目和市场效益好、自主创新能力强的节能减排企业，要积极提供银行贷款、发行短期融资券、中期票据等融资支持。积极鼓励银行业金融机构加快金融产品和服务方式创新，通过应收账款抵押、清洁发展机制（CDM）预期收益抵押、股权质押、保理等方式扩大节能减排和淘汰落后产能的融资来源。支持加快推进合同能源管理，大力发展服务节能产业。全面做好中小企业特别是小企业的节能减排金融服务。这一文件为进一步发挥金融、信贷支持节能的作用提供了依据。

5. 政府采购政策

2004 年，《财政部国家发展改革委关于印发〈节能产品政府采购实施意见〉的通知》（财库〔2004〕185 号）下发，首次提出制定《节能产品政府采购清单》，清单内包括的产品为国家认可的节能产品认证机构认证的节能产品。2007 年，《国务院办公厅关于建立政府强制采购节能产品制度的通知》（国办发〔2007〕51 号）发布，进一步明确要求各级政府机构使用财政性资金进行政府采购活动时，在技术、服务等指标满足采购需求的前提下，要优先采购节能产品，对部分节能效果、性能等达到要求的产品，实行强制采购，以促进节约能源，保护环境，降低政府机构能源费用开支。《通知》提出建立节能产品政府采购清单管理制度，明确政府优先采购的节能产品和政府强制采购的节能产品类别，指导政府机构采购节能产品。

"十一五"期间，财政部、国家发展改革委先后八次调整《节能产品政府采购清单》，逐步扩大产品采购类别，增加节能产品品牌和规格。公布的节能产品清单种类已经从 2004 年首批清单的 6 类扩大到 2010 年第八次清单的 22 类。此外，2008 年 7 月 3 日，《财政部环境保护部关于调整环境标志产品政府采购清单的通知》（财库〔2008〕50 号）下发，将 32 家汽车企业多款轻型的节能汽车纳入清单。

4.3 推进"十一五"节能的重大行动

4.3.1 十大重点节能工程

国家发展改革委 2004 年 11 月颁布了《节能中长期专项规划》，首次提出开展十大重点节能工程这一重要行动。2005 年，国家发展改革委会同有关部门编制了《"十一五"十大重点节能工程实施方案》，启动了"十大重点节能工程"。通过实施十大重点节能工程，预计"十一五"期间节能 2.4 亿吨标准煤，为"十一五"单位国内生产总值能耗降低 20% 左右目标的完成作出重要贡献。

同时，国家为了加快推进技术成熟、应用范围广、节能潜力大的节能技术的普及应用，引导企业采用先进适用的节能新工艺、新技术和通信设备，提高能源利用效率，"十一五"期间，国家发布了 3 批重点节能技术推广目录，共 115 项技术。推广了一大批潜力大、应用面广的重大节能技术，为实现节能减排目标提供了技术支撑。2008 年 5 月发布

《国家重点节能技术推广目录（第一批）》，涉及煤炭、电力、钢铁、有色金属、石油石化、化工、建材、机械、纺织等 9 个行业，共 50 项高效节能技术。2009 年 12 月发布了《国家重点节能技术推广目录（第二批）》，涉及 11 个行业，共 35 项高效节能技术。为了进一步加大工作力度，确保实现“十一五”节能减排目标，2010 年 11 月又发布了《国家重点节能技术推广目录（第三批）》，涉及煤炭、电力、钢铁、有色金属、石油石化、化工、建材、机械、纺织、建筑、交通等 11 个行业，共 30 项高效节能技术。(2011 年 12 月《国家重点节能技术推广目录（第四批）》发布，涉及 13 个行业，共 22 项重点节能技术。)

此外，国家每年安排一定的资金，用于支持十大重点节能工程中的重点项目和示范项目及高效节能产品的推广。“十一五”期间，国家共安排中央资金 305 亿元，其中，中央预算内投资 81 亿元；中央财政奖励资金 224 亿元，支持了 5 127 个节能改造项目，可形成节能能力 1.5 亿吨标准煤。十大重点节能工程实施以来，带动社会资金投入约 8 000 亿元，可形成节能能力 3.4 亿吨标准煤，对“十一五”单位国内生产总值能耗降低目标的贡献率为 54%。

十大重点节能工程的实施大幅度提高了中国高耗能工业的能源效率，重点行业主要产品单位能耗均有较大幅度下降。2009 年与 2005 年相比，火电供电煤耗每千瓦时由 370 克降到 340 克，下降了 8.11%；吨钢综合能耗由 694 千克标准煤降到 615 千克标准煤，下降了 11.4%；水泥综合能耗下降了 16.77%；乙烯综合能耗下降了 9.04%；合成氨综合能耗下降了 7.96%；电解铝综合能耗下降了 10.06%。一批节能环保共性关键技术取得突破。见图 4-2。

4.3.2　千家企业节能行动

工业是中国能源消费的大户，占全国能源消费总量的 70% 左右。重点耗能行业中的高能耗企业又是工业能源消费的大户。根据《节约能源法》、《重点用能单位节能管理办法》中有关加强重点用能企业节能管理的规定，中国政府于 2006 年 4 月启动了“千家企业节能行动”。所谓“千家企业”，是指钢铁、有色、煤炭、电力、石油石化、化工、建材、纺织、造纸等 9 个重点耗能行业中，2004 年企业综合能源消费量达到 18 万吨标准煤以上的规模以上独立核算企业，2004 年时共 1 008 家。千家企业 2004 年综合能源消费量为 6.7 亿吨标准煤，占全国能源消费总量的 33%，占工业能源消费量的 47%。

千家企业节能行动的主要目标是：能源利用效率大幅度提高，主要产品单位能耗达到国内同行业先进水平，部分企业达到国际先进水平或行业领先水平，“十一五”期间千家重点耗能企业节能 1 亿吨标准煤左右。

2006 年，国家发展改革委与千家企业签订了节能目标责任书，明确了节能目标和责任，并举办了能源计量、能源审计、节能规划、先进适用节能技术等一系列培训，帮助企业提高节能能力。2007 年、2008 年，国务院对千家企业节能目标完成情况和节能措施落

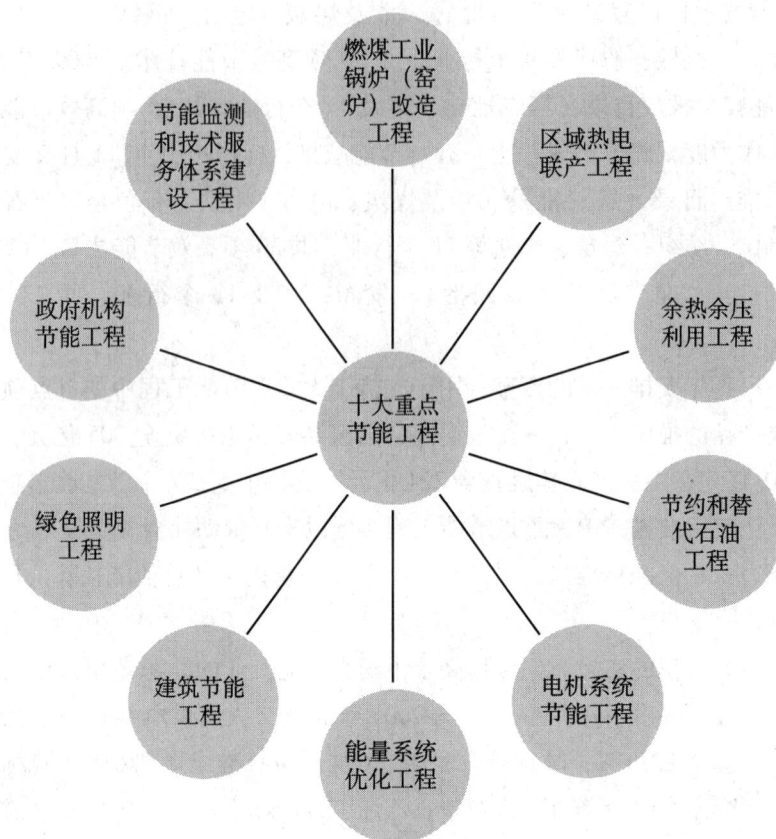

图4-2　十大重点节能工程

实情况进行评价考核。考核采用量化打分的方法，满分为100分其中节能目标完成率占40分，企业节能措施占60分。2009年参加考核的千家企业共901家，其中873家完成了年度节能目标，占96.89%；28家未完成年度节能目标，占3.11%；2009年共实现节能量2925万吨标准煤（见图4-3）。"十一五"期间，千家企业共实现节能量1.5亿吨标准煤，超额完成"十一五"节能目标。

千家企业节能行动的开展，推动了大型工业企业率先开展节能工作。千家企业节能行动显著提高了企业的节能能力，培育了一批企业节能骨干，为在更大范围内推动企业节能工作起到了良好的示范作用。

4.3.3　淘汰落后产能

中国在工业化过程中积累了大量效率低、污染重、陈旧落后的生产能力。为加快经济结构调整，促进增长方式转变，实现节能降耗，自2004年开始，以节能为起点的一系列新产业政策开始启动。

2005年12月2日，国务院公布《促进产业结构调整暂行规定》及《产业结构调整指导目录》（2005）。《规定》对不同类别的设备划定为鼓励类、限制类和淘汰类三类。对于

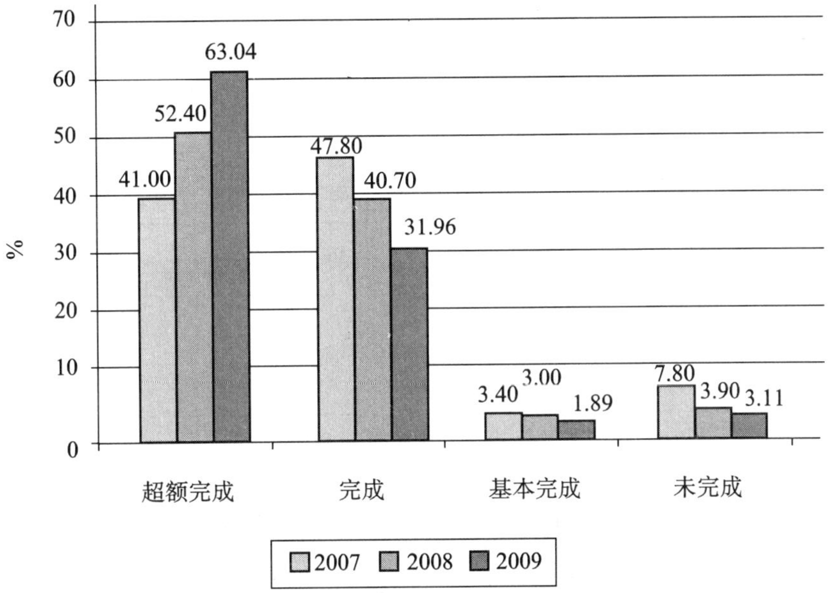

图 4-3 千家企业节能目标完成情况

列入淘汰类的项目，除了禁止投资以外，对现有的存量也要采取措施限期淘汰。对不按期淘汰的生产企业，地方各级政府和有关部门责令其停产或予以关闭。2006 年 3 月，《国务院关于加快推进产能过剩行业结构调整的通知》发布，明确推进产能过剩行业结构调整的总体要求和原则，提出了推进结构调整的主要措施；《国家发展改革委办公厅关于部署推进产业结构调整工作有关问题的通知》也正式发布。

之后，中国颁布了第一部《煤炭产业政策》，明确了鼓励性、限制性和禁止性政策，同时提出了煤炭工业发展目标和实现目标的保障措施。针对部分高耗能行业急速扩张、产能过剩、能源消耗增长过快的状况，国家发展改革委又出台了《钢铁产业发展政策》等产业政策，指导高耗能行业发展走入节约高效的轨道。

2007 年 6 月在《国务院关于印发节能减排综合性工作方案的通知》中，明确提出了"十一五"期间电力、钢铁、建材、电解铝、铁合金、电石、焦炭、煤炭、平板玻璃及酒精、味精、柠檬酸等行业落后产能的淘汰目标（见表 4-7），其中：电力行业"十一五"期间淘汰 5 000 万千瓦的小火电机组，钢铁行业淘汰 1 亿吨落后炼铁生产能力、5 500 万吨落后炼钢能力，水泥行业淘汰 2.5 亿吨的落后产能，玻璃行业淘汰 3 000 万重量箱的落后产能。预计通过加快淘汰落后生产能力，"十一五"期间可实现节能 1.18 亿吨标煤。淘汰落后行动由此正式启动。

表 4-7　　　　　　　　"十一五"时期淘汰落后生产能力一览表

行业	内容	单位	"十一五"目标
电力	实施"上大压小"关停小火电机组	万千瓦	5 000
炼铁	300 立方米以下高炉	万吨	10 000

续表

行业	内容	单位	"十一五"目标
炼钢	年产 20 万吨及以下的小转炉、小电炉	万吨	5 500
电解铝	小型预焙槽	万吨	65
铁合金	6 300 千伏安以下矿热炉	万吨	400
电石	6 300 千伏安以下炉型电石产能	万吨	200
焦炭	炭化室高炉 4.3 米以下的小机焦	万吨	8 000
水泥	等量替代机立窑水泥熟料	万吨	25 000
玻璃	落后平板玻璃	万重量箱	3 000
造纸	年产 3.4 万吨以下草浆生产装置、年产 1.7 万吨以下化学制浆生产线、排放不达标的年产 1 万吨以下以废纸为原料的纸厂	万吨	650
酒精	落后酒精生产工艺及年产 3 万吨以下企业（废糖蜜制酒精除外）	万吨	160
味精	年产 3 万吨以下味精生产企业	万吨	20
柠檬酸	环保不达标柠檬酸生产企业	万吨	8

资料来源：《国务院关于印发节能减排综合性工作方案的通知》，2007 年。

为了保证淘汰落后目标的顺利实现，中央政府在淘汰落后的体制、机制上作出安排。一方面要求实行淘汰落后产能工作进展情况定期报告和检查制度；另一方面通过继续贯彻限制类、淘汰类企业实行差别电价政策，推动落实节能发电调度办法，中央财政安排资金、支持中西部省份淘汰落后，总结淘汰落后产能退出机制建立的经验。

2006—2009 年，中国淘汰落后炼铁产能 8 112 万吨、炼钢产能 6 038 万吨、水泥产能 2.14 亿吨，关闭小煤窑 1.1 万处。到 2010 年底，中国共关停小火电机组 7 210 万千瓦。"十一五"前 4 年的淘汰落后行动，共带来节能量 1.1 亿吨标准煤。

4.3.4 节能产品惠民工程

国家发展改革委、财政部 2009 年 5 月启动"节能产品惠民工程"，通过财政补贴方式对能效等级 1 级或 2 级以上的房间空气调节器、电冰箱、平板电视、洗衣机电机等十大类高效节能产品进行推广应用，包括已经实施的高效照明产品、节能与新能源汽车。2009 年首先对高效节能空调器进行补贴，具体方法包括：高效节能空调推广的第一年度，按照额定制冷量的不同，对能效等级 2 级的空调给予每台（套）300～650 元的补助，对能效等级 1 级的空调给予每台（套）500～850 元的补助。第二年度，考虑到空调市场变化和能源效率国家标准升级等方面的影响，按照额定制冷量的不同，对能效等级 2 级空调给予每台（套）150 元和 200 元的补助，对能效等级 1 级的空调给予每台（套）200 元和 250 元的补助。

"十一五"期间，已有 27 家企业 4 290 个型号的高效节能房间空调纳入财政补贴推广目录。节能产品惠民工程的实施取得了生产者得市场、消费者得实惠、全社会节能减排的显著成果。在激励政策的引导下，节能产品惠民工程促进了产品升级，中国政府安排中央财政专项资金约 160 亿元，推广高效节能空调 3 400 多万台、高效照明产品 3.6 亿只、节能汽车 100 多万辆，直接拉动消费需求 1 200 多亿元，实现年节电 225 亿千瓦时，年节油 30 万吨。在这一政策推动下，高效节能空调的市场占有率从推广前的 5% 上升到 70% 以上，原三、四、五级低能效空调全部停止生产，行业整体能效水平提高 24%；节能灯市场价格比推广前下降了 40% 以上；1.6 升及以下节能乘用车市场份额从 7% 上升到 30% 以上。"惠民工程"的实施帮助克服了高效节能空调因研发投入大、制造成本高、推广初期市场份额小等原因使其价格比普通产品售价要高 30% ~ 50%，出现的"叫好不叫座"的障碍，各种规格的节能空调最低销售价格下降 50% 左右。因此，财政补贴推广加快了高效节能空调普及和淘汰低效空调的步伐。同时，政策实施为新的空调能效标准（市场准入门槛为现行的 2 级能效水平）出台和实施创造了条件，将带来巨大节能减排效果，老百姓也从"惠民工程"中得到实惠。

4.3.5　全民节能行动

为实现"十一五"节能减排目标，保障国家能源安全，促进经济社会可持续发展，中国政府制定了一系列促进节能的政策措施，取得了一定成效。但是，浪费能源的现象仍然比较严重，如一些地方城市建设贪大求洋，汽车消费追求大排量，住房消费追求大面积，装修装饰追求豪华，大量使用一次性用品，产品过度包装等，不仅造成需求的不合理增长，而且加剧了能源供应紧张状况，加重了环境污染，助长了不良社会风气。开展全民节能，关系到我国经济社会的持续健康发展，关系到人民群众的切身利益。

2008 年，《国务院办公厅关于深入开展全民节能行动的通知》印发，提出每周少开一天车、控制室内空调温度等十方面的具体措施。中央 17 个部门在全国范围内组织开展"节能减排全民行动"，启动了家庭社区行动、青少年行动、企业行动、学校行动、军营行动、政府机构行动、科技行动、科普行动、媒体行动等 9 个专项行动。组织开展了"节能减排在两会"、"节能减排进世博"、节能减排文艺作品征集、全国建设节约型社会主题招贴设计大赛等形式多样的宣传活动。开设了节能信箱，听取各界对节能工作建言献策、举报违法违规用能事件。主要新闻媒体加大宣传报道力度，发挥了媒体对节能减排的舆论引导和监督作用。每年 6 月份开展全国节能宣传周活动。大力开展"限塑"和治理过度包装宣传。政府机构带头行动，发挥表率作用。动员主要新闻媒体加大对节能减排的宣传报道力度。通过宣传教育，为节能减排营造了良好的社会舆论氛围。

4.3.6　节能预警调控

2010 年是我国"十一五"节能目标完成的决战之年。2009 年，我国单位国内生产总值能耗只下降 3.66%，没有实现当年预定的节能目标，全国单位国内生产总值能耗累计下降 14.38%，距离实现 20% 的目标仍有较大差距。2010 年上半年，在高耗能行业反弹的带动下，第一季度单位国内生产总值能耗上升 3.2%，完成"十一五"节能目标形势危急。

　　为了确保"十一五"规划《纲要》确定的节能目标完成，2010 年 5 月 5 日，《国务院关于进一步加大工作力度确保实现"十一五"节能减排目标的通知》发布，从 14 个方面要求进一步加大工作力度，特别强调了要作好节能形势分析和预警预测。《通知》要求各地区要在 2010 年 6 月底前制订相关预警调控方案，在第三季度组织开展"十一五"节能减排目标完成情况预考核；对完成目标有困难的地区，要及时启动预警调控方案。

　　为打好节能攻坚战，2010 年 7 月起，国家发展改革委会同有关机构建立了各地区节能目标完成情况晴雨表。在建立模型对各地单位地区生产总值能耗进行预测的基础上，通过与各地年度节能任务逐月进行比较分析，晴雨表进一步确定了各地预警等级（如图 4-4）。按照晴雨表的设计，预警等级分为三级：一级地区节能形势十分严峻，须及时、有

时间 / 地区	1-3月	1-4月	1-5月	1-6月	1-7月
北　京					
天　津					
河　北					
山　西					
内蒙古					
辽　宁					
吉　林					
黑龙江					
上　海					
江　苏					
浙　江					
安　徽					
福　建					
江　西					
山　东					
河　南					
湖　北					
湖　南					
广　东					
广　西					
海　南					
重　庆					
四　川					
贵　州					
云　南					
陕　西					
甘　肃					
青　海					
宁　夏					
新　疆					

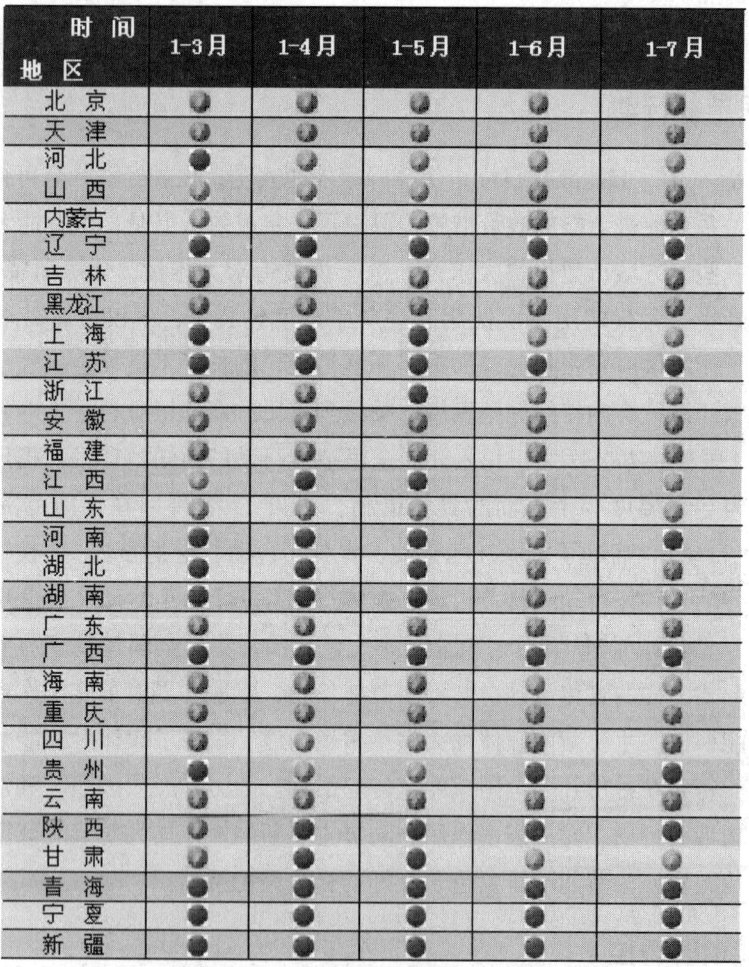

图 4-4　2010 年各地区节能目标完成情况晴雨表

注：● 一级预警，节能形势十分严峻，须及时、有序、有力启动预警文案；

　　● 二级预警，节能形势比较严峻，须适时启动预警调控方案；

　　● 三级预警，节能进展基本顺利，须密切关注能耗温度变化趋势。

序、有力启动预警调控方案。二级地区节能形势比较严峻，须适时启动预警调控方案。三级地区节能工作进展比较顺利，须密切关注能耗强度变化趋势。节能晴雨表成为我国节能工作的一项新工具。

值得指出的是，2010 年下半年，个别地区出现了为了保节能目标而停限居民用电等错误行为。国家发展改革委针对这一现象，及时下发紧急通知予以纠正，并派出领导干部调查事情发生原因，及时给予惩处。

4.4　"十二五"规划的节能减排政策与行动

"十二五"时期，我国发展仍处于可以大有作为的重要战略机遇期。随着工业化、城镇化进程加快和消费结构持续升级，我国能源需求呈刚性增长，受国内资源保障能力和环境容量制约以及全球性能源安全和应对气候变化影响，资源环境约束日趋强化，"十二五"时期节能减排形势仍然十分严峻，任务十分艰巨。特别是我国节能减排工作还存在责任落实不到位、推进难度增大、激励约束机制不健全、基础工作薄弱、能力建设滞后、监管不力等问题。这种状况如不及时改变，不但"十二五"节能减排目标难以实现，还将严重影响经济结构调整和经济发展方式转变。

为此，各地区、各部门将按照中央的决策部署，切实增强全局意识、危机意识和责任意识，树立绿色、低碳发展理念，进一步把节能减排作为落实科学发展观、加快转变经济发展方式的重要抓手，作为检验经济是否实现又好又快发展的重要标准，下更大决心，用更大气力，采取更加有力的政策措施，大力推进节能减排，加快形成资源节约、环境友好的生产方式和消费模式，增强可持续发展能力。具体目标是，到 2015 年，全国万元国内生产总值能耗下降到 0.869 吨标准煤（按 2005 年价格计算），比 2010 年的 1.034 吨标准煤下降 16%，比 2005 年的 1.276 吨标准煤下降 32%；"十二五"期间，实现节约能源 6.7 亿吨标准煤。2015 年，全国化学需氧量和二氧化硫排放总量分别控制在 2 347.6 万吨、2 086.4 万吨，比 2010 年的 2 551.7 万吨、2 267.8 万吨分别下降 8%；全国氨氮和氮氧化物排放总量分别控制在 238.0 万吨、2 046.2 万吨，比 2010 年的 264.4 万吨、2 273.6 万吨分别下降 10%。

4.4.1　强化节能减排目标责任

考虑经济发展水平、产业结构、节能潜力、环境容量及国家产业布局等因素，将全国节能减排目标合理分解到各地区、各行业。各地区要将国家下达的节能减排指标层层分解落实，明确下一级政府、有关部门、重点用能单位和重点排污单位的责任。健全节能减排统计、监测和考核体系。加强目标责任评价考核。

4.4.2　调整优化产业结构

抑制高耗能、高排放行业过快增长。严格控制高耗能、高排放和产能过剩行业新上项目，进一步提高行业准入门槛，强化节能、环保、土地、安全等指标约束，依法严格节能评估审查、环境影响评价、建设用地审查，严格贷款审批。建立健全项目审批、核准、备案责任制，严肃查处越权审批、分拆审批、未批先建、边批边建等行为，依法追究有关人员责任。严格控制高耗能、高排放产品出口。中西部地区承接产业转移必须坚持高标准，严禁污染产业和落后生产能力转入。加快淘汰落后产能，推动传统产业改造升级。调整能源结构，在做好生态保护和移民安置工作的基础上发展水电，在确保安全的基础上发展核电，加快发展天然气，因地制宜大力发展风能、太阳能、生物质能、地热能等可再生能源。到 2015 年，非化石能源占一次能源消费总量比重达到 11.4%。提高服务业和战略性新兴产业在国民经济中的比重。到 2015 年，服务业增加值和战略性新兴产业增加值占国内生产总值比重分别达到 47% 和 8% 左右。

4.4.3　实施节能减排重点工程

实施锅炉窑炉改造、电机系统节能、能量系统优化、余热余压利用、节约替代石油、建筑节能、绿色照明等节能改造工程，以及节能技术产业化示范工程、节能产品惠民工程、合同能源管理推广工程和节能能力建设工程。到 2015 年，工业锅炉、窑炉平均运行效率比 2010 年分别提高 5 个和 2 个百分点，电机系统运行效率提高 2~3 个百分点，新增余热余压发电能力 2 000 万千瓦，北方采暖地区既有居住建筑供热计量和节能改造 4 亿平方米以上，夏热冬冷地区既有居住建筑节能改造 5 000 万平方米，公共建筑节能改造 6 000 万平方米，高效节能产品市场份额大幅度提高。"十二五"时期，形成 3 亿吨标准煤的节能能力。实施脱硫脱硝工程，推动燃煤电厂、钢铁行业烧结机脱硫，形成二氧化硫削减能力 277 万吨；推动燃煤电厂、水泥等行业脱硝，形成氮氧化物削减能力 358 万吨。

4.4.4　加强节能减排管理

合理控制能源消费总量。建立能源消费总量控制目标分解落实机制，制订实施方案，把总量控制目标分解落实到地方政府，实行目标责任管理，加大考核和监督力度。将固定资产投资项目节能评估审查作为控制地区能源消费增量和总量的重要措施。建立能源消费总量预测预警机制，跟踪监测各地区能源消费总量和高耗能行业用电量等指标，对能源消费总量增长过快的地区及时预警调控。在工业、建筑、交通运输、公共机构以及城乡建设和消费领域全面加强用能管理，切实改变敞开口子供应能源、无节制使用能源的现象。在大气联防联控重点区域开展煤炭消费总量控制试点。

强化重点用能单位节能管理。依法加强年耗能万吨标准煤以上用能单位节能管理，开展万家企业节能低碳行动，实现节能 2.5 亿吨标准煤。落实目标责任，实行能源审计制度,开展能效水平对标活动,建立健全企业能源管理体系,扩大能源管理师试点;实行能源利用状况报告制度,加快实施节能改造,提高能源管理水平。地方节能主管部门每年组织对进入万家企业节能低碳行动的企业节能目标完成情况进行考核,公告考核结果。对未完成年度节能任务的企业,强制进行能源审计,限期整改。中央企业要接受所在地区节能主管部门的监管,争当行业节能减排的排头兵。

4.4.5　加快节能减排技术研发和推广利用

加快节能减排共性和关键技术研发,加大节能减排技术产业化示范,加快节能减排技术推广应用,推进价格和环保收费改革,完善财政激励政策,健全税收支持政策,强化金融支持力度,健全节能环保法律法规,严格节能评估审查和环境影响评价制度,加强重点污染源和治理设施运行监管,加强节能减排执法监督。

4.4.6　推广节能减排市场化机制

加大能效标识和节能环保产品认证实施力度,建立"领跑者"标准制度,加强节能发电调度和电力需求侧管理,加快推行合同能源管理,推进排污权和碳排放权交易试点,推行污染治理设施建设运行特许经营。

4.4.7　加强节能减排基础工作和能力建设

加快节能环保标准体系建设。加快制(修)订重点行业单位产品能耗限额、产品能效和污染物排放等强制性国家标准,以及建筑节能标准和设计规范,提高准入门槛。制定和完善环保产品及装备标准。完善机动车燃油消耗量限值标准、低速汽车排放标准。制(修)订轻型汽车第五阶段排放标准,颁布实施第四、第五阶段车用燃油国家标准。建立满足氨氮、氮氧化物控制目标要求的排放标准。鼓励地方依法制定更加严格的节能环保地方标准。强化节能减排管理能力建设。建立健全节能管理、监察、服务"三位一体"的节能管理体系,加强政府节能管理能力建设,完善机构,充实人员。加强节能监察机构能力建设,配备监测和检测设备,加强人员培训,提高执法能力,完善覆盖全国的省、市、县三级节能监察体系。继续推进能源统计能力建设。推动重点用能单位按要求配备计量器具,推行能源计量数据在线采集、实时监测。开展城市能源计量建设示范。加强减排监管能力建设,推进环境监管机构标准化,提高污染源监测、机动车污染监控、农业源污染检测和减排管理能力,建立健全国家、省、市三级减排监控体系,加强人员培训和队伍建设。

4.4.8　动员全社会参与节能减排

加强节能减排宣传教育,深入开展节能减排全民行动,倡导文明、节约、绿色、低碳的生产方式、消费模式和生活习惯。政府机关带头节能减排。各级人民政府机关要将节能减排作为机关工作的一项重要任务来抓，健全规章制度，落实岗位责任，细化管理措施，树立节约意识，践行节约行动，作节能减排的表率。见表4-8、表4-9、表4-10。

表4-8　　　　　　　　　　"十二五"各地区节能目标

地区	单位国内生产总值能耗降低率（%）		
	"十一五"时期	"十二五"时期	2006—2015年累计
全国	19.06	16	32.01
北京	26.59	17	39.07
天津	21.00	18	35.22
河北	20.11	17	33.69
山西	22.66	16	35.03
内蒙古	22.62	15	34.23
辽宁	20.01	17	33.61
吉林	22.04	16	34.51
黑龙江	20.79	16	33.46
上海	20.00	18	34.40
江苏	20.45	18	34.77
浙江	20.01	18	34.41
安徽	20.36	16	33.10
福建	16.45	16	29.82
江西	20.04	16	32.83
山东	22.09	17	35.33
河南	20.12	16	32.90
湖北	21.67	16	34.20
湖南	20.43	16	33.16
广东	16.42	18	31.46
广西	15.22	15	27.94
海南	12.14	10	20.93
重庆	20.95	16	33.60
四川	20.31	16	33.06
贵州	20.06	15	32.05
云南	17.41	15	29.80
西藏	12.00	10	20.80
陕西	20.25	16	33.01
甘肃	20.26	15	32.22
青海	17.04	10	25.34
宁夏	20.09	15	32.08
新疆	8.91	10	18.02

备注："十一五"各地区单位国内生产总值能耗降低率除新疆外均为国家统计局最终公布数据，新疆为初步核实数据。

数据来源：《"十二五"节能减排综合性工作方案》。

表 4 - 9   "十二五"各地区二氧化硫排放总量控制计划

单位：万吨

地 区	2010 年排放量	2015 年控制量	2015 年比 2010 年（％）
北 京	10.4	9.0	-13.4
天 津	23.8	21.6	-9.4
河 北	143.8	125.5	-12.7
山 西	143.8	127.6	-11.3
内蒙古	139.7	134.4	-3.8
辽 宁	117.2	104.7	-10.7
吉 林	41.7	40.6	-2.7
黑龙江	51.3	50.3	-2.0
上 海	25.5	22.0	-13.7
江 苏	108.6	92.5	-14.8
浙 江	68.4	59.3	-13.3
安 徽	53.8	50.5	-6.1
福 建	39.3	36.5	-7.0
江 西	59.4	54.9	-7.5
山 东	188.1	160.1	-14.9
河 南	144.0	126.9	-11.9
湖 北	69.5	63.7	-8.3
湖 南	71.0	65.1	-8.3
广 东	83.9	71.5	-14.8
广 西	57.2	52.7	-7.9
海 南	3.1	4.2	34.9
重 庆	60.9	56.6	-7.1
四 川	92.7	84.4	-9.0
贵 州	116.2	106.2	-8.6
云 南	70.4	67.6	-4.0
西 藏	0.4	0.4	0
陕 西	94.8	87.3	-7.9
甘 肃	62.2	63.4	2.0
青 海	15.7	18.3	16.7
宁 夏	38.3	36.9	-3.6
新 疆	63.1	63.1	0
新疆生产建设兵团	9.6	9.6	0
合 计	2 267.8	2 067.4	-8.8

备注：全国二氧化硫排放量削减 8％ 的总量控制目标为 2 086.4 万吨，实际分配给各地区 2 067.4 万吨，国家预留 19.0 万吨，用于二氧化硫排污权有偿分配和交易试点工作。

数据来源：《"十二五"节能减排综合性工作方案》。

表 4 – 10   "十二五"各地区氮氧化物排放总量控制计划

单位：万吨

地 区	2010 年排放量	2015 年控制量	2015 年比 2010 年（%）
北 京	19.8	17.4	- 12.3
天 津	34.0	28.8	- 15.2
河 北	171.3	147.5	- 13.9
山 西	124.1	106.9	- 13.9
内蒙古	131.4	123.8	- 5.8
辽 宁	102.0	88.0	- 13.7
吉 林	58.2	54.2	- 6.9
黑龙江	75.3	73.0	- 3.1
上 海	44.3	36.5	- 17.5
江 苏	147.2	121.4	- 17.5
浙 江	85.3	69.9	- 18.0
安 徽	90.9	82.0	- 9.8
福 建	44.8	40.9	- 8.6
江 西	58.2	54.2	- 6.9
山 东	174.0	146.0	- 16.1
河 南	159.0	135.6	- 14.7
湖 北	63.1	58.6	- 7.2
湖 南	60.4	55.0	- 9.0
广 东	132.3	109.9	- 16.9
广 西	45.1	41.1	- 8.8
海 南	8.0	9.8	22.3
重 庆	38.2	35.6	- 6.9
四 川	62.0	57.7	- 6.9
贵 州	49.3	44.5	- 9.8
云 南	52.0	49.0	- 5.8
西 藏	3.8	3.8	0
陕 西	76.6	69.0	- 9.9
甘 肃	42.0	40.7	- 3.1
青 海	11.6	13.4	15.3
宁 夏	41.8	39.8	- 4.9
新 疆	58.8	58.8	0
新疆生产建设兵团	8.8	8.8	0
合 计	2 273.6	2 021.6	- 11.1

备注：全国氮氧化物排放量削减 10% 的总量控制目标为 2 046.2 万吨，实际分配给各地区 2 021.6 万吨，国家预留 24.6 万吨，用于氮氧化物排污权有偿分配和交易试点工作。

数据来源：《"十二五"节能减排综合性工作方案》。

复习思考题

一、单项选择题（在备选答案中选择 1 个最佳答案，并把它的标号写在括号内）

1. "十一五"期间，我国提出了单位国内生产总值能耗下降（　　）左右的节能目标，并作为约束性指标分解到各个地区。

A. 16%
B. 10%
C. 20%
D. 25%

2. 为了落实节能工作，完成节能目标，"十一五"期间我国建立了（　　）制度。

A. 节能目标评价考核
B. 环境影响评价
C. 听证会
D. 节能产品惠民

二、多项选择题（在备选答案中有 2～5 个是正确的，将其全部选出并将它们的标号写在括号内，错选或漏选均不给分）

1. "十一五"期间我国开展了十大节能工程，其中包括（　　）。

A. 区域热电联产工程
B. 余热余压利用工程
C. "三河三湖"工程
D. "金太阳"工程
E. 建筑节能工程

2. 我国实施了（　　）等价格政策来促进节能减排。

A. 煤电联动
B. 差别电价
C. 惩罚性电价
D. 出口退税
E. 阶梯电价

三、简答题

1. 简述我国政府推进节能工作的制度体系。
2. "十一五"期间实施的十大节能工程主要包括哪些内容？

四、论述题

实施合同能源管理工程有什么重要意义？

第5章 国际社会和我国应对气候变化的努力

▶ 学习目标

1. 应知道、识记、理解的内容
- 应对全球气候变化的国际制度框架
- 历史累积排放
- 工业化国家的减排进展
- 气候变化对我国能源发展的影响

2. 应领会、掌握、应用的内容
- 国际社会应对气候变化的基本原则
- 工业化国家的温室气体排放趋势
- 应对气候变化对我国能源发展提出的新要求
- 我国应对气候变化的清洁能源发展战略路径

▶ 自学时数

6~8 学时。

▶ 教师导学

通过学习本章内容，了解应对气候变化的国际制度框架，理解和认识全球气候变化问题的本质。重点掌握能源消费与历史累积排放，认识气候变化问题对我国可持续发展带来的挑战。

5.1　应对全球气候变化的国际制度框架

5.1.1　第一承诺期国际气候变化制度概述

国际应对气候变化谈判自 1990 年启动，如今已成为各国政治、经济、技术等方面的综合利益之争。现有国际气候制度是伴随着气候变化谈判进程而逐步建立起来的。

1992 年联合国环境与发展大会通过了《联合国气候变化框架公约》（以下简称《气候公约》），于 1994 年开始生效。到目前共有近 200 个国家和区域一体化组织成为缔约方。《气候公约》最终目标为"将大气中温室气体的浓度稳定在防止气候系统受到危险的人为干扰的水平上，适应气候变化的不利影响，以及实现社会经济的可持续发展"。《气候公约》明确要求所有缔约方，在公平的基础上，依据"共同但有区别的责任"原则和各自的能力，为人类当代和后代的利益保护气候系统，发达国家应率先采取行动应对气候变化及其不利影响。《气候公约》的生效为全球应对气候变化的行动提供了基本框架。

1997 年 12 月，《气候公约》第三次缔约方大会通过了《京都议定书》，明确了附件一缔约方应该个别地或共同地确保其温室气体的排放总量（以二氧化碳当量计），在 2008—2012 年承诺期内比 1990 年减少至少 5.2%，同时为附件一每个国家确定了"有差别的减排"指标，即欧盟现有成员国（EU—15）集体承诺减排 8%，美国减排 7%，日本、加拿大减排 6%，俄罗斯、乌克兰保持与 1990 年持平，澳大利亚增排不超过 8%，冰岛增排不超过 10% 等。除要求发达国家实施国内减排外，议定书还提供了三种境外减排的灵活机制，即国际排放贸易（International Emissions Trading）、联合履约机制（Joint Implementation）和清洁发展机制（Clean Development Mechanism）。《京都议定书》是国际社会为实施《气候公约》所迈出的重要一步。《气候公约》附件一、附件二缔约方分别见表 5 - 1、表 5 - 2。

表 5 - 1　　　　　　　　　　　《气候公约》附件一缔约方

澳大利亚	希腊	波兰 a/
奥地利	匈牙利 a/	葡萄牙
白俄罗斯 a/	冰岛	罗马尼亚 a/
比利时	爱尔兰	俄罗斯联邦 a/
保加利亚 a/	意大利	斯洛伐克 a/ *
加拿大	日本	斯洛文尼亚 a/ *
克罗地亚 a/ *	拉脱维亚 a/	西班牙
捷克共和国 a/ *	列支敦士登 *	瑞典
丹麦	立陶宛 a/	瑞士

续表

欧洲共同体	卢森堡	土耳其
爱沙尼亚 a/	摩纳哥 *	乌克兰 a/
芬兰	荷兰	英国
法国	新西兰	美国
德国	挪威	

注：1. a/ 为正在朝市场经济过渡的国家。

2. 标有 * 号的国家是按照缔约方会议第三届会议第 4/CP.3 号决定，经 1998 年 8 月 13 日生效的修正案增加列入附件一的国家。

表 5 - 2　　　　　　　　　　《气候公约》附件二缔约方

澳大利亚	德国	新西兰
奥地利	希腊	挪威
比利时	冰岛	葡萄牙
加拿大	爱尔兰	西班牙
丹麦	意大利	瑞典
欧洲共同体	日本	瑞士
芬兰	卢森堡	英国
法国	荷兰	美国

专栏 5 -1：《京都议定书》规定的三种灵活机制

《京都议定书》要求发达国家缔约方应主要依靠国内减排行动来完成其承诺的减排任务。同时，《京都议定书》还提供了三种灵活机制，允许发达国家基于市场手段从境外购买部分排放权（温室气体减排额，俗称碳信用），作为对其国内减排行动的补充。

排放贸易（ET）：《京都议定书》为发达国家缔约方规定了第一承诺期的减限排指标，这些国家的排放空间以分配数量（AAU）表示。《京都议定书》第十七条规定，为完成第一承诺期的减限排义务，发达国家缔约方之间可以进行分配数量的贸易。排放贸易应是对发达国家国内减排行动的补充。

清洁发展机制（CDM）：《京都议定书》第十二条规定，清洁发展机制是发达国家缔约方为实现其部分温室气体减排义务与发展中国家缔约方进行项目合作的机制，其目的是协助发展中国家缔约方实现可持续发展和促进《气候公约》最终目标的实现，并协助发达国家缔约方实现其减限排承诺。清洁发展机制的核心是允许发达国家通过与发展中国家进行项目级的合作，获得由项目产生的经核证的温室气体减排量（CER）。

联合履行（JI）：《京都议定书》第六条规定，发达国家缔约方可以通过在另一个发达国家缔约方开展温室气体减排项目而获得减排量（ERU）。

5.1.2　第二承诺期国际气候制度谈判进展

2005 年 11 月，在加拿大蒙特利尔召开的《气候公约》第十次缔约方会议暨《京都议定书》第一次缔约方会议上，根据《京都议定书》第 3.9 条款的要求启动了发达国家第二承诺期减排义务的谈判，但由于发达国家缺乏减排的政治意愿，谈判举步维艰，几无进展。

2007 年 12 月，《气候公约》第十三次缔约方会议（COP13）暨《京都议定书》第三次缔约方会议（CMP3）通过了"巴厘路线图"。"巴厘路线图"主要包括：旨在加强落实《气候公约》的决定，即"巴厘行动计划"；《京都议定书》下发达国家第二承诺期谈判特设工作组谈判时间表的结论；《京都议定书》第九条下的审评决定；有关适应基金的决定；有关技术转让的决定，以及有关发展中国家减少毁林排放的决定。

"巴厘路线图"的重要之处在于构建了一幅较完整的法律框架，来推动谈判进程并确立了《气候公约》和《京都议定书》下的"双轨"谈判安排：一是由议定书特设工作组继续谈判确定发达国家 2012 年后的减排指标（该进程在 2005 年已启动）；二是在《气候公约》框架下启动了一项旨在加强《气候公约》实施的谈判进程，即"巴厘行动计划"，强调通过国际合作解决全球气候变化问题，要求气候变化框架公约所有发达国家缔约方都要履行可测量、可报告、可核实的温室气体减排承诺。

"巴厘路线图"是人类应对气候变化历史中一座新的里程碑，表明国际社会应对气候变化的政治意愿得到加强，有利于推动各国积极合作，共同应对挑战。它有以下几个特点：一是强调国际合作，把美国纳入国际应对气候变化框架；二是发展中国家愿在获得技术、资金和能力建设的支持下，在可持续发展框架下采取"可测量、可报告、可核查"的国家减排行动，从而首次将发展中国家纳入承担减排义务的范围，改变了以往只谈发达国家减排义务的谈判格局；三是继续坚持"共同但有区别的责任"原则，对发达国家、发展中国家的义务作了区分，重申发达国家有向发展中国家提供技术和资金支持的责任；四是强调减缓、适应、技术开发和转让、资金问题这四大要素；五是对完成《气候公约》和《京都议定书》框架下的谈判制定了明确的计划和时间表，决定于 2009 年在丹麦哥本哈根举行的《气候公约》第十五次缔约方会议暨《京都议定书》第五次缔约方会议上完成《京都议定书》第二承诺期谈判。

2008 年 12 月，《气候公约》第十四次缔约方会议（COP14）暨《京都议定书》第四次缔约方会议（CMP4）在波兰波兹南召开。会议决定授予适应基金理事会直接受理项目申请的法律能力，适应基金最终得以运作。大会两个特设工作组（AWG-LCA 和 AWG-KP）分别通过了 2009 年工作计划，以致力于在哥本哈根达成一项 2012 年后应对气候变化的新协议。但是由于发达国家百般阻挠，会议在资金、技术转让、减缓、适应等问题上均未取得实质性进展。国际气候制度的主要里程碑见表 5-3。

表 5－3　　　　　　　　　　　　国际气候制度的主要里程碑

年　份	事　件
1988	联合国环境规划署和世界气象组织成立政府间气候变化专门委员会（IPCC），作为国际气候变化谈判的科学咨询机构。
1991	联合国启动了气候变化框架公约谈判的进程。
1992	6月，《气候公约》在纽约通过并在巴西里约热内卢召开的地球峰会上开发供各国签署，1994年3月21日生效。
1995	3月，在德国柏林召开了《气候公约》第一次缔约方会议，开始了强化附件一缔约方义务的新一轮谈判； IPCC第二次评估报告得出结论，有证据表明可以识别人类活动对全球气候的影响。
1996	7月，在《气候公约》第二次缔约方会议上通过《日内瓦宣言》，呼吁缔约方制定有法律约束力的减排目标。
1997	12月，在日本京都召开了《气候公约》第三次缔约方会议，通过了《京都议定书》。
1998	11月，在阿根廷首都布谊诺斯艾利斯召开了《气候公约》第四次缔约方会议，通过了《布谊诺斯艾利斯行动计划》，提出了有关《京都议定书》运行规则和执行《气候公约》的工作计划，实现上述目标的截止期限设定为2000年。
2000	11月，《气候公约》第六次缔约方会议在海牙举行，谈判最终破裂。
2001	1月，政府间气候变化专门委员会发表了第三次评估报告； 3月，美国总统布什宣布美国拒绝批准《京都议定书》； 7月，在《气候公约》第六次缔约方会议续会上，缔约方通过了《波恩协议》，作为《京都议定书》规则和执行《气候公约》的政治交易； 11月，在马拉喀什召开的《气候公约》第七次缔约方会议，通过《马拉喀什协定》，提出了有关《京都议定书》和执行《气候公约》的详细的规则。
2002	8月，在南非约翰内斯堡召开世界可持续发展首脑峰会，回顾自1992年以来的进展； 11月，在印度新德里召开《气候公约》第八次缔约方会议，通过了《气候变化与可持续发展德里部长级宣言》，强调应对气候变化必须在可持续发展的框架内进行，同时强调了适应气候变化的重要性。
2003	12月，《气候公约》第九次缔约方会议（COP9）在意大利米兰举行，通过了造林和再造林CDM项目规则。
2004	10月22日，俄罗斯国家杜马全体会议投票表决，批准了《京都议定书》； 12月，《气候公约》第十次缔约方会议（COP10）在阿根廷首都布宜诺斯艾利斯举行，通过了《布谊诺斯艾利斯适应气候变化五年工作计划》。
2005	2月17日，《京都议定书》正式生效，这是国际社会在减缓气候变化问题上迈出的重要一步； 12月，《气候公约》第十一次缔约方会议暨《京都议定书》第一次缔约方会议在加拿大蒙特利尔举行，决定启动《议定书》第二承诺期发达国家温室气体减排义务的谈判。
2006	10月，由英国经济学家斯特恩牵头编写的《斯特恩评估：气候变化的经济内涵》发表。报告指出，尽管温室气体排放过去一直并将继续由经济增长驱动，但稳定大气中温室气体的浓度不仅可行，而且与可持续发展一致，并呼吁气候变化的原因及后果都是全球性的，只有采取国际集体行动，才能在减排规模上作出实质性的、有效率的也是公平的响应； 11月，《气候公约》第十二次缔约方会议暨《京都议定书》第二次缔约方会议在肯尼亚内罗毕召开，通过了《内罗毕适应气候变化行动计划》以及推动非洲国家参加清洁发展机制的行动计划。

续表

年　份	事　　件
2007	11 月，政府间气候变化专门委员会发布第四次评估报告，指出人类活动很可能是温室气体浓度增加的主因； 12 月，《气候公约》第十三次缔约方会议暨《京都议定书》第三次缔约方会议在印尼巴厘岛召开，会议通过了《巴厘路线图》，进一步确认了《气候公约》和《京都议定书》下的"双轨"谈判进程，决定于 2009 年在丹麦哥本哈根举行的《气候公约》第十五次缔约方会议暨《京都议定书》第五次缔约方会议上完成《京都议定书》第二承诺期谈判。
2008	12 月，《气候公约》第十四次缔约方会议暨《京都议定书》第四次缔约方会议在波兰波兹南召开。会议决定授予适应基金理事会直接受理项目申请的法律能力，适应基金最终得以运作。
2009	12 月，《气候公约》第十五次缔约方会议暨《京都议定书》第五次缔约方会议在丹麦哥本哈根召开，未能按计划完成《巴厘路线图》规定的任务。
2010	12 月，《气候公约》第十六次缔约方会议暨《京都议定书》第六次缔约方会议在墨西哥坎昆召开，通过《坎昆协议》。
2011	12 月，《气候公约》第十七次缔约方会议暨《京都议定书》第七次缔约方会议在南非德班召开，缔约方继续就 2012 年之后的国际气候变化制度展开谈判，决定成立促进缔约方采取行动的德班平台特设工作组。

5.1.3　中长期国际气候制度展望

气候变化是全球最为重要的环境问题之一。因此，在建立国际气候制度时，需明确相关原则作为基础。根据环境伦理学理论，在处理气候变化问题时需考虑以下基本原则：

（1）正义原则。即：任何向自然界排放污染物以及破坏自然环境的行为都是非正义的，应当受到社会舆论的谴责；任何有利于环境保护与生态价值维护的行为都是正义的，应该得到社会舆论的褒扬。

（2）公正原则。即对自然环境和资源的使用和消耗要兼顾个人和社会利益，在治理环境和处理环境纠纷时维持公正。

（3）权利平等原则。即在自然环境与资源使用上的平等。该原则不仅适用于人与人之间，而且适用于地区与地区、国与国之间。

（4）合作原则。即在环境问题上，全球是一个整体。在处理环境问题上，地区与地区、国与国之间要进行充分的合作。

（5）责任原则。即环境权不仅适用于当代人类，而且适用于子孙后代。全面的环境伦理必须兼顾自然生态的价值、个人与全人类的利益和价值，以及当代人与后代人的价值与利益。

以《气候公约》和《京都议定书》构成的现有国际气候制度体现了以上原则，并确立了公平原则作为基础。公平是一种包含伦理学内涵的复杂概念，是气候变化制度中一个非常核心的问题，也是气候变化国际谈判过程中各方关注的焦点之一。国际气候制度的公平原则不仅包括人与人的关系，也涉及人与自然的关系；不仅要考虑代内公平，还要考虑代际公平；不仅要实现结果的公平，也要保证过程的公平。目前，国际社会仍未找到一项能被普遍接受的公平标准。确定国际气候制度的公平原则可从以下几方面因素考虑：历史责任和未来责任分担的公平性、温室气体排放权分配的公平性、减缓和适应成本分摊的公平性等。

任何国际制度均应具有一些自身的构架要素，这些要素必须满足不同利益相关者的需求，国际气候制度也不例外。就未来国际气候制度而言，其要素应包括承诺的法律约束、温室气体排放限制承诺方式、活动的覆盖范围、时间框架、市场机制、资金和技术承诺、责任承诺、环境目标等，核心要素是温室气体排放量限制承诺方式。未来国际气候制度的要素见表5-4。

表5-4 未来国际气候制度的要素

构架要素	观点
承诺的法律约束	1. 有法律约束力 2. 没有法律约束力
温室气体排放限制承诺方式	1. 可持续发展政策与措施 2. 国际碳税 3. 固定的排放目标：设定排放上限，即《京都议定书》类型的目标 4. 动态的排放目标：限制与国内生产总值增长相关的排放量 5. 人均排放或人均累积排放 6. 双重排放强度目标，在高和低目标之间设一"安全区"
行动的覆盖范围	1. 温室气体（是否只考虑六种主要的温室气体） 2. 地理范围（例如：部门、国家、区域和全球）
时间和触发机制	1. 根据目前的气候制度及谈判结果决定 2. 对参与者提出新的条件（例如，某种程度的人均收入或人均排放，以便确定某一国家是否应该采取行动）
市场为基础的机制	1. 项目或部门为基础的贸易（例如清洁发展机制） 2. 国际排放贸易
资金和技术承诺	1. 有关适应、可再生能源投资、可持续发展政策和措施、技术转让的基金 2. 气候影响的补偿
责任承诺	1. 违约后果 2. 措施、报告和审评
环境目标	1. 《气候公约》最终目标 2. 量化的目标，例如与《气候公约》目标相一致的全球排放水平、浓度或温度变化的限制

目前国际社会及有关研究机构对后京都国际气候制度框架设计提出了一系列的选择，并且特别关注在"南北"之间实现国际合作，每一种方法都包含了发达国家和发展中国家的共同参与。未来气候制度谈判争论的焦点将集中在排放目标的定义以及不同的国家的温室气体排放量限制承诺方式上。国际社会对未来国际气候制度提出了多种可能，目前提出

的主要设想方案见表5－5。

表5－5 目前提出的未来国际气候制度主要设想方案

方　案	要　点
可持续发展承诺	承诺以可持续发展的政策和措施为手段来应对气候变化。
延续《京都议定书》模式	延续《京都议定书》思路，在规定发达国家后续承诺期减限排指标的同时，要求发展中国家自愿承诺某种形式的减限排行动。
"巴西案文"模式	根据污染者付费原则，以历史排放引起的地球表面平均温升作为确定各国相对减排义务。
"圣保罗案文"模式	强调后京都国际气候制度是涵盖多要素的综合法律框架，涉及了减缓、适应、资金、技术、市场机制、可持续发展、遵约和长期目标等要素，遵循《气候公约》已达成的基本原则来设计气候制度。
行业承诺模式	由日本首先提出，其基本概念是通过评估一个国家各主要行业的减排潜力，用行业方法替代国家目标，即由各行业提出自己力所能及的减排目标，政府将这些减排目标加起来作为国家的减排指标，并强调自愿原则。"行业承诺方案"混淆了发展中国家和发达国家应对气候变化"共同但有区别的责任"原则，把本来应该由发达国家承担的减排义务转嫁到发展中国家身上，这种做法显然是广大发展中国家所不能接受的。而且发达国家应主要通过国内减排手段达到减排目标，而行业方法无助于发达国家实现国内减排。
人均排放当量方案	提出"两个趋同"原则，各国人均排放量趋同，各国人均累积总排放量也要趋同；在"两个趋同"的分配原则下，各国取得相应的碳排放权。该方案在人权、发展权、排放权等方面较好地体现了公平原则。
多阶段承诺方案	提出将各国参与全球减排的过程划分为4个递进阶段：不承诺义务、降低排放强度、稳定绝对排放量、减少绝对排放量。各阶段设置一定的阈值（如人均国内生产总值），每5年审评一次，达到阈值的国家将进入下一阶段参与减排义务的分配。
发展权承诺方案	提出按"能力"（主要考察人口、人均收入、基尼系数等，以人均收入为衡量指标）和"责任"（以人均累积排放量为指标）计算的责任能力指标（Responsibility & Capacity Index，RCI）进行减排责任和能力综合评价，以此来分担各国的减排义务。该方案对发展中国家进行了再分类，人均国内生产总值水平低于7000美元阈值的国家不承担减排义务，但对于经济快速发展的发展中国家较为不利。

5.2　能源消费与历史累积排放 *

从化石燃料燃烧的二氧化碳历史累积排放情况来看，工业化国家应当承担气候变化问题的主要责任。根据美国的世界资源研究所（World Resource Institute，WRI）关于历史排放的统计结果，排在前20位的国家的累积排放量约占全世界总量的83%；《气候公约》附件一国家的累积排放总量占全球总量的75%，发展中国家占25%。我国的累积排放总量位居世界第 3 位，但人均累积排放仅为 71.3 吨二氧化碳，居世界第 89 位，而美国、英国的人均累积排放水平超过 1100 吨（表 5 - 6），远远高于发展中国家。因此，公约指出："注意到历史上和目前全球温室气体排放的最大部分源自发达国家；发展中国家的人均排放仍相对较低；发展中国家在全球排放中所占的份额将会增加，以满足其社会和发展需要。"《气候公约》进一步规定："各缔约方应当在公平的基础上，并根据它们共同但有区别的责任和各自的能力，为人类当代和后代的利益保护气候系统。因此，发达国家缔约方应当率先对付气候变化及其不利影响"。

表 5 - 6　　　　1850—2005 年主要国家和地区的二氧化碳历史累积排放情况

国家/地区	累积排放量 （百万吨）	排名	占世界总量（%）	人均累积排放量 （吨）	排名
美国	328 263.60	1	29.25	1 107.1	3
欧盟 27 国	301 940.00	2	26.91	616.2	13
中国	92 950.00	3	8.28	71.3	89
俄罗斯	90 327.20	4	8.05	631.0	12
德国	79 032.80	5	7.04	958.3	6
英国	67 776.80	6	6.04	1 125.4	2
日本	42 742.00	7	3.81	334.5	36
法国	32 031.50	8	2.85	526.2	22
印度	26 008.10	9	2.32	23.8	123
加拿大	24 561.50	10	2.19	760.1	8
乌克兰	24 015.70	11	2.14	509.8	23
波兰	22 330.30	12	1.99	585.1	17
意大利	18 409.30	13	1.64	314.1	38
南非	12 443.80	14	1.11	265.4	46
澳大利亚	12 251.20	15	1.09	600.6	16
墨西哥	11 320.40	16	1.01	109.8	77
比利时	10 702.20	17	0.95	1 021.3	4
西班牙	10 389.30	18	0.93	239.4	49
捷克	10 129.60	19	0.90	989.8	5
哈萨克斯坦	9 939.40	20	0.89	656.2	10

数据来源：世界资源研究所。

从化石燃料燃烧的二氧化碳人均排放情况来看，发达国家的排放水平远高于全球平均水平，更远远高于发展中国家的人均水平。2007 年人均排放水平澳大利亚为 18.75 吨，美国为 19.10 吨，日本为 9.68 吨，欧盟 27 国为 8.07 吨，中国为 4.58 吨，印度为 1.18 吨，巴西为 1.81 吨，南非为 7.27 吨。发达国家的人均排放水平是世界平均水平的 2 ~ 5 倍，是发展中国家平均水平的 3 ~ 8 倍。具体见表 5 - 7 和图 5 - 1、图 5 - 2、图 5 - 3、图 5 - 4。

表 5 - 7 　　　　　　　　　主要国家和地区化石燃料燃烧的二氧化碳人均排放情况

国家/地区	1971 年	1975 年	1980 年	1985 年	1990 年	1995 年	2000 年	2005 年	2006 年	2007 年
全球	3.75	3.86	4.07	3.86	3.99	3.85	3.87	4.20	4.28	4.38
附件一国家*					11.82	10.92	11.16	11.24	11.18	11.21
发达国家	12.21	12.19	12.63	11.81	12.27	12.34	12.92	12.86	12.63	11.95
经济转轨国家					12.37	8.85	8.15	8.53	8.83	8.86
欧盟 27 国					8.59	8.06	7.96	8.09	8.07	7.91
发展中国家					1.58	1.78	1.84	2.31	2.44	2.75
加拿大	15.43	16.32	17.42	15.59	15.60	15.87	17.35	17.22	16.53	17.37
美国	20.66	20.19	20.47	19.06	19.44	19.25	20.15	19.48	19.00	19.10
澳大利亚	10.92	12.86	14.05	13.90	15.10	15.67	17.55	18.89	19.05	18.75
日本	7.24	7.68	7.54	7.25	8.68	9.22	9.40	9.61	9.49	9.68
法国	8.24	7.99	8.37	6.37	6.05	5.95	6.18	6.16	5.97	5.81
德国	12.50	12.40	13.48	13.06	11.97	10.64	10.06	9.83	9.99	9.71
意大利	5.41	5.77	6.38	6.14	7.02	7.21	7.46	7.74	7.61	7.38
英国	11.15	10.31	10.14	9.62	9.67	8.95	8.92	8.89	8.87	8.60
俄罗斯					14.70	10.69	10.35	10.69	11.14	11.21
南非	7.69	8.47	7.77	7.32	7.23	7.08	6.79	7.04	7.22	7.27
巴西	0.92	1.26	1.46	1.23	1.29	1.48	1.74	1.75	1.76	1.81
印度	0.36	0.39	0.43	0.55	0.69	0.84	0.96	1.06	1.13	1.18
中国	0.95	1.15	1.43	1.62	1.95	2.48	2.41	3.88	4.27	4.58

　　注：＊指《联合国气候变化框架公约》附件一缔约方国家，包括：（1）列入《联合国气候变化框架公约》附件二的具有捐款义务的发达国家；（2）经济转轨国家，指前苏联和东欧国家。

　　数据来源：国际能源署。

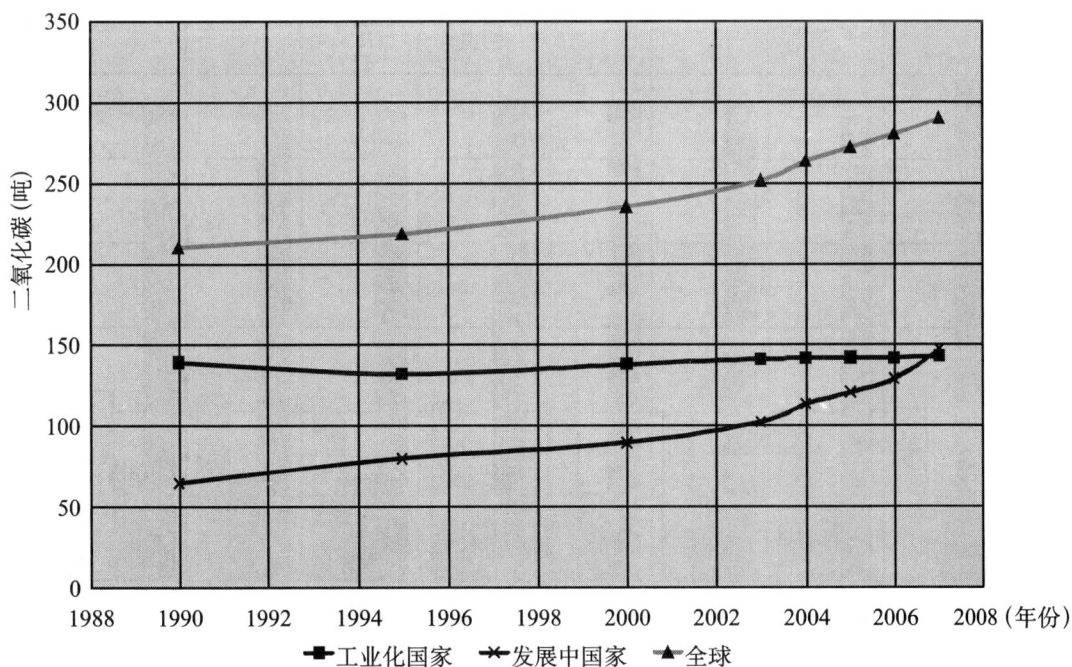

图 5 - 1　工业化国家与发展中国家化石燃料燃烧的二氧化碳排放趋势

　　数据来源：国际能源署。

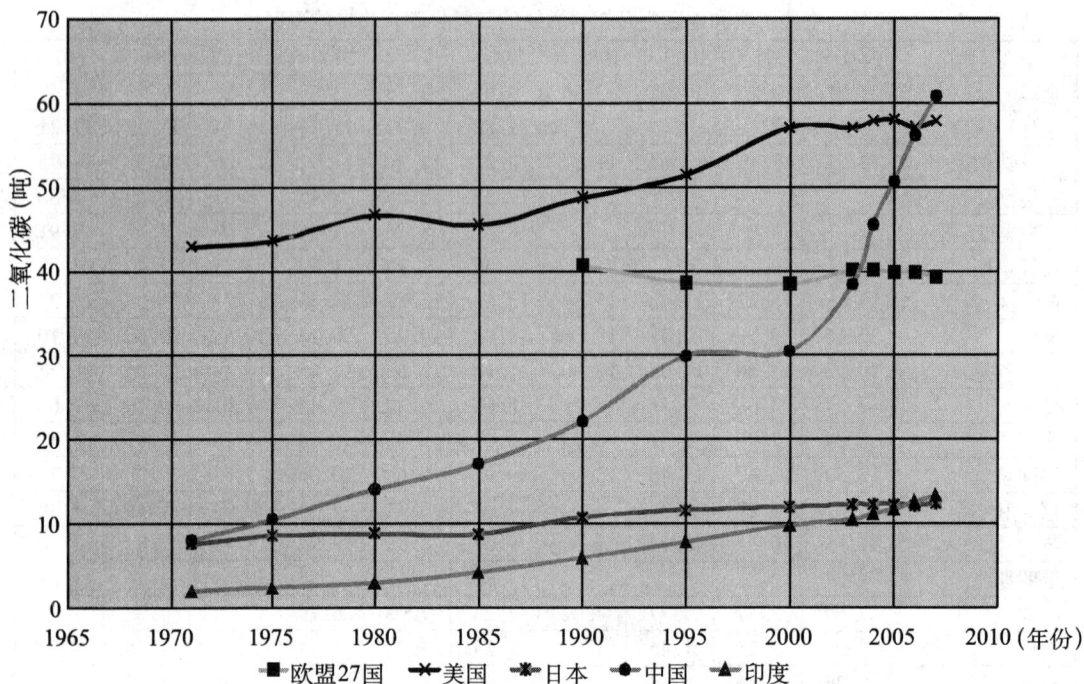

图 5 – 2　主要国家化石燃料燃烧的二氧化碳排放趋势

数据来源：国际能源署。

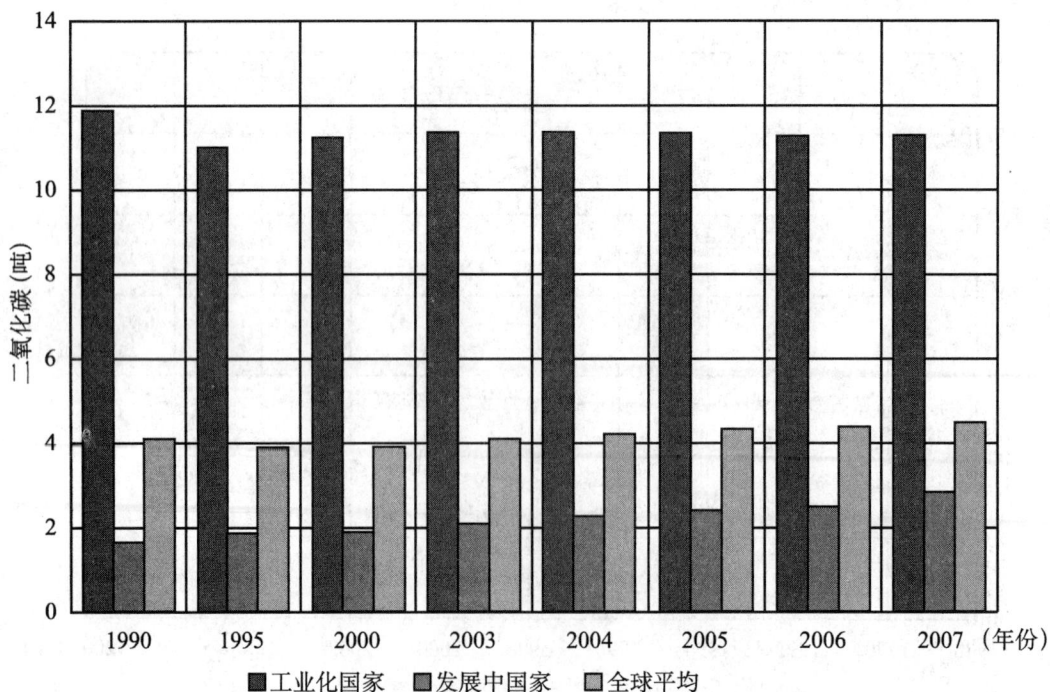

图 5 – 3　工业化国家与发展中国家的人均二氧化碳排放趋势

数据来源：国际能源署。

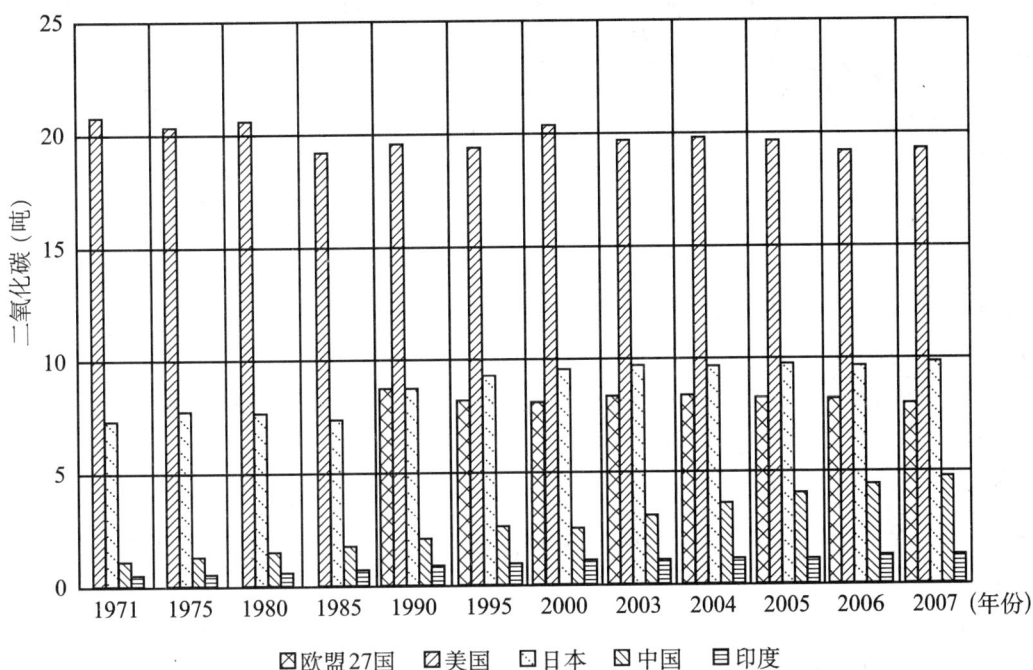

图 5-4 主要国家人均二氧化碳排放趋势

数据来源：国际能源署。

5.3 工业化国家的减排进展 *

《京都议定书》为发达国家制定了量化的减排指标，附件一国家和地区 2006 年实际排放量和预期承诺目标排放量的对比情况见表 5-8。从表 5-8 可以看到，在附件一国家和地区中，未计入土地利用、土地利用变化和林业时，排放量减幅超过 1% 的缔约方国家为 21 个，排放量变化在 1% 之内的缔约方国家为 2 个，排放量增幅超过 1% 的缔约方国家为 18 个；除了两个新加入国家白俄罗斯和土耳其外，有 16 个国家和地区 2006 年实际排放量低于自己承诺的目标排放量，另外 23 个国家的实际排放量高于目标排放量。计入土地利用、土地利用变化和林业时，排放量减幅超过 1% 的缔约方国家为 24 个，17 个缔约方国家的排放量增幅超过 1%；除了两个新加入国家白俄罗斯和土耳其外，有 21 个国家和地区 2006 年实际排放量低于自己承诺的目标排放量，另外 18 个国家的实际排放量高于目标排放量。

表5-8 附件一国家和地区减排目标和实际排放情况对比

国家/地区	减排目标（%）	计入土地利用变化及森林				未计入土地利用变化及森林			
		基准排放量（千吨）	2006年排放量（千吨）	实际变化（%）	实际与目标的变化（%）	基准排放量（千吨）	2006年排放量（千吨）	实际变化（%）	实际与目标的变化（%）
澳大利亚	8	515 874	549 852	6.6	-1.4	416 155	536 066	28.8	20.8
奥地利	-8	64 831	72 936	12.5	20.5	79 172	91 090	15.1	23.1
白俄罗斯		105 333	54 999	-47.8		127 361	80 996	-36.4	
比利时	-8	143 099	135 909	-5.0	3.0	144 530	136 970	-5.2	2.8
保加利亚	-8	107 126	53 121	-50.4	-42.4	132 614	71 343	-46.2	-38.2
加拿大	-6	485 828	751 974	54.8	60.8	132 614	720 632	21.7	27.7
克罗地亚	-5	28 342	23 344	-17.6	-12.6	32 527	30 834	-5.2	-0.2
捷克	-8	190 299	144 829	-23.9	-15.9	194 244	148 204	-23.7	-15.7
丹麦	-8	70 893	70 112	-1.1	6.9	70 342	71 914	2.2	10.2
爱沙尼亚	-8	36 219	15 405	-57.5	-49.5	41 593	18 876	-54.6	-46.6
欧共体	-8	3 980 665	3 797 708	-4.6	3.4	4 243 821	4 151 079	-2.2	5.8
芬兰	-8	52 504	46 847	-10.8	-2.8	70 946	80 291	13.2	21.2
法国	-8	526 244	476 635	-9.4	-1.4	566 411	546 527	-3.5	4.5
德国	-8	1 199 447	968 395	-19.3	-11.3	1 227 688	1 004 794	-18.2	-10.2
希腊	-8	101 389	127 914	26.2	34.2	104 603	133 112	27.3	35.3
匈牙利	-6	111 748	72 715	-34.9	-28.9	115 849	78 625	-32.1	-26.1
冰岛	10	4 884	5 361	9.8	-0.2	3 409	4 234	24.2	14.2
爱尔兰	-8	55 714	69 273	24.3	32.3	55 526	69 762	25.6	33.6
意大利	-8	437 766	455 713	4.1	12.1	516 898	567 922	9.9	17.9
日本	-6	1 180 213	1 248 580	5.8	11.8	1 272 056	1 340 081	5.3	11.3
拉脱维亚	-8	5 768	-6 194	-207.4	-199.4	26 456	11 621	-56.1	-48.1
列支敦士登	-8	221	267	20.5	28.5	230	273	19.0	27.0
立陶宛	-8	38 319	15 270	-60.2	-52.2	49 370	23 222	-53.0	-45.0
卢森堡	-8	12 892	13 027	1.1	9.1	13 187	13 322	1.0	9.0
摩纳哥	-8	108	94	-13.1	-5.1	108	94	-13.1	-5.1
荷兰	-8	214 318	210 051	-2.0	6.0	211 651	207 477	-2.0	6.0
新西兰	0	41 440	55 119	33.0	33.0	61 948	77 868	25.7	25.7
挪威	1	36 009	25 682	-28.7	-29.7	49 698	53 512	7.7	6.7
波兰	-6	530 516	359 955	-32.2	-26.2	563 443	400 459	-28.9	-22.9
葡萄牙	-8	60 652	78 576	29.6	37.6	59 109	82 739	40.0	48.0
罗马尼亚	-8	249 254	119 185	-52.2	-44.2	281 895	156 680	-44.4	-36.4

续表

国家/地区	减排目标（%）	计入土地利用变化及森林				未计入土地利用变化及森林			
		基准排放量（千吨）	2006 年排放量（千吨）	实际变化（%）	实际与目标的变化（%）	基准排放量（千吨）	2006 年排放量（千吨）	实际变化（%）	实际与目标的变化（%）
俄罗斯	0	3 506 410	2 478 027	− 29.3	− 29.3	3 326 404	190 239	− 34.2	− 34.2
斯洛伐克	− 8	71 290	45 874	− 35.7	− 27.7	73 679	48 902	− 33.6	− 25.6
斯洛文尼亚	− 8	18 751	15 858	− 15.4	− 7.4	20 340	20 591	1.2	9.2
西班牙	− 8	260 757	400 338	53.5	61.5	287 687	433 339	50.6	58.6
瑞典	− 8	13 172	27 742	110.6	118.6	72 043	65 749	− 8.7	− 0.7
瑞士	− 8	50 226	50 979	1.5	9.5	52 800	53 209	0.8	8.8
土耳其		125 972	255 659	102.9		170 059	331 763	95.1	
乌克兰	0	855 072	410 558	− 52.0	− 52.0	922 013	443 183	− 51.9	− 51.9
英国	− 8	774 903	653 825	− 15.6	− 7.6	771 979	655 787	− 15.1	− 7.1
美国	− 7	5 410 620	6 170 528	14.0	21.0	6 135 243	7 017 321	14.4	21.4

《京都议定书》第一承诺期按照"共同但有区别的责任的原则"为附件一国家设定了定量的温室气体减排目标，而没有要求发展中国家制定减排目标。每个附件一国家都有履行其各自减排承诺的义务，同时也允许一体化组织——欧盟在其组织内重新分配减排义务，共同完成整体减排目标。由于基准年的选择和为争取议定书生效而在谈判中的妥协，俄罗斯、乌克兰等部分国家无需作减排努力就可以完成其目标并且有剩余排放配额——"热空气"；加上在碳汇方面对附件一国家的让步以及当时最大温室气体排放国——美国拒绝参加，都导致议定书距离其最初设定目标有所偏离。

5.4 我国减缓温室气体排放的积极行动

5.4.1 我国温室气体排放总量及构成

根据《中华人民共和国气候变化初始国家信息通报》，1994 年我国温室气体排放总量为 40.6 亿吨二氧化碳当量（其中二氧化碳排放量为 30.7 亿吨），扣除碳汇后的净排放量为 36.5 亿吨二氧化碳当量。化石燃料燃烧是我国温室气体最主要的排放源。1994 年，由化石燃料燃烧所引起的二氧化碳排放量为 28.0 亿吨，分别占全国温室气体排放总量和二氧化碳排放总量的 76.7% 和 91.0%。

随着我国经济的快速发展和能源需求的不断增长，我国能源活动对应的二氧化碳排放量也呈增长态势。如图 5−5 所示，从 1994 年到 2002 年，我国的燃料消费量和二氧化碳排放量增长比较缓慢，年增长率分别为 2.6% 和 2.1%[1]。2003 年以来，随着我国经济增长速度的明显加快，我国的燃料消费量呈快速增长态势，年增长率达到 11%。与此同时，能源活动所产生的二氧化碳排放量迅速增加，年增长率达到 10%。

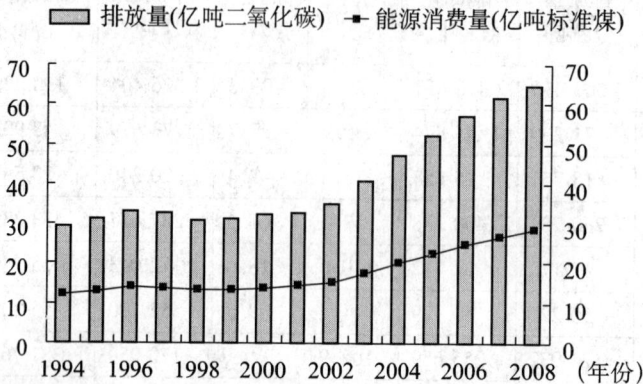

图 5-5 近年来我国能源消费量和二氧化碳排放量变化趋势

数据来源：中国统计年鉴。

据国家统计局的统计结果，2008 年我国能源消费总量为 28.5 亿吨标准煤，其中煤炭、石油和天然气等化石燃料的比重分别为 68.7%、18.7% 和 3.8%，由此估算 2008 年我国化石燃料燃烧的二氧化碳排放量约为 64.5 亿吨[2]。2008 年，美国能源消费量为 35.8 亿吨标准煤，其中煤炭、石油和天然气等化石燃料的比重分别为 22.6%、37.4% 和 24.0%，2008 年美国化石燃料燃烧的二氧化碳排放量约为 59.9 亿吨[3]，低于我国同期的排放水平。此外，我国的钢铁、水泥、化肥等工业产品和谷物、肉类、水果等农副产品的产量，以及臭氧层消耗物质的生产和消费量均居世界第一，这部分的温室气体排放我国高于美国。因此无论从总量还是从主要排放源化石燃料燃烧的排放量看，我国均已超过美国成为全球第一温室气体排放大国。就人均而言，如图 5-6 所示，2008 年我国化石燃料燃烧排放二氧化碳的人均水平为 4.86 吨，高于 4.38 吨的全球平均水平，已经丧失人均排放低的优势。

在经济社会迅速发展的同时，我国的单位国内生产总值能耗强度和单位国内生产总值二氧化碳排放强度呈逐渐下降的趋势。见图 5-7、图 5-8。2005 年和 2008 年，我国万元国内生产总值能耗分别为 1.23 吨标准煤[4] 和 1.07 吨标准煤（按 2005 年价格计算），年均下降 4.5%。我国单位国内生产总值二氧化碳排放量出现同步下降趋势。2005 年和 2008 年，我国万元单位国内生产总值二氧化碳排放量分别为 2.85 吨和 2.42 吨（按 2005 年价格计算），年均下降 5.3%，降幅略高于单位国内生产总值能耗的降幅。

[1] 国家发展改革委能源研究所估算结果。
[2] 国家发展改革委能源研究所估算结果。
[3] 美国能源信息署（EIA）. Annual Energy Review 2008.
[4] 中国能源统计年鉴 2008。

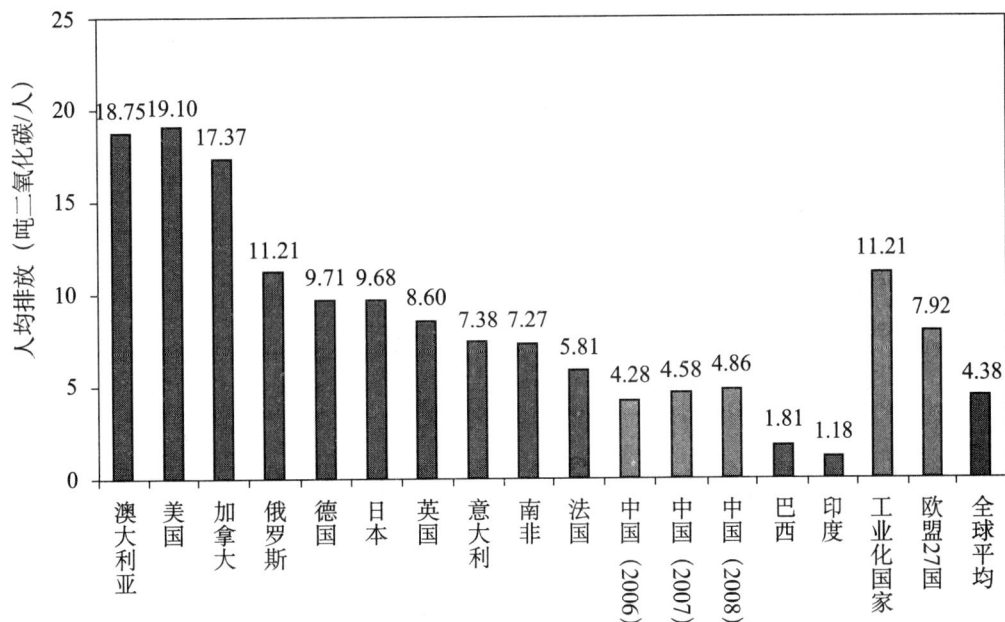

图 5－6 我国人均二氧化碳排放与其他国家（2007 年）比较

数据来源：国际能源署、中国统计年鉴。

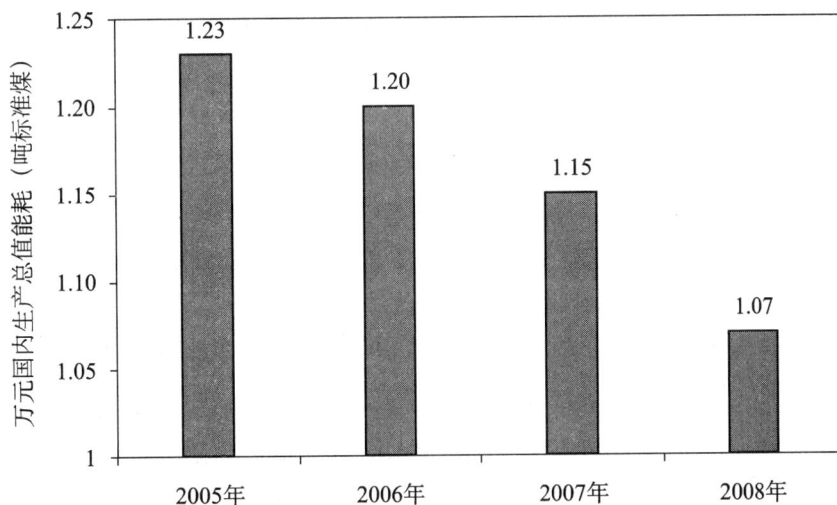

图 5－7 近年来我国平均每万元国内生产总值能源消费量变化

数据来源：中国统计年鉴。

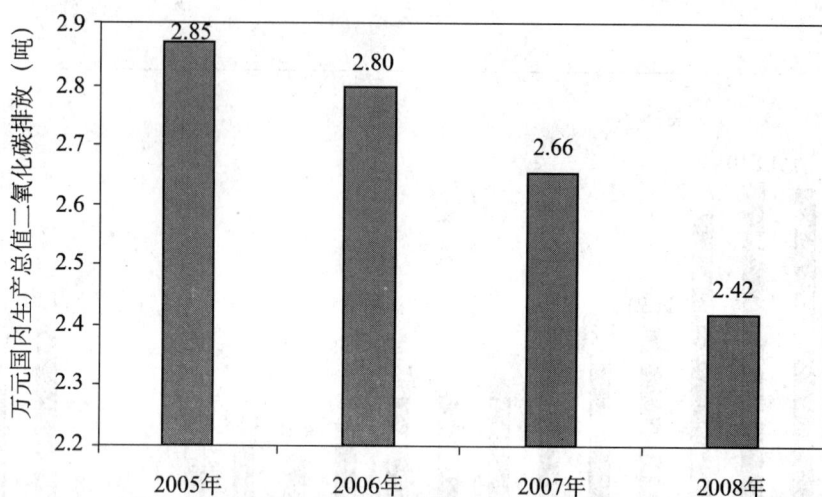

图5-8 近年来我国平均每万元国内生产总值二氧化碳排放量变化

数据来源：中国统计年鉴。

5.4.2 气候变化对我国经济社会和能源发展的挑战

未来我国控制温室气体排放将面临巨大挑战。我国是《联合国气候变化框架公约》及其《京都议定书》的缔约方，温室气体排放量目前已经开始超过美国。随着我国城市化、工业市场化进程的不断加快以及居民用能水平的不断提高，我国在控制温室气体排放方面将面临更加严峻的挑战。如何处理好社会经济发展与应对气候变化之间的关系，将是我国在推进可持续发展进程中一项长期而又艰巨的任务。

1. 对经济社会发展的挑战

我国目前的经济发展水平相对较低。虽然目前经济总量在全世界排名第三位，但人均国内生产总值刚超过3 000美元，不到世界平均水平的1/2，不到日本、美国等发达国家的1/10，即使按世界银行公布的购买力评价计算，目前我国的人均国内生产总值也只基本接近世界平均水平，只有经济合作发展组织（OECD）水平的1/4。按照联合国的标准，还有1.5亿人生活在贫困线以下。主要国家人均国内生产总值比较情况见5-9。

我国正处于从传统农业社会向现代工业社会转变的过程当中，城镇化水平较低。人口城市化发展程度如何，是衡量一个国家现代化水平最重要的标志。目前，全球63亿人口中，有30多亿生活在城市。发达国家的城市化率大多在70%左右，城市化率最低的也在60%以上。美国作为一个地域广阔的大国，其城市化率已经达到了81%。与之相比，我国2008年的城市化率只有45.7%，尚有一半人口生活在农村。我国与发达国家城市化率比较情况见图5-10。

工业化国家的发展历程表明，工业化进程是与二氧化碳排放的快速增长紧密相关的。从工业化国家的历史排放上看，无论是英国、美国、欧盟等先行工业化国家和地区，还是

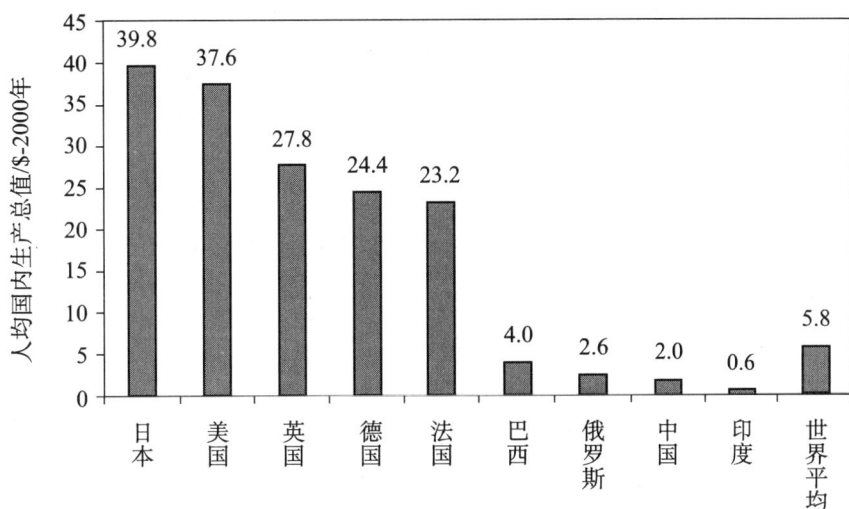

图 5 - 9　主要国家人均国内生产总值比较（按汇率折算）

数据来源：国际能源署、中国统计年鉴。

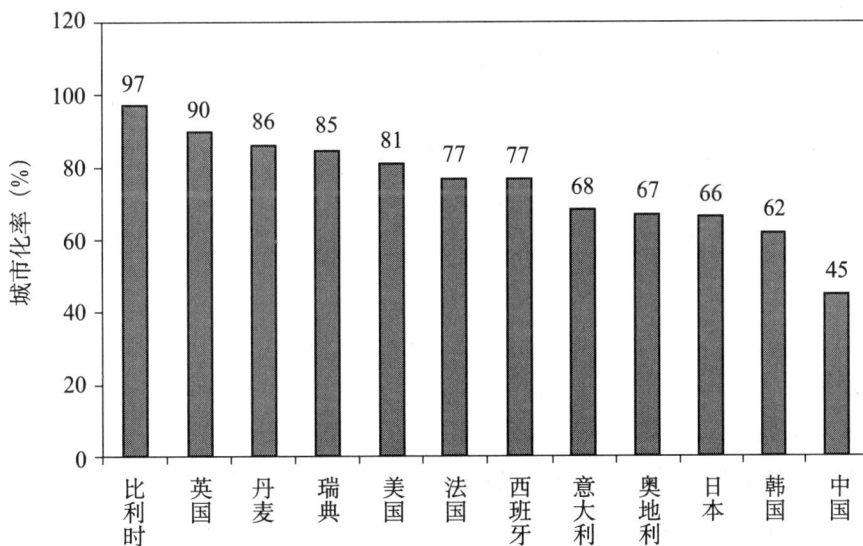

图 5 - 10　我国与发达国家城市化率的比较

数据来源：联合国，世界城市化展望 2007。

日本、韩国等 20 世纪中叶以后才启动工业化进程的国家，其工业化进程都伴随着人均二氧化碳排放的快速增加。尤其是后发工业化国家，其工业化进程比先行工业化国家在时间上大大压缩，其人均二氧化碳排放量的增长速度也更快。

我国经济和社会发展"三步走"战略提出了 2020 年奔小康、2030 年完成工业化和 2050 年进入中等发达国家的行列，到本世纪中叶把我国建设成为富强、民主、文明、和谐的社会主义现代化国家。而我国人口规模、城镇化模式、工业化进程、消费模式、技术进步等阶段性特征，一方面决定了未来我国二氧化碳排放将继续增长的客观要求，另一方面也预示我国未来控制温室气体排放的难度将日益加大。

温室气体长期减排目标的内容也正在国际气候变化谈判进程之中。政府间气候变化专门委员会第四次评估报告中首次将温度升高目标和温室气体浓度目标相结合，提出了对应将温度升高控制在 2 度内的 2020 年以及 2050 年全球温室气体减排的总体目标。尽管国际社会尚未就此总体目标达成共识，但是这些温室气体排放的总体目标将直接关系到发展中国家的未来发展空间，也将影响我国未来发展的排放空间。未来可能存在的温室气体排放量的刚性约束将成为我国经济社会发展面临的重大挑战。

2. 对能源发展的挑战

能源活动导致的温室气体排放是我国温室气体排放的主要来源。随着社会经济发展，能源消费量将呈较强增长趋势。应对气候变化、减少温室气体排放对我国能源发展提出了挑战。

（1）对以煤为主的能源结构提出挑战。我国是世界上少数几个以煤为主的国家，在 2008 年全球一次能源消费构成中，煤炭占 29.2%[1]，美国仅占 24.6%，而我国高达 68.7%。与石油、天然气等燃料相比，单位热量燃煤引起的二氧化碳排放比使用石油、天然气分别高出约 36% 和 61%。2008 年，我国的能源消费量是美国的 87%，而我国的二氧化碳排放量是美国的 1.08 倍，以煤为主的能源结构是造成中美两国二氧化碳排放差异巨大的主要原因之一。由于调整能源结构在一定程度上受到资源结构的制约，提高能源利用效率又面临着技术和资金上的障碍，以煤为主的能源资源和消费结构在未来相当长的一段时间将不会发生根本性的改变，使得我国在降低单位能源的二氧化碳排放强度方面比其他国家面临更大的困难。

（2）对满足持续快速增长的能源需求提出挑战。自然资源是国民经济发展的基础，资源的丰度和组合状况，在很大程度上决定着一个国家的产业结构和经济优势。我国人口基数大，发展水平低，人均资源短缺是制约我国经济发展的长期因素。同时由于我国长期实行的"高投入、高能耗、高污染"的发展模式，使得我国原本相对匮乏的资源面临更多的压力。世界各国的发展历史和趋势表明，人均二氧化碳排放量、商品能源消费量和经济发达水平有明显相关关系。在目前的技术水平下，达到工业化国家的发展水平意味着人均能源消费和二氧化碳排放必然达到较高的水平，世界上目前尚没有既有较高的人均国内生产总值水平又能保持很低人均能源消费量的先例。未来随着我国经济的发展，能源消费和二氧化碳排放量必然还要持续增长，减缓温室气体排放将使我国面临开创新型的、可持续发展模式的挑战。

（3）对我国能源结构调整提出挑战。我国现正处于工业化快速推进的关键阶段，能源基础设施需求大，考虑到能源基础设施建设周期长、服役期长和对能源技术、能源投资具

---

[1] 英国石油公司. 世界能源统计 2009.

有锁定效应的特点，面对气候变化问题带来的新挑战，要求我们从现在开始就要对未来我国能源技术发展的方向进行战略层面的审慎思考，未来二三十年的能源结构需要从现在开始进行战略部署，从现阶段就要对新建燃煤电站、核电站、水电站的数量和规模进行战略规划，要综合考虑经济社会发展对能源的需求和控制温室气体排放对能源的约束，借鉴国际能源发展的趋势，我国近中期的能源技术发展要能够支撑未来二三十年我国能源结构向清洁、高效、低碳方向转移，对我国先进核能技术、大型水电技术、高效清洁煤技术、重大的终端能效技术（交通运输、建筑节能、制造业技术等）和温室气体排放控制的末端治理（例如碳捕获和埋存）技术等影响能源发展战略布局的重大技术提出了现实挑战。

5.4.3　提出碳强度下降目标体现了我国应对气候变化的积极努力

2009 年 11 月 25 日国务院常务会议决定，到 2020 年我国单位国内生产总值二氧化碳排放比 2005 年下降 40%～45%，作为约束性指标纳入"十二五"及其后的国民经济和社会发展中长期规划，并制定相应的国内统计、监测、考核办法。单位国内生产总值二氧化碳排放强度下降目标（以下简称碳强度下降目标）是我国政府本着积极、建设性和对人类社会高度负责的态度，在全面考虑我国国情和发展阶段，社会经济和能源发展趋势，建设资源节约型、环境友好型社会的目标和任务，以及为应对全球气候变化作贡献的基础上，经过反复研究论证制定的。实现这一目标需要付出艰苦卓绝的努力。2009 年 12 月 18 日，温家宝总理在哥本哈根气候变化会议领导人会议上发表的题为"凝聚共识，加强合作，推进应对气候变化历史进程"的重要讲话重申了这一目标，并表示我国政府确定减缓温室气体排放的目标是根据自身国情采取的自主行动，不附加任何条件，不与任何国家的减排目标挂钩。

我国"十五"期间的国内生产总值能源强度呈上升趋势，体现了重化工业阶段共有的规律，代表了我国到 2020 年工业化发展阶段的趋势照常的发展情景。"十一五"以来，我国将应对气候变化与国内可持续发展相结合，以强有力措施大力推进节能减排，扭转了"十五"期间单位国内生产总值能耗持续上升的趋势，节能减排政策措施的成效日益显现。尽管困难很大，但经过各地方各行业的艰苦努力，完成了"十一五"期间单位国内生产总值能耗比 2005 年下降 20% 左右的目标。但随着节能减排和控制单位国内生产总值二氧化碳排放强度目标的推进，节能减排和控制二氧化碳排放强度的边际成本将逐渐增大，这主要是由于近期可供选择的低成本减排技术能提供的节能和减排潜力是有限的，需要统筹考虑我国社会经济的承受能力。在未得到国际资金和技术支持的情况下，继续提高二氧化碳排放强度的下降幅度需要用较昂贵的技术并付出巨大的增量减排成本。因此，将二氧化碳排放下降目标选择在 40%～45% 这个临界区域，对国内来说是尽力而为、量力而行的目标，从国际角度看也合情合理、适当可行。

2020 年比 2005 年国内生产总值的二氧化碳排放强度下降 40%～45% 的目标，涵盖了

"十一五"期间的行动。"十二五"将在延续从"十一五"开始偏离趋势照常情景的基础上，进一步采取强有力措施，实现到 2020 年单位国内生产总值的二氧化碳排放强度比 2005 年下降 40% ~ 45% 的行动目标，即实现从趋势照常情景偏离的目标。如果"十一五"期间单位国内生产总值的二氧化碳强度下降完成 18% ~ 20%，实现 2020 年的目标则要求"十二五"和"十三五"期间单位国内生产总值的二氧化碳强度下降幅度都不低于 18%，考虑到边际成本增大和国内生产总值总量的增加，后两个五年计划期间所需资金投入和每年减排量都要大于"十一五"期间。

我国是发展中国家，与发达国家在历史责任、发展阶段上有根本区别，在应对气候变化领域承担不同义务。根据《气候公约》及其《京都议定书》的要求，按照"共同但有区别的责任"原则，发达国家要承担中期大幅度量化减排指标，发展中国家根据国情采取适当减缓行动。我国提出单位国内生产总值二氧化碳排放强度的自主控制目标，体现了我国为应对气候变化作出的不懈努力和积极贡献，同时也符合《气候公约》中"共同但有区别的责任"原则。

我国提出的单位国内生产总值二氧化碳排放下降目标，是"不掺水"的目标，完全是与能源消费相关的二氧化碳排放，不包括森林碳汇、土地利用等其他活动产生的减排量。"十一五"期间，通过大量淘汰落后产能，关闭小火电、小炼钢、小水泥等措施，促进了实现节能降耗的目标。但随着生产水平的提高和技术改造的深入，"关停并转"困难将越来越大，控制温室气体排放潜力越来越小。同时，就业、社会公正和扶贫等因素将使得节能减排的社会压力增加。据统计，"十一五"期间关停 7 000 多万千瓦小火电，影响约 45 万人就业，这是要由各级政府和劳动者承担的直接社会成本。因此，随着我国经济社会的整体转型，节能减排的经济社会成本日益加大也将对实现此目标形成巨大挑战。

尽管实现单位国内生产总值二氧化碳排放下降目标面临巨大挑战，需要付出巨大代价，我国政府却始终坚持走可持续发展道路，始终采取积极、强有力的措施，控制温室气体排放。这些措施的力度是很多发达国家所不及的。例如，我国"十一五"期间关停小火电 7 000 多万千瓦，相当于英国全国的总装机容量；"十一五"期间，我国为实现单位国内生产总值能源强度下降 20% 左右的节能目标的附加投资超过 1 万亿元。据汇丰银行统计，我国政府应对国际金融危机的投入中用于绿色投资部分占 34%，仅次于韩国居世界第二位。

与我国相比，主要发达国家在 1990—2005 年的 15 年间，单位国内生产总值二氧化碳排放强度仅下降了 26%。根据目前发达国家所承诺的减排目标，若只考虑其与能源相关的二氧化碳的减排，折合成单位国内生产总值二氧化碳排放强度下降目标测算，2005—2020 年，其单位国内生产总值的二氧化碳强度下降为 30% ~ 40%，其中美国下降约 32%，远低于我国提出的 40% ~ 45% 的下降目标。单位国内生产总值二氧化碳强度下降的幅度反映了一个国家单位碳排放所创造的经济效益的改进程度，也反映了一个国家在可持续发展框架下应对气候变化的努力程度和效果。从这种角度分析，我国在工业化过程中作出的努力不仅大大超过了很多发达国家处于相同发展阶段时的措施，也胜于其目前的努力，体现了我国应对气候变化的自觉意识、负责态度和坚定行动。

5.4.4 实现碳强度下降目标是落实科学发展观、实现可持续发展的内在要求

我国正处于工业化和城镇化快速发展阶段，为满足经济社会发展需求，能源消费和相应的二氧化碳排放仍需要合理增长。单位国内生产总值二氧化碳排放下降是我国为应对气候变化采取的国内自主行动，是减缓温室气体排放的积极措施，反映了我国统筹协调经济发展与应对气候变化的关系，在发展过程中减缓二氧化碳排放增长，不断提高单位二氧化碳排放量所对应的经济效益，是新形势下贯彻落实科学发展观、转变经济发展方式和提高经济增长质量的新内容，符合我国国情和发展阶段特征，反映了我国经济社会可持续发展的内在要求。

改革开放以来，我国经济持续高速增长，能源消费量也随之持续增加。为了解决能源短缺问题，能源行业进行了一系列改革，解决了投资瓶颈问题，煤炭行业基本实现了市场化，电力行业实现了投资和运行的多元化，发电领域引入了竞争机制，石油天然气行业进行了企业改制上市，进入了国际竞争领域。能源行业的这些改革使我国能源供应能力大幅度提高，初步解决了能源供应短缺问题。进入 21 世纪以来，我国加入世界贸易组织，我国经济加快了融入经济全球化的进程，能源需求出现了超常增长，能源消费弹性系数从改革开放前 20 年平均 0.4 左右，上升到"十五"后期连续两年大于 1，最高达到 1.6。具体情况见图 5－11、图 5－12。市场化改革的深入，使我国的能源供应增长紧跟需求的拉动，能源和相关的建材、能源装备制造业等高耗能行业成为投资热点。2008 年和 2009 年，我国能源消费量分别达到 29.14 和 30.66 亿吨标煤，比 2000 年 13.85 亿吨标准煤翻一番还多，将原来设想的 2020 年的能源消费量提前了 12 年。

（单位：吨二氧化碳/万元，国内生产总值按2005年价格水平计算）

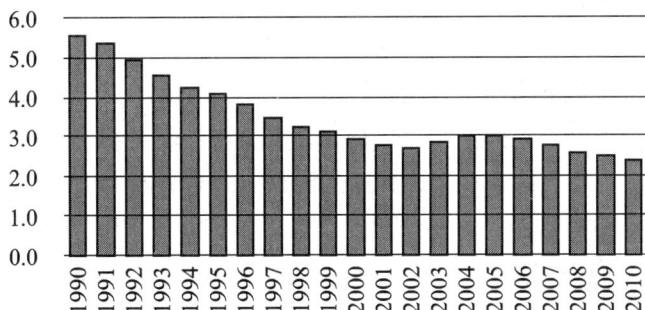

图 5－11　1990—2010 我国单位国内生产总值二氧化碳排放强度变化趋势

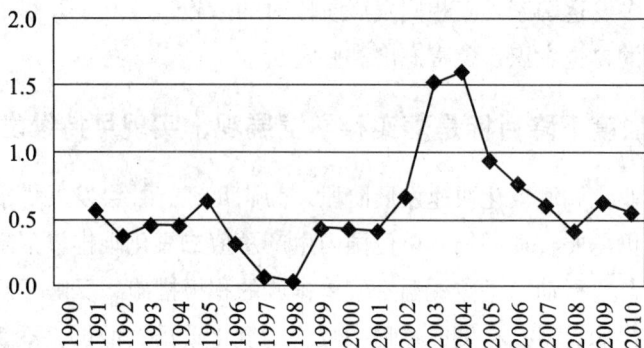

图 5－12　我国能源消费弹性系数变化趋势

由于我国能源结构以煤为主（煤炭占我国一次能源总量的 2/3 以上），而美国的能源结构优于我国（煤炭在其一次能源总量中的比重不到 1/4），我国化石燃料燃烧的二氧化碳排放量已经超过美国，使我国成为全球最大排放国。如果我国的能源消费维持目前每年 2 亿吨标准煤的增速，2020 年将达到 53 亿吨标准煤。按最可行的情况分析，扣除核电、可再生能源（水电、风电、光伏发电、生物质能等）提供约 7 亿吨标准煤，石油和天然气提供约 13 亿吨标准煤的供应量外，剩余的供应缺口 33 亿吨标准煤（相当于 47 亿吨原煤）需要用煤炭来提供，已经远远超出我国煤炭安全生产能力。我国目前这种粗放型经济增长方式必然受到能源资源的严重制约。

此外，环境保护因素成为我国能源发展的基本制约因素。从国内环境保护要求来看，"十一五"期间国家已经提出并实施了二氧化硫和化学需氧量总量减排 10% 的目标，保护和改善生态环境已经成为实践科学发展观的重要内容，要求我们一方面要考虑如何在显著提高能源供应总量的同时，有效控制和尽可能减少能源开发和利用过程的环境负面影响，不但要认真解决在能源加工转换和终端利用过程中的各种污染物排放治理问题，显著降低污染物排放量，还要充分重视在能源开发过程中的环境负面影响问题，必须根据具体地区的环境和生态承载力来考虑各种能源的开发潜力，特别是煤炭合理产能的确定要认真考虑煤炭开采造成的地下水位下降和土地塌陷等生态破坏，以及煤炭安全生产的客观要求和煤炭开采边际成本迅速上升带来的制约。从全球环境保护要求来看，应对气候变化、控制二氧化碳等温室气体排放，已经成为国际环境和国际政治角力的热点问题，正在深刻影响世界能源发展的方向和发展速度。

2009 年 11 月国务院常务会议发布了 40%～45% 的碳强度下降目标，同时提出 2020 年非化石能源在我国一次能源总量中的比重达到 15%，表明应对全球气候变化和控制温室气体排放，也将成为未来我国能源发展的一项最主要制约因素；同时，低碳消费和低碳能源技术的发展将不可避免地成为全球性的新技术革命发展方向，我国能源发展必须提前做好准备，迎接挑战，争取先机。节约能源和提高能效不仅是实现碳强度下降目标的重要途径，也是加快转变经济增长方式的重要着力点。中央提出 40%～45% 碳强度下降目标，是指导未来十年我国经济结构调整、发展方式转型，创建碧水蓝天优美环境、建设生态文明、实现人与自然和谐发展的行动纲领，必将对我国全面建设小康社会和实现"三步走"战略目标产生深远影响。

5.5 应对气候变化的清洁能源发展战略路径

5.5.1 我国在公约及其议定书下的承诺义务分析

根据《气候公约》的基本原则，特别是公平原则和可持续发展原则，考虑到在气候变化问题上发达国家和发展中国家负有"共同但有区别的责任"，《气候公约》要求发达国家应当率先减排，并有义务向发展中国家转让技术和提供资金支持；同时要求发展中国家立足国情，在可持续发展框架下积极采取应对气候变化的政策和措施，增强适应气候变化的能力，并努力控制温室气体排放。在《气候公约》下，我国作为一个发展中国家缔约方，按照《气候公约》的要求，应制定、颁布和实施应对气候变化的国家方案；同时在获得全球环境基金（Global Environmental Facility，GEF）资助的前提下，应定期编制和提交气候变化国家信息通报，其中包括国家温室气体清单。作为履行《气候公约》的重要行动，我国政府已于 2004 年提交了《中华人民共和国气候变化初始国家信息通报》，其中，按照联合国气候公约缔约方大会决议的要求，编制了比较完整的 1994 年国家温室气体清单；2007 年 6 月，我国政府发布了《中国应对气候变化国家方案》，明确了到 2010 年我国应对气候变化的具体目标、基本原则、重点领域及其政策措施。这是我国第一部应对气候变化的政策性文件，也是发展中国家的第一部国家方案。2008 年 10 月，国务院发表了《中国应对气候变化的政策与行动白皮书》，首次写明了我国政府在气候变化问题上的措施和立场。白皮书中最新设定了我国的努力目标，包括承诺 2010 年将单位国内生产总值能耗削减至 2005 年的 80%，抑制温室气体的排放等。2009 年 5 月，我国政府提出了关于哥本哈根气候变化会议的立场文件，阐述了我国关于哥本哈根会议落实巴厘路线图的立场和主张，表明了我国积极、建设性推动哥本哈根会议取得积极成果的意愿和决心。

《京都议定书》是国际社会为落实气候公约而迈出的第一步，其核心内容是为发达国家规定了在 2008—2012 年的第一个承诺期内的具体减排指标，要求发达国家整体在 1990 年基础上减排至少 5.2%，其中要求欧盟减排 8%，美国减排 7%，日本、加拿大减排 6%，俄罗斯与 1990 年持平，澳大利亚增排限制在 8% 以内等等（当然由于美国政府拒绝批准《京都议定书》，美国并未承担具有法律约束力的减排指标，使发达国家的实际减排效果大打折扣）。同时，《京都议定书》规定了三种灵活机制，分别为国际排放贸易、联合履行和清洁发展机制，允许发达国家（以比国内减排成本低的价格）从境外购买减排量额度，用于抵消国内产生的部分排放量。这三种灵活机制中，只有清洁发展机制是发达国家与发展中国家之间开展的温室气体排放权交易，并在项目级上进行。

5.5.2　总体思路

我国经济社会发展正处在重要战略机遇期。未来二三十年将落实节约资源和保护环境的基本国策，发展循环经济，保护生态环境，加快建设资源节约型、环境友好型社会，在能源发展中体现全面贯彻落实科学发展观的要求，重视气候变化对我国能源发展的约束作用，积极应对，促进经济发展与能源、环境相协调。

未来到2030年推进我国清洁能源发展的总体思路是：考虑到国际应对气候变化过程的不确定性，以及我国还要用一二十年才能基本实现工业化，我国应对气候变化也要考虑不同阶段的有区别战略。在今后一二十年内，我国能源战略中应对气候变化的对策要以加大实现双赢措施实施力度为主，辅以为长期限排减排做好技术、经济、体制准备。2030年前，加大科技投入，大力进行试点示范，掌握核心技术，2030年后，实现新能源产业化和规模化。

对既能有利于我国实现能源可持续发展，现在又有技术经济发展优势的措施，例如节能和提高能效，发展有市场竞争力的低碳无碳能源（例如核电、水电、天然气以及太阳能热利用）等，要加快实施，尽量发展。

对一些有较好减排效果，但目前仍然成本高、不具备市场竞争力的能源措施，例如风电和部分可再生能源，应该给以扶持，改善其市场竞争力。但要量力而行，必须认真考虑相应的经济成本，防止盲目性。现阶段这些能源发展的目的不是要作为实质性的能源供应品种来考虑。其发展规模应该从长期战略替代能力的形成出发，要根据其技术经济性能改善的程度，调整发展规模，一旦具备大规模经济有效发展条件，再尽可能加快发展。

一些成本过高、技术还不够成熟的低碳能源，例如太阳能发电，当前的目标仍然是促进技术进步，适当规模示范，以争取降低规模应用的成本，当前还不能不要大规模市场化应用。

对于完全为减排而不具备双赢特点的措施，例如碳封存技术，现阶段应该以科学探讨、掌握技术为目的。其技术经济性能还没有足够的实践支撑，不能轻易列为战略性技术措施。

5.5.3　我国清洁能源发展战略路径

根据气候变化国际谈判形势和国内可持续发展的战略要求，预计经过未来15～20年的发展我国将基本完成工业化，综合考虑我国人均资源量低、必须走新型工业化道路、建设资源节约型和环境友好型社会、建设创新型国家等基本国情和基本发展方略，根据我国提出的自主碳排放强度下降目标以及相应发展非化石能源的目标，对我国一次能源的总量和结构进行适当调整，并在清洁能源发展的技术支撑方面作出相应安排。

为了实现上述目标，需要努力完成好以下任务：

（1）战略性部署。未雨绸缪，从现在开始认真对待二氧化碳排放限制的刚性约束，对未来二三十年的煤、电、油、气、新能源和可再生能源进行科学合理的战略部署。

（2）优化能源结构。落实油、气和核电、水电等清洁能源的发展。逐步改善能源结构，优化煤的使用，是实现能源经济环境可持续发展的根本途径。为此，一方面需要重点开发并使用石油、天然气等较清洁资源；另一方面还要大力发展水电，积极推进核电建设，鼓励发展风能、生物质能等可再生能源。通过清洁多元化的能源利用格局，支持我国未来的经济发展，并降低温室气体排放量。

（3）加快能源技术进步，形成足够的科技支撑能力。解决经济、能源、环境协调发展的问题，关键靠技术。应当密切关注发达国家在应对气候变化时所引导的全球能源技术发展动向，根据我国国情，选择适宜的突破点，努力增加国内能源供应，减少温室气体排放，实现以气候友好、国际领先能源技术为支撑的经济发展格局。

（4）节能和提高能效，合理引导消费。这是缓解能源供应压力的紧迫任务，也是大幅度降低温室气体排放的潜力所在。节能和提高能效的目标是在"十一五"期间实现 2010 年单位国内生产总值能源消耗比"十五"期末降低 20% 左右，在"十二五"期间进一步下降 16%。要从以下几方面推进能源节约：积极调整和优化产业结构；大力开展节能降耗工作；强制淘汰高耗低效的落后生产能力；广泛开展全民节能活动。

积极应对气候变化，到 2020 年实现单位国内生产总值二氧化碳排放强度比 2005 年下降 40%~45%，其中一项措施就是大力发展可再生能源和核能，争取到 2020 年非化石能源占一次能源消费比重达到 15% 左右。为了实现上述目标，预计 2015、2020 和 2030 年，我国一次能源需求总量将分别达到 40 亿、48 亿和 56 亿吨标准煤，其中，按照实物量单位计量，核电和水电、风电、太阳能、生物质能等无碳能源在一次能源总量的比重分别达到 12%、15% 和 18%。核电应在确保安全的前提下加快发展，从 2010 年到 2030 年预计年均增长超过 14%；风电进入加速发展阶段，从 2010 年到 2030 年预计年均增长超过 10%；在保护生态和做好移民安置的基础上坚定不移地发展水电，使水电装机能力持续增长，从 2010 年到 2030 年预计年均增长超过 3%。同时，天然气作为较清洁的化石能源，对居民、商业和工业等终端用煤具有非常好的替代性，也将得到更快发展，预计从 2010 年到 2030 年年均增长超过 6%。

在上述清洁能源发展方案下，与之相对应的 2020 和 2030 年我国化石燃料燃烧的二氧化碳排放总量约为 100 亿和 115 亿吨二氧化碳，其中煤炭排放所占比重呈下降趋势，但仍是最主要的排放源，在 2020、2030 年总排放量中分别占 73% 和 71%。

5.5.4　我国能源清洁发展战略路径的优先顺序

我国经济社会发展正处在重要战略机遇期。未来二三十年将落实节约资源和保护环境的基本国策，发展循环经济，保护生态环境，加快建设资源节约型、环境友好型社会，在能源发展中体现全面贯彻落实科学发展观的要求，重视气候变化对我国能源发展的约束作用，积极应对，促进经济发展与能源、环境相协调。

未来到 2030 年推进我国清洁能源发展的总体思路是：考虑到国际应对气候变化过程的不确定性，以及我国还要用一二十年才能基本实现工业化，我国应对气候变化也要考虑不同阶段的有区别战略。在今后一二十年内，我国能源战略中应对气候变化的对策要以加大实现双赢措施实施力度为主，辅以为长期限排减排做好技术、经济、体制准备。2030 年前，加大科技投入，大力进行试点示范，掌握核心技术，2030 年后，实现新能源产业化和规模化。

（1）对既能有利于我国实现能源可持续发展，现在又有技术经济发展优势的措施，例如节能和提高能效，发展有市场竞争力的低碳无碳能源（例如核电、水电、天然气和太阳能热利用）等，要加快实施，尽量发展。

（2）对一些具有较好减排效果，但目前仍然成本高、不具备市场竞争力的能源措施，例如风电和部分可再生能源，应该给以扶持，改善其市场竞争力。但要量力而行，必须认真考虑相应的经济成本，防止盲目性。现阶段这些能源发展的目的，不是要作为实质性的能源供应品种来考虑。其发展规模应该从长期战略替代能力的形成出发，要根据其技术经济性能改善的程度，调整发展规模，一旦具备大规模经济有效发展条件，再尽可能加快发展。

（3）一些成本过高、技术还不够成熟的低碳能源，例如太阳能发电，当前的目标仍然是促进技术进步，适当规模示范，以争取降低规模应用的成本，当前还不能大规模市场化应用。

（4）对于完全为减排而不具备双赢特点的措施，例如碳捕获和封存技术，现阶段应该以科学探讨、掌握技术为目的。其技术经济性能还没有足够的实践支撑，不能轻易列为战略性技术措施。

1. 节能优先

对能源生产、输送、加工、转换到最终利用的全过程实行节能管理。首选能耗大且节能潜力大的工业、建筑和交通灯主要耗能领域，大力推广先进节能技术。

2. 煤炭洁净高效利用

包括通过提高能效、降低单位终端能源服务的二氧化碳排放量，使高碳能源低碳化；以及大力发展煤电，提高煤炭转化为电力比重等。

3. 优化能源结构

大力发展水电、核电和天然气，努力优化、调整能源结构。

4. 开发新能源

积极有序发展风电、太阳能发电、生物质能等新能源。

其中，从现在开始到2020、2030 年的近中期的战略调整重点是煤炭和石油，战略发展重点是水电、核电和天然气，风电可作为近中期的战略后备重点，要通过发展战略重点实现战略调整重点。太阳能发电、生物质能利用和 CCS 等可作为中长期的战略准备重点，以便为2030 年以后用可再生能源大规模替代化石能源作好战略准备。

复习思考题

一、单项选择题（在备选答案中选择 1 个最佳答案，并把它的标号写在括号内）

1. 《京都议定书》规定的三种灵活机制可以作为发达国家国内减排行动的补充。这三种灵活机制不包括（　　）。

　A. 清洁发展机制　　　　　　　　　B. 国际排放贸易

　C. 二氧化硫排污权交易　　　　　　D. 联合履行

2. 我国政府提出的自主控制碳排放强度的目标是：2020 年单位国内生产总值的二氧化碳排放量比（　　）降低 40% ~ 45% 。

　A. 2010 年　　　　B. 2005 年　　　　C. 2000 年　　　　D. 2015 年

二、多项选择题（在备选答案中有 2 ~ 5 个是正确的，将其全部选出并将它们的标号写在括号内，错选或漏选均不给分）

国际社会经过 20 多年的努力，建立了以（　　）为基础的应对气候变化制度框架。

　A. 《联合国气候变化框架公约》　　　　B. 《蒙特利尔议定书》

　C. 《生物多样性公约》　　　　　　　　D. 《京都议定书》

　E. 《马德里议定书》

三、简答题

1. 为什么工业化国家在气候变化问题上负有主要责任？

2. 气候变化对我国能源发展提出了哪些挑战？

四、论述题

新形势下我国能源如何实现清洁发展？

第6章 排放清单编制方法

▶ **学习目标**

1. 应知道、识记、理解的内容
- 排放源分类方法
- 排放量测算方法
2. 应领会、掌握、应用的内容
- 化石燃料燃烧的主要排放源
- 煤炭生产的甲烷逃逸排放
- 化石燃料燃烧的二氧化碳排放计算
- 化石燃料燃烧的二氧化硫排放计算

▶ **自学时数**

12～16 学时。

▶ **教师导学**

通过学习本章，了解能源活动排放源的分类方法，掌握能源活动重要排放源类型，掌握活动水平、排放因子基本概念，以及排放量测算基本方法。

6.1 排放源界定

6.1.1 能源活动的排放源构成

排放源是指向外界环境排放污染物或温室气体的场所、设备和装置。按照排放物的来源分为天然排放源和人为排放源，前者包括火山、地震、大风等，后者主要是人为活动造成的排放。能源与环境相关工作研究的主要对象是人为排放源，最终目的是控制和减少人为排放源的排放量。

人为排放源有多种分类方法。按照活动功能，可分为工业排放源、农业排放源、交通运输排放源和居民生活排放源等；按照所排放的污染物或温室气体的种类，可分为二氧化硫排放源、粉尘排放源、二氧化碳排放源、甲烷排放源等；按照排放源污染损害的对象，可分为大气排放源、水体排放源和土壤排放源等；按照排放源的空间分布方式，可分为点源、面源等；按照排放源的运动特征，可分为静止源和移动源。

能源的开采、加工转换、输送和利用等能源活动是大气污染物和温室气体排放的主要来源。这些排放包括燃料燃烧时产生的二氧化硫、氮氧化物、二氧化碳、甲烷等的排放，以及煤炭、石油、天然气等开采、加工或输送过程中产生的逃逸排放。

能源活动排放源的分布极为广泛，涉及社会经济活动的各个行业和人们日常生活的诸多领域，并包括所有的能源品种，而且它们各部分之间还存在交叉和衔接的关系。因此，能源活动的排放源构成是一套比较复杂的系统。为避免可能出现的重复计算或漏算，一般把能源活动排放源划分为燃料燃烧活动、燃料逃逸排放、二氧化碳运输和埋存三大类，每大类之下再进一步细分为若干子类，具体见图6-1。所有的能源活动都可以按此系统划分归属到相关的排放源类型。

6.1.2 燃料燃烧

燃料燃烧是能源活动中最主要的排放源，它广泛存在于能源工业、制造业、建筑业、交通运输业和农林牧渔业的生产活动之中。例如，火力发电厂烧煤发电，水泥厂的水泥窑烧煤生产水泥熟料，汽车发动机烧汽油获得驱动力，拖拉机烧柴油耕田等。此外，公共机构、商业、居民等终端消费活动中也存在大量的燃料燃烧排放源。例如，天然气是城市居民和宾馆饭店最主要的炊事用能源，而农村居民则以液化石油气、蜂窝煤和秸秆、薪柴、沼气等作为炊事用能源，它们都以燃料燃烧的方式提供所需的能源服务。

燃料燃烧的排放源既包括静止源，也包括移动源。其中，能源工业、制造业中的排放源是静止源，它们主要集中于各个工业企业，一般为大型点源，单个排放源排放量一般较大；交通运输业中的排放源是移动源，包括公路、铁路、航空、航海和管道输送等多种运输方式；公共机构、商业和居民生活消费中的排放源也是静止源，但分布极为分散，单个排放源排放量很小。农林牧渔业中的排放源则可能既包括静止源也包括移动源，例如机井泵站属于静止源，而拖拉机、渔船等则为移动源。此外，制造业中的厂区内运输也属于移动源，例如在生产车间到成品仓库之间用卡车或者传送带运送货物，大型钢铁厂在厂区内可能修建数十公里长的小火车轨道运送铁水等钢铁生产的中间产品。

燃料在燃烧过程中发生了化学反应从而产生排放。最基本的化学反应就是燃料中的碳、氢、硫、氮等成分与空气中的氧反应而被氧化，生成一氧化碳、二氧化碳、甲烷、水、氮氧化物等多种物质的排放。

6.1.3 燃料逃逸排放

燃料逃逸排放是指在能源的生产、加工转换、输送和使用过程中，由于燃料的挥发、

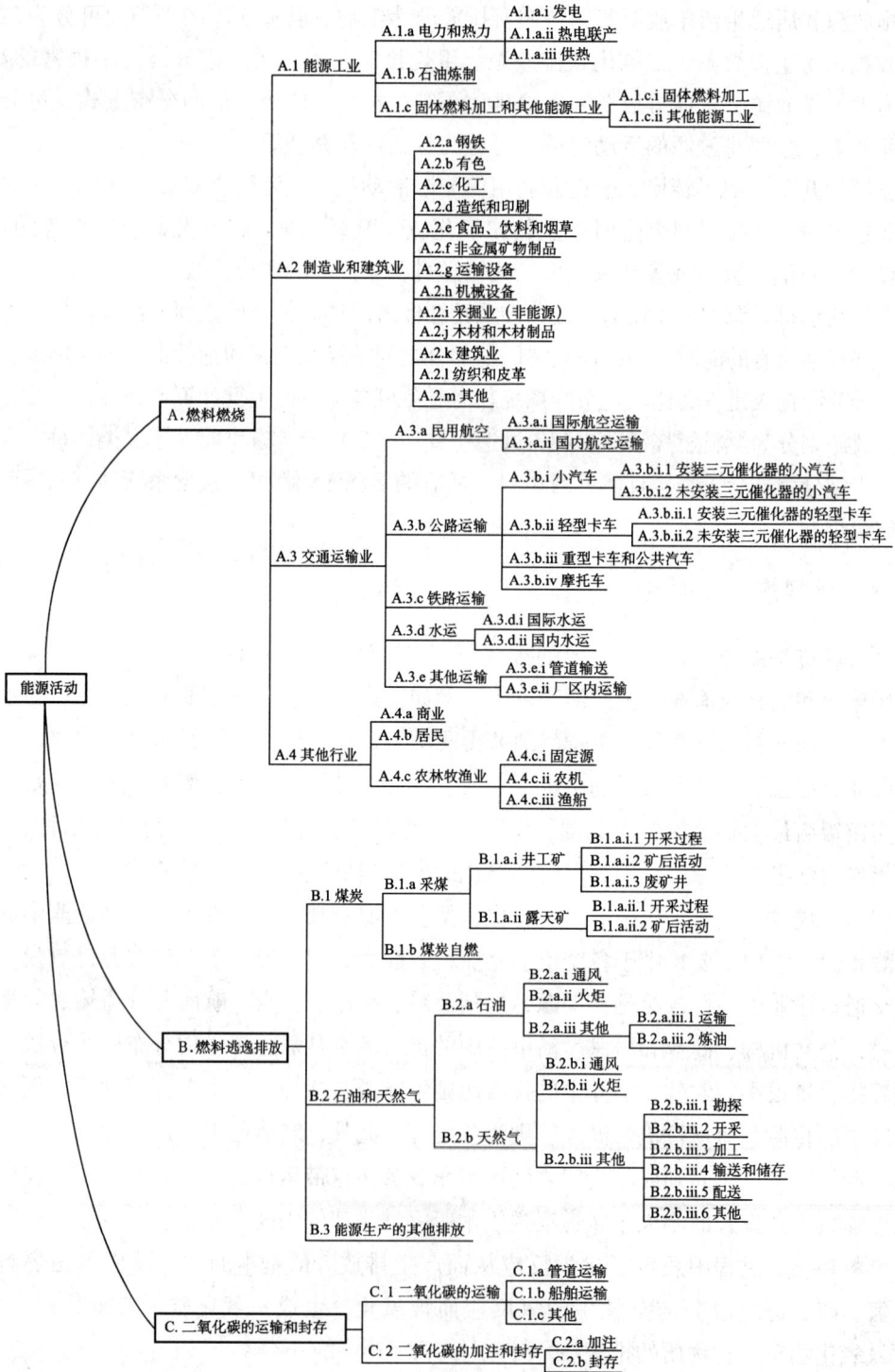

图 6-1　能源活动排放源构成

泄漏等而导致的排放。燃料的逃逸排放主要发生在化石能源的相关活动中，例如采煤过程中的瓦斯排放，液化天然气接收站、城市天然气输送泵站的泄漏排放等。它既可能是静止源，如煤矿、油田、天然气田等；也可能是移动源，如油罐车、大型油轮等。

与燃料燃烧总是伴随着氧化反应而产生排放的情形不同，燃料逃逸排放一般不发生化学变化，因此排放量的测算大多以直接监测的方式进行。

6.1.4　二氧化碳的运输和封存

碳捕集与封存是指将大型发电厂、钢铁厂、化工厂等排放源产生的二氧化碳收集起来，用各种方法储存以避免其排放到大气中的一种技术。它包括二氧化碳捕集、运输以及封存三道环节，可以使单位发电碳排放减少 85% ~ 90%。北京高碑店热电厂二氧化碳捕集试验装置，是我国首个燃煤电厂烟气二氧化碳捕集示范工程，在 2008 年 7 月北京奥运会举办之前建成投产，年回收二氧化碳能力约 3 000 吨。

二氧化碳被捕获后，必须对其进行安全、长期的封存，才能最终完成控制二氧化碳进入大气的工作。地质封存被普遍认为是未来主流的封存方式，其原理是将捕获到的二氧化碳用管道输送到地下深处长期或永久性"填埋"在地质中。在二氧化碳的运输和封存过程中，可能泄漏二氧化碳而产生排放。

1. 运输

捕集到的二氧化碳必须运输到合适的地点进行封存，可以使用汽车、火车、轮船以及管道来进行运输。一般说来，管道是最经济的运输方式。2008 年，美国约有 5800 千米的二氧化碳管道，这些管道大都用以将二氧化碳运输到油田，注入地下油层以提高石油采收率。

2. 封存

二氧化碳封存的方法有许多种，一般说来可分为以下两类。

（1）地质封存。地质封存一般是将超临界状态（气态及液态的混合体）的二氧化碳注入地质结构中，这些地质结构可以是油田、气田、咸水层、无法开采的煤矿等。政府间气候变化专门委员会的研究表明，二氧化碳性质稳定，可以在相当长的时间内被封存。若地质封存点经过谨慎的选择、设计与管理，注入其中的二氧化碳的 99% 都可封存 1 000 年以上。把二氧化碳注入油田或气田用以驱油或驱气，可以提高采收率（可提高 30% ~ 60% 的石油产量）；注入无法开采的煤矿，可以把煤层中的煤层气驱出来，即所谓的提高煤层气采收率。然而，若要封存大量的二氧化碳，最适合的地点是咸水层。咸水层一般在地下深处，富含不适合农业或饮用的咸水，这类地质结构较为常见，同时拥有巨大的封存潜力。不过与油田相比，目前人们对这类地质结构的认识还较为有限。

（2）海洋封存。海洋封存是指将二氧化碳通过轮船或管道运输到深海海底进行封存。然而，这种封存办法也许会对环境造成负面的影响，比如过高的二氧化碳含量将杀死深海的生物，使海水酸化等，此外，封存在海底的二氧化碳也有可能会逃逸到大气当中。

专栏 6-1：北京热电厂二氧化碳捕集试验示范

北京热电厂二氧化碳捕集试验示范工程于 2008 年 7 月建成投产，该项目由华能集团与澳大利亚联邦科学工业研究组织合作开展，采用自主开发的复合胺（MEA）法回收烟气吸收工艺，设计二氧化碳回收率大于 85%，年回收二氧化碳能力为 3 000 吨。

复合胺工艺原理是吸附法，是利用固态吸附剂对原料混合气中的二氧化碳的选择性可逆吸附作用来分离回收二氧化碳。吸附剂在高温（或高压）时吸附二氧化碳，降温（或降压）后解析二氧化碳，通过周期性的温度（或压力）变化，从而使二氧化碳分离出来。目前大量使用的烷醇胺类化合物有单乙醇胺（MEA）。

1. 捕集部分

捕集部分的工艺流程为：吸风机→吸收塔→贫穷液换热器→再生塔→再沸器→再生器冷凝器→再生器分离器。

烟气中的二氧化碳在吸收塔与复合胺反应生成氨基甲酸盐，并被输送至再生塔加热分解还原为复合胺和二氧化碳，复合胺溶液返回吸收塔进行再次吸附，而二氧化碳气体则被输送至精制系统进行提纯精加工。

2. 精制部分

的工艺流程为：缓冲罐→冷却除湿器→二氧化碳原料气压缩机→活性炭过滤器→脱硫塔→分子筛塔→冷凝器→提纯塔→过冷器→二氧化碳储槽→通过充车泵充装。

将捕集回收来的二氧化碳，经加压、除杂、提纯、液化等工序，得到食品级二氧化碳。

6.2　排放量测算方法

6.2.1　基本方法

根据排放机理，测算排放量的基本方法就是用反映排放源有关的人类活动发生程度的信息（称为"活动水平数据"，英文为 Activity Data）与归一化的每一单位活动水平对应的排放量（称为"排放因子"，英文为 Emission Factor）相乘。基本的方程是：

$$排放量 = 活动水平 \times 排放因子$$

例如，为了测算某火电厂的二氧化硫年度排放量，可选择该火电厂的年煤炭消费量作为活动水平数据，相应地，每吨煤炭燃烧所对应的二氧化硫排放量就是排放因子。

《IPCC 国家温室气体清单指南》给出了各种燃料的二氧化碳、甲烷和氧化亚氮的排放因子缺省值，如表 6-1 所示。

表 6 – 1   燃料燃烧的缺省二氧化碳排放因子

燃料类型		缺省碳含量（千克/10^9焦耳）	缺省氧化率因子	二氧化碳排放因子（千克/10^{12}焦耳）		
				缺省值	95% 置信区间	
		A	B	C = A * B * 44/12 * 1 000	较低	较高
原油（Crude Oil）		20.0	1	73 300	71 100	75 500
沥青质矿物燃料（Orimulsion）		21.0	1	77 000	69 300	85 400
液化天然气（Natural Gas Liquids）		17.5	1	64 200	58 300	70 400
汽油（Gasoline）	车用汽油（Motor Gasoline）	18.9	1	69 300	67 500	73 000
	航空汽油（Aviation Gasoline）	19.1	1	70 000	67 500	73 000
	喷气机汽油（Jet Gasoline）	19.1	1	70 000	67 500	73 000
航空煤油（Jet Kerosene）		19.5	1	71 500	69 700	74 400
其他煤油（Other Kerosene）		19.6	1	71 900	70 800	73 700
页岩油（Shale Oil）		20.0	1	73 300	67 800	79 200
汽油/柴油（Gas/Diesel Oil）		20.2	1	74 100	72 600	74 800
燃料油（Residual Fuel Oil）		21.1	1	77 400	75 500	78 800
液化石油气（Liquefied Petroleum Gases）		17.2	1	63 100	61 600	65 600
乙烷（Ethane）		16.8	1	61 600	56 500	68 600
石脑油（Naphtha）		20.0	1	73 300	69 300	76 300
沥青（Bitumen）		22.0	1	80 700	73 000	89 900
润滑油（Lubricants）		20.0	1	73 300	71 900	75 200
石油焦（Petroleum Coke）		26.6	1	97 500	82 900	115 000
炼厂原料（Refinery Feedstocks）		20.0	1	73 300	68 900	76 600
其他油（Other Oil）	炼厂干气（Refinery Gas）	15.7	1	57 600	48 200	69 000
	石蜡（Paraffin Waxes）	20.0	1	73 300	72 200	74 400
	石油溶剂和 SBP（White Spirit & SBP）	20.0	1	73 300	72 200	74 400
其他石油产品（Other Petroleum Products）		20.0	1	73 300	72 200	74 400
无烟煤（Anthracite）		26.8	1	98 300	94 600	101 000
炼焦煤（Coking Coal）		25.8	1	94 600	87 300	101 000
其他烟煤（Other Bituminous Coal）		25.8	1	94 600	89 500	99 700
次烟煤（Sub-Bituminous Coal）		26.2	1	96 100	92 800	100 000

续表

燃料类型		缺省碳含量（千克/10^9焦耳）	缺省氧化率因子	二氧化碳排放因子（千克/10^{12}焦耳）		
				缺省值	95%置信区间	
褐煤（Lignite）		27.6	1	101 000	90 900	115 000
油页岩和焦油沙（Oil Shale and TarSands）		29.1	1	107 000	90 200	125 000
型煤（Brown Coal Briquettes）		26.6	1	97 500	87 300	109 000
专利燃料（Patent Fuel）		26.6	1	97 500	87 300	109 000
焦炭（Coke）	焦炉焦和褐煤焦（Coke oven coke and lignite Coke）	29.2	1	107 000	95 700	119 000
	气化焦（Gas Coke）	29.2	1	107 000	95 700	119 000
煤焦油（Coal Tar）		22.0	1	80 700	68 200	95 300
派生的气体（Derived Gases）	煤气公司煤气（Gas Works Gas）	12.1	1	44 400	37 300	54 100
	焦炉煤气（Coke Oven Gas）	12.1	1	44 400	37 300	54 100
	高炉煤气 4（Blast Furnace Gas）	70.8	1	260 000	219 000	308 000
	转炉煤气（Oxygen Steel Furnace Gas）	49.6	1	182 000	145 000	202 000
天然气		15.3	1	56 100	54 300	58 300
城市废弃物（非生物量比例）		25.0	1	91 700	73 300	121 000
工业废弃物		39.0	1	143 000	110 000	183 000
废油		20.0	1	73 300	72 200	74 400
泥炭		28.9	1	106 000	100 000	108 000
固体生物燃料	木材/木材废弃物	30.5	1	112 000	95 000	132 000
	亚硫酸盐废液（黑液）（Sulphite lyes (black liquor)）	26.0	1	95 300	80 700	110 000
	其他固体生物质能源（Other Primary Solid Biomass）	27.3	1	100 000	84 700	117 000
	木炭（Charcoal）	30.5	1	112 000	95 000	132 000
液体生物燃料	生物汽油（Biogasoline）	19.3	1	70 800	59 800	84 300
	生物柴油（Biodiesels）	19.3	1	70 800	59 800	84 300
	其他液体生物燃料（Other Liquid Biofuels）	21.7	1	79 600	67 100	95 300

续表

燃料类型		缺省碳含量（千克/10^9焦耳）	缺省氧化率因子	二氧化碳排放因子（千克/10^{12}焦耳）		
				缺省值	95%置信区间	
气体生物质能	垃圾填埋气（Landfill Gas）	14.9	1	54 600	46 200	66 000
	污泥气体（Sludge Gas）	19.3	1	70 800	59 800	84 300
	其他生物气体（Other Biogas）	19.3	1	70 800	59 800	84 300
其他非化石燃料	城市废弃物（生物量比例）（Municipal Wastes（biomass fraction））	27.3	1	100 000	84 700	117 000

数据来源：《2006 年 IPCC 国家温室气体清单指南》。

专栏 6 - 2：二氧化硫排放量计算案例

【案例】东风火电厂每年的发电量为 50 亿千瓦时，平均单耗为每千瓦时 340 克标准煤，电厂购进的动力煤的平均含硫量为 2%，如果电厂没有采取任何脱硫措施，一年要排放多少吨二氧化硫？如果安装湿法脱硫设施后脱硫率达到 90%，实际排放的二氧化硫降为多少吨？

【分析】1. 确定活动水平。选择煤炭消费量作为活动水平，以 AD 表示。

$$AD = 50 \times 10^8 \times 340 \times 10^{-6} = 1.7 \times 10^6 \ (tce) = 2.38 \times 10^6 \ (t - coal)$$

2. 确定排放因子。煤炭燃烧时其中的硫分被氧化生成二氧化硫，化学反应方程式及反应物的分子量如下：

$$S + O_2 \rightarrow SO_2$$
$$32 \quad 32 \quad 64$$

排放因子为 1 吨煤对应的二氧化硫排放量，用 EF 表示。

$$EF = 2\% \times 64/32 = 0.04 \ (t - SO_2/t - coal)$$

则没有采取脱硫措施时每年排放的二氧化硫排放量 P_0 为：

$$P_0 = AD \times EF = 2.38 \times 10^6 \times 0.04 = 95\ 200 \ (t - SO_2)$$

当安装湿法脱硫设施后脱硫率达到 90%，则实际的二氧化硫排放量 P_1 为：

$$P_1 = P_0 \times (1 - 90\%) = 95\ 200 \times 10\% = 9\ 520 \ (t - SO_2)$$

6.2.2 测算方法学选择

排放量的测算方法按照测算的详细程度和数据准确性分为不同的层级。"层级"一词对应英文中的"tiers"，层级之间呈递进关系，层级越高，测算越详细，准确性越高，同时对数据的质量和数量的要求也越高。

1. 层级方法一

层级方法一（tier 1）：仅收集排放源的宏观活动水平数据，而排放因子数据则采用权威机构或文献提供的行业平均值或缺省值，然后将活动水平与排放因子相乘得出排放量。

多数情况下，层级方法一是一种无奈之选，适用于无法获得详细数据或者不要求准确测算情况下给出排放量的粗略估算结果。

2. 层级方法二

层级方法二（tier 2）的计算过程也是活动水平与排放因子相乘得到排放量，与层级方法一的区别在于它所采用的活动水平和排放因子都是反映排放源具体情况的数据，特别是排放因子比缺省值或行业平均值更具针对性。

层级方法二可以得到比层级方法一更准确的排放量估算结果，但前提条件是能够获得具体排放源的相关数据。例如，为了测算某种燃煤锅炉二氧化碳和二氧化硫的排放量，需要收集到所使用的煤炭的含碳量、含硫量数据，以及煤炭在其中燃烧时的氧化率数据等。

当排放源的种类多、分布广、差异大时，层级方法二所要求的数据收集工作量会呈几何级数增长，从而加大了实际应用的难度。

3. 层级方法三

层级方法三（tier 3）是针对排放机理比较复杂的排放源而建立专门的数学模型来模拟排放过程，从而通过模型给出排放量测算结果的方法。

层级方法三的应用条件更加苛刻，一般只在特定情况下采用。例如，机动车工作状况不同将直接导致机动车氧化亚氮排放量产生显著差异，其中道路交通拥堵情况对排放强度影响特别大，而道路交通拥堵情况因时间、地点的不同而存在很大差异。为了测算某城市机动车的氧化亚氮排放量，必须在大量调查研究的基础上，建立反映该市机动车构成情况、出行特征、工作日和节假日以及一天不同时段主要道路交通拥堵情况的数学模型，并对各种典型工况下的氮氧化物排放因子进行实测，才能获得比较接近实际排放情况的估算结果。

6.2.3 选择测算方法的五项原则

1. 透明性（Transparency）

要求能够提供估算排放量所采用的活动水平数据来源、排放因子的确定过程及相关背景数据的相关信息。如果采用了模型方法（层级方法三），应对模型机理及相关参数进行充分说明。

2. 一致性（Consistency）

要求对同一个排放源的估算所采用的方法和数据口径在整个时间序列[1]上具有一致性。各个年份的排放数据的一致性必须得到保证，否则将导致基年的排放量和目标年的排放量之间散失可比性，无法评价排放源在该时段的排放变化趋势。

3. 可比性（Comparability）

即应采用获得公认的和通行的科学方法来估算排放量，确保不同国家、不同地区或不同企业的排放量估算结果之间具有可比性。

4. 完整性（Completeness）

要求排放量报告范围要覆盖测算对象的所有可能的排放源，以保证报告信息的完整性。例如，以农作物秸秆为燃料的生物质能发电的排放量估算，应把收集和运输农作物秸秆的交通工具（卡车、拖拉机等）考虑在内。

5. 准确性（Accuracy）

要求基于数据可获得性的实际情况，通过正确选择最适宜的排放量估算方法，得到尽可能准确的估算结果。

6.2.4 排放量测算综合案例

为便于读者直观了解排放量计算基本方法，本章最后通过一个综合性的计算案例，具体说明排放量计算的实际过程。

【案例】通过实地调查，了解到安徽省某企业 2010 年全年共消费煤炭 187 万吨。已知该企业从淮南煤矿购进煤炭，煤质分析数据如下：低位发热量 6100kCal/kg，含碳量为 59.24%，含硫量为 1.21%。该企业安装了脱硫设施，平均脱硫率为 95%；未安装脱硝设施。要求测算该企业 2010 年煤炭燃烧的二氧化碳、二氧化硫和氧化亚氮排放量。

【分析】由于企业提供了煤质分析数据，可以采用含碳量和含硫量数据分别测算二氧化碳和二氧化硫的产生量。氧化亚氮的来源既包括煤炭中的氮含量，也可能包括空气中的氮气，因此不能直接采用煤质分析数据计算，需要借用《IPCC2006 国家温室气体清单指南》表 2.2 中给出的烟煤的 N2O 缺省排放因子 1.5kg/GJ 进行计算，但需要进行必要的单位换算。

【计算过程】

1. 确定活动水平。选择煤炭消费量作为活动水平，以 AD 表示。

$$AD = 1.87 \times 10^6 (t - coal)$$

2. 确定排放因子。煤炭燃烧时其中的碳和硫分别被氧化生成二氧化碳和二氧化硫，

---

[1] 指排放量测算时间段内的各个年份，例如 1990—2010 年的 21 个年份等。

化学反应方程式及反应物的分子量如下：

$$C + O_2 \rightarrow CO_2$$
$$12 \quad 32 \quad 44$$
$$S + O_2 \rightarrow SO_2$$
$$32 \quad 32 \quad 64$$

排放因子为1吨煤对应的二氧化碳、二氧化硫和氮氧化物的排放量。假设煤炭充分燃烧，忽略氧化率的影响（相当于假设氧化率为100%）。用 EF 表示。

$$EF_{CO_2} = 59.24\% \times 44/12 = 2.172(t - CO_2/t - coal)$$

$$EF_{SO_2} = 1.21\% \times 64 * 32 = 0.024\,2(t - SO_2/t - coal)$$

$$EF_{N_2O} = 1.5 \times 10^{-3} \times 6\,100 \times 10^3 \times 4.182 \times 10^3/10^9$$
$$= 0.038\,3(t - N_2O/t - coal)$$

3. 计算产生量。根据活动水平和排放因子，可分别计算出煤炭燃烧时二氧化碳、二氧化硫和氧化亚氮的产生量如下：

$$P_{CO_2} = AD \times EF_{CO_2} = 1.87 \times 10^6 \times 2.172 = 4.062 \times 10^6(t - CO_2)$$

$$P_{SO_2} = AD \times EF_{SO_2} = 1.87 \times 10^6 \times 0.024\,2 = 4.525 \times 10^4(t - SO_2)$$

$$P_{N_2O} = AD \times EF_{N_2O} = 1.87 \times 10^6 \times 0.038\,3 = 7.162 \times 10^4(t - N_2O)$$

4. 进一步考虑减排措施对排放量的影响。当安装湿法脱硫设施后，脱硫率达到95%，则实际的二氧化硫排放量为：

$$P_{SO_2}' = P_{SO_2} \times (1 - 95\%) = 4.525 \times 10^4 \times 5\% = 2.263 \times 10^3(t - SO_2)$$

上述测算结果表明，该企业2010年燃煤187万吨，排放了406.2万吨二氧化碳、2 263吨二氧化硫和7.162万吨氧化亚氮。

复习思考题

一、单项选择题（在备选答案中选择1个最佳答案，并把它的标号写在括号内）

下列因素中，（　　）不会对燃料燃烧的二氧化硫排放造成影响。

A. 燃料的含硫量　　　　　　　　B. 燃料燃烧的氧化率

C. 燃料的低位发热量　　　　　　D. 燃烧设备加装脱硫装置的脱硫率

二、多项选择题（在备选答案中有2~5个是正确的，将其全部选出并将它们的标号写在括号内，错选或漏选均不给分）

选择排放量测算方法应遵循（　　）等原则。

A. 透明性　　　B. 一致性　　　C. 完整性　　　D. 可比性

E. 准确性

三、简答题

天然气的逃逸排放可能发生在哪些环节？

四、论述题

为什么我国的能源结构使我国控制二氧化碳排放面临更大挑战？

五、计算题

北京市民张先生的家距离单位 25 公里，路程比较远而且乘坐公共交通不太方便。除每周 1 天的限行日外，张先生在工作日自驾车上班。张先生的小轿车平均每百公里油耗为 10 升汽油。2010 年张先生的小轿车行驶路程为 1.5 万公里，按平均油耗计算，2010 年张先生的小轿车一共排放多少吨二氧化碳？

第7章 电力行业排放与控制

▶ 学习目标

1. 应知道、识记、理解的内容
- 我国电力行业发展现状
- 电力行业节能减排成效
2. 应领会、掌握、应用的内容
- 我国电力装机构成情况
- 我国电力行业发展特点
- 我国电力行业控制二氧化硫、氮氧化物和烟尘排放取得的成效

▶ 自学时数

4~6 学时。

▶ 教师导学

通过学习本章内容，掌握电力行业大气污染物和温室气体排放特点，了解电力行业主要减排措施及其效果。重点掌握我国电力行业发展特点及控制排放面临的挑战。

7.1 电力行业发展现状

电力工业是国民经济发展的基础产业。近年来，我国电力行业快速发展，装机容量不断增长，技术水平不断提高，进入大机组、大电网、超高压、自动化发展时期。

电力行业是一次能源消费大户和污染物及温室气体排放大户，因而也是国家实施节能减排和控制二氧化碳排放强度的重点领域。目前，我国电煤消耗量约占全国煤炭消费量的50%，二氧化硫排放量约占全国排放量的45%。

7.1.1 电力发展取得新成就

近年来，电力行业电源建设贯彻"优先发展火电，有序发展水电，积极发展核电和大力发展可再生能源发电"的产业发展方针，加快了水电、核电、风电及其他可再生能源的开放利用步伐。火电装机增长速度继续减缓，水电、风电装机增长加快。在关停小火电机组的同时，大容量、高参数、高效率、低能耗、低排放的节能环保型燃煤发电机组得到进一步发展。

自 1882 年诞生以来，我国电力工业经历了三个发展时期。新中国成立前，电力工业发展缓慢，1949 年发电装机容量和发电量仅分别为 185 万千瓦和 43 亿千瓦时，分别居世界第 21 位和第 25 位。新中国成立后，电力工业得到快速发展。1978 年发电装机容量达到 5 712 万千瓦，发电量达到 2 566 亿千瓦时，分别跃居世界第 8 位和第 7 位。改革开放以来，电力工业体制不断改革，改变了单一国家投资体制，实行多家办电、积极合理利用外资和多渠道资金，运用多种电价和鼓励竞争等有效政策的激励，电力工业不断跨上新的台阶。

"十一五"时期是我国电力工业发展史上非常重要的时期。随着国民经济持续快速发展，"十一五"时期电力工业实现了跨越式发展，取得了举世瞩目的成就，电力工业支撑经济社会发展的能力显著增强。5 年间，全国发电装机容量净增 4.5 亿千瓦，为"十五"末发电装机容量的 86.86%，创造了世界电力建设的新纪录。"十一五"末全国 220 千伏及以上输电线路回路长度和变电容量分别比"十五"末增长 75.66% 和 135.99%。年发电量从 2005 年的 24 975 亿千瓦时增加到 2010 年的 42 278 亿千瓦时，以用电量年均 11.1% 的增长支撑了国民经济年均 11.2% 的增长，实现了电力供需的总体平衡。电力结构不断优化升级，清洁能源发电发展迅速。"十一五"期间，全国累计关停小火电机组 7 683 万千瓦，一大批 60 万、100 万千瓦超临界、超超临界高效环保火电机组投产，全国在役火电机组中，30 万千瓦及以上机组的比重由 2005 年的 48.25% 提高到 2010 年的 72.68%，供电煤耗每千瓦时累计下降了 37 克。"十一五"期间，全国水电装机容量净增加 9 867 万千瓦，接近我国水电有史以来前 95 年的总和。并网风电装机容量从 126 万千瓦增加到 2 958 万千瓦，太阳能、生物质能和垃圾发电明显加速。核电发展步伐加快，率先建设世界上首批第三代核电机组，核电在建规模占全球的 40% 以上。

7.1.2 电力生产和供应能力持续加强

最近十年是中华人民共和国成立以来发展最快的时期。2010 年与 2000 年相比，全国发电装机容量由 31 932 万千瓦增加至 96 641 万千瓦，年均增长 11.7%。十年来新增发电装机 6.5 亿千瓦，其中，火电约 4.7 亿千瓦，水电约 1.4 亿千瓦，核电 872 万千瓦。发电量由 13 865 亿千瓦时增加至 42 278 亿千瓦时，平均年增长 11.8%。发电量的增长速度高于国民经济增长速度，电力弹性系数为 1.11。2010 年全国电力装机结构和发电量构成情况分别如图 5 - 1 和图 5 - 2 所示。

单位：万千瓦

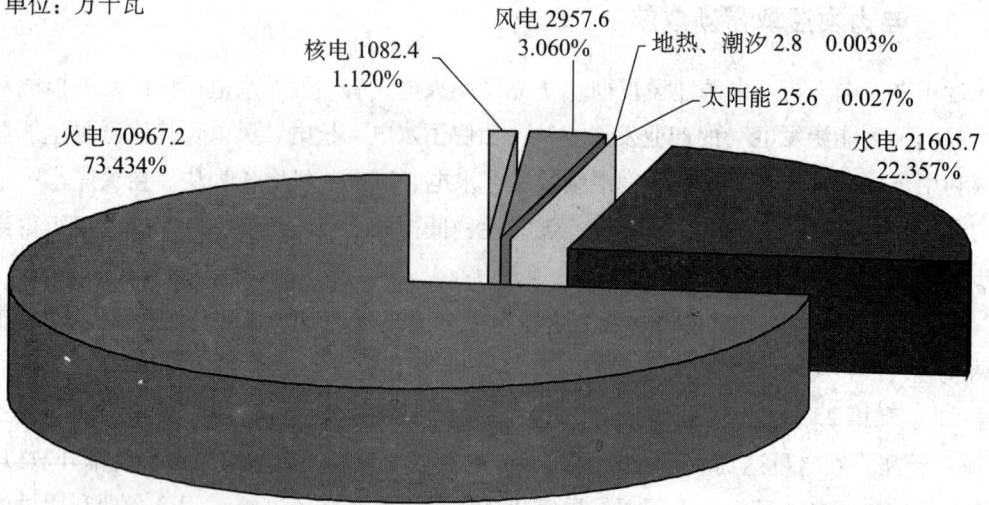

图 7-1 2010 年全国电力装机结构

数据来源：中国电力企业联合会。

单位：万千瓦时

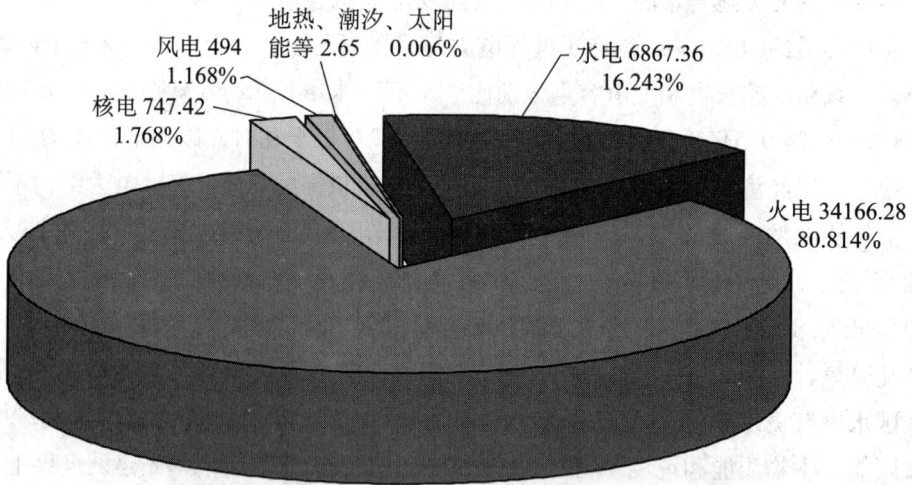

图 7-2 2010 年全国发电量构成

数据来源：中国电力企业联合会。

截至 2010 年底，全国 6 000 万千瓦及以上电厂发电设备容量 93 412 万千瓦，分类型情况见表 7-1。

"十一五"期间，全国电力装机容量连续突破 6 亿千瓦、7 亿千瓦、8 亿千瓦、9 亿千瓦，年均增长 13.32%，快速扭转了"十五"期间全国大范围缺电的局面。在此期间，电源结构调整效果明显，2010 年火电装机容量所占比重比 2005 年降低 2.24 个百分点，风电装机容量年均增长 94.75%。

表 7-1   全国 6 000 万千瓦及以上电厂发电设备容量结构

类　　型	装机容量（万千瓦）
全国	93 412
水电	18 958
火电	70 391
其中　燃煤发电	64 661
燃气发电	2642
燃油发电	878
煤矸石发电	837
余热余压发电	1007
秸秆发电	171
垃圾发电	170
核电	1 082
风电	2 956
其他（主要为光伏发电）	23

数据来源：中国电力企业联合会。

7.1.3 用电结构继续维持工业主导

2010 年，重工业回升带动第二产业用电量，第二产业用电量占全社会用电量比重达到 74.88%，而第三产业和城乡居民生活用电占比仅 10.66% 和 12.13%。2010 年全国电力消费结构见图 7-3。

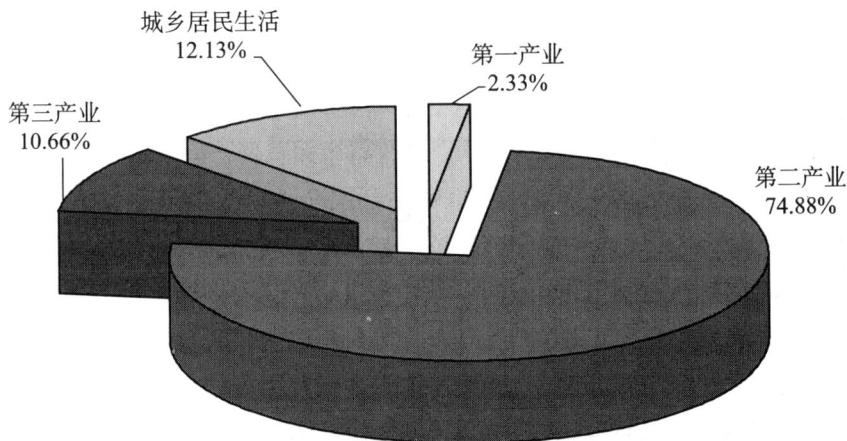

图 7-3 2010 年全国电力消费结构

数据来源：中国电力企业联合会。

"十一五"期间，第一、二、三产业用电量年均分别增长 5.26%、10.99% 和 12.15%，城乡居民生活用电量年均增长 12.51%，高于同期各产业年均增速。城乡居民生活用电量占全社会用电量的比重从 2005 年的 11.4% 持续上升至 2010 年的 12.13%，总体呈上升趋势。工业用电量年均增长 10.92%，略低于全社会用电量增速。化工、建材、钢铁和有色四大行业是最主要的电力消费行业，合计用电量约占全社会用电量的 1/3。

7.2 电力行业减排对策 *

"十一五"期间，电力行业节能减排迈出了新的步伐。截至 2010 年底，全国已投运烟气脱硫机组超过 5.6 亿千瓦，约占全国燃煤机组容量的 86%；已投运延期脱硝机组容量约为 9 000 万千瓦，约占全国燃煤机组容量的 14%；在建、规划（含规划电厂项目）的脱硝工程容量超过 1 亿千瓦。

1. 烟尘

根据《火电厂大气污染排放标准》，第 I、II 时段机组 2010 年起执行新的排放浓度限值。火力发电企业加大了除尘器改造力度，除尘效率显著提高。"十一五"期间，2010 年火电发电量比 2005 年增长近 70%，但电力烟尘排放总量比 2005 年降低了 55.6%。2010 年单位火电发电量烟尘排放因子为 0.5 克/千瓦时，比 2005 年降低约 37.5%。

随着火电厂大气污染排放物标准日趋严格，越来越多的布袋除尘器和电袋式除尘器投运。五大发电集团公司各类型除尘器占其煤电机组比例见表 7-2。

表 7-2　　　　五大发电集团公司各类型除尘器占其煤电机组比例一览表　　　　单位:%

单位名称	电除尘器	袋式除尘器	电袋除尘器
中国华能集团公司	95	3	2
中国大唐集团公司	91	4	5
中国华电集团公司	93	2	5
中国国电集团公司	94	4	2
中国电力投资集团公司	90	5	5

数据来源：中国电力企业联合会。

2. 二氧化硫

"十一五"期间，电力行业通过加大现役火电机组的脱硫改造力度，新建燃煤机组全部配套建设脱硫装置，同时通过充分发挥结构减排、技术及安排、管理及安排的综合减排作用，电力二氧化硫减排量继续下降。根据中国电力企业联合会统计分析，2010 年，全国二氧化硫排放 926 万吨，比 2005 年降低约 29%；电力二氧化硫排放量占全国二氧化硫排放总量的比重由 2005 年的 51.0% 下降到 2010 年的 42.4%，减少 8.6 个百分点；火电二氧化碳排放绩效值由 2005 年的 6.4 克/千瓦时下降到 2010 年的 2.7 克/千瓦时，实现了国家"十一五"规划目标，好于美国 2009 年水平（美国 2009 年为 3.4 克/千瓦时）。与 2005 年相比，2010 年电力二氧化硫排放量下降 374 万吨（全国下降 364 万吨），为完成国家"十一五"规划提出的全国二氧化硫排放量减排 10% 的目标作出积极贡献。

"十一五"期间电力二氧化硫排放控制情况见表 7-3。截至 2010 年底，全国已投运烟气脱硫机组超过 5.6 亿千瓦，约占全国燃煤发电机组的 86%，比美国 2009 年高 36 个百分点。其中，五大发电集团公司投运烟气脱硫机组共计 3.4 亿千瓦，约占全国已投运烟气脱硫机组容量的 60.7%（五大发电集团公司燃煤机组占全国燃煤机组的比例约为 57%，见表 7-4）。"十一五"期间全国新增燃煤机组脱硫装置超过 5 亿千瓦，安装脱硫装置机组的比例较 2005 年提高 72 个百分点。

表 7-3   **"十一五"期间电力二氧化硫排放控制情况**

指标名称	2005 年值	2010 年目标值	2010 年实际值	与 2005 年相比	"十一五"规划目标完成情况	与美国 2009 年相比
电力二氧化硫排放总量（万吨）	1 300	951.7	926	-28.8%	超额完成任务	高 55%
单位火电发电量二氧化硫排放量（克/千瓦时）	6.4	2.7	2.7	-3.7	完成	低 0.7 克/千瓦时
投运火电厂烟气脱硫机组容量（亿千瓦）	0.53	3.55	5.6	增加近 10 倍	超额完成	高 2 倍
脱硫机组占全国燃煤机组容量比例（%）	14		86	提高 72 个百分点		高 36 个百分点

数据来源：中国电力企业联合会。

表 7-4   **2010 年底五大发电集团公司已投运烟气脱硫机组容量情况**

单位名称	烟气脱硫机组容量（万千瓦）	燃煤机组容量（万千瓦）	烟气脱硫机组占燃煤机组的比例（%）
中国华能集团公司	8 651	9 220	93.8
中国大唐集团公司	8 196	8 371	97.9
中国华电集团公司	6 022	6 629	90.8
中国国电集团公司	7 009	7 610	92.1
中国电力投资集团公司	4 501	4 946	91.0
合计	34 379	36 776	93.5

注：表中烟气脱硫机组不含循环流化床锅炉机组。
数据来源：中国电力企业联合会。

截至 2010 年底，在全国已投运的烟气脱硫机组中，30 万千瓦及以上机组约占 86%。石灰石—石膏湿法仍是主要脱硫方法，占 92%，其余脱硫方法中，烟气循环流化床法占 2%，氨法占 2%，其他占 4%。

石膏是湿法脱硫的副产品。2010 年，全国燃煤电厂采用石灰石—石膏湿法烟气脱硫工艺产生的副产品石膏约为 5 230 万吨，2010 年脱硫石膏的综合利用率约为 69%。截至 2010

年底，燃煤电厂脱硫石膏仍有库存近8 000万吨，综合利用力度有待加强。

3. 氮氧化物

新建火电建设项目环境影响报告书审批基本上都要求同步建设延期脱硝装置。根据中国电力企业联合会的统计，截至2010年底，全国已投运烟气脱硝机组容量约9 000万千瓦，约占煤电机组容量的14%；在建、规划（含规划电厂项目）的脱硝工程容量超过1亿千瓦。五大发电集团公司已投运延期脱硝机组情况见表7-5。

表7-5　　　　2010年底五大发电集团公司已投运烟气脱硝机组容量情况

单位名称	烟气脱硝机组容量（万千瓦）	燃煤机组容量（万千瓦）	烟气脱硝机组占燃煤机组的比例（%）
中国华能集团公司	1 646.7	9 220	93.8
中国大唐集团公司	1 080.0	8 371	97.9
中国华电集团公司	631.8	6 629	90.8
中国国电集团公司	386.0	7 610	92.1
中国电力投资集团公司	652.0	4 946	91.0
合计	4 936.5	36 776	93.5

数据来源：中国电力企业联合会。

已投运的延期脱硝机组以新建发电机组为主，且95%以上采用选择性催化还原法（SRC）脱硝工艺技术。由于目前国家尚未出台脱硝电价政策，企业自行消化脱硝成本的积极性不高，脱硝装置投运率较低。但随着国家《十二五规划纲要》明确提出"十二五"期间全国氮氧化物排放量绝对减排10%的控制目标，以及相关配套政策措施的进一步完善，预计"十二五"期间我国火电机组的烟气脱硝率将大幅度提升。

4. 控制二氧化碳排放

电力二氧化碳排放呈现排放总量上升、排放强度逐年下降的特点，反映出电力行业技术进步和发电煤耗逐年降低的趋势。根据初步测算，电力行业通过发展非化石能源发电、降低供电煤耗和线损率等措施，以2005年为基准年，"十一五"期间累计减排二氧化碳约17.4亿吨，成效显著。其中，通过降低供电煤耗累计减排二氧化碳约9亿吨，占51%；通过发展水电累计减排二氧化碳约6.5亿吨，占37%。

电力行业在能源转换过程中的二氧化碳排放约占全国排放总量的50%，是控制二氧化碳排放的关键部门之一。我国正处在工业化、城镇化快速发展的关键阶段，电力需求快速增长，保障电力充足、安全、稳定供应是经济社会发展的客观要求，必须在发展的前提下和发展的过程中解决应对气候变化问题。我国"富煤、缺油、乏气"的资源禀赋条件决定了一次能源结构中以煤为主的状况将长期存在，电力供应以煤电为主的格局短时期内难以发生重大变化。同时，由于我国煤电机组供电煤耗和电网线损率已达到或接近目前国际先进水平，节能减排空间逐步缩小，减排难度加大。电力行业必须提高认识，凝聚共识，共同应对，为实现国家提出的到2020年我国单位国内生产总值二氧化碳排放比2005年下降

40% ~45% 的目标作出贡献。

复习思考题

一、单项选择题（在备选答案中选择 1 个最佳答案，并把它的标号写在括号内）

1. 我国电力装机构成中，（　　）的占比最大。

A. 水电　　　　　　B. 风电　　　　　　C. 煤电　　　　　　D. 核电

2. 我国电力消费结构中，（　　）是最大的电力消费方。

A. 城市居民生活　　B. 第三产业　　　　C. 第二产业　　　　D. 第一产业

二、多项选择题（在备选答案中有 2 ~5 个是正确的，将其全部选出并将它们的标号写在括号内，错选或漏选均不给分）

以下发电形式中，（　　）属于火力发电。

A. 燃气发电　　　　B. 燃油发电　　　　C. 燃煤发电　　　　D. 核燃料发电

E. 秸秆发电

三、简答题

我国目前主要的电厂脱硫方式有哪些？

四、论述题

为了推动电厂脱硝，需要采取哪些主要措施？

第 8 章　钢铁行业排放与控制

▶ **学习目标**

1. 应知道、识记、理解的内容
- 我国钢铁行业发展现状
- 钢铁行业节能减排成效
2. 应领会、掌握、应用的内容
- 我国钢铁行业发展特点
- 我国钢铁行业脱硫、除尘的主要对策及进展

▶ **自学时数**

4～6 学时。

▶ **教师导学**

　　通过学习本章内容，掌握钢铁行业大气污染物和温室气体排放特点，了解钢铁行业主要减排措施及其效果。重点掌握我国钢铁行业发展特点及控制排放面临的挑战。

8.1　钢铁行业发展现状

8.1.1　我国钢铁行业发展现状

1. 钢铁产量增长迅速，产量稳居全球首位

　　钢铁行业是国民经济的基础产业，是一个国家经济水平和综合国力的重要标志。进入 21 世纪，随着我国城市化、工业化进程的不断推进，钢铁行业得到快速发展。特别是"十一五"期间，我国钢铁行业粗钢产量和钢材消费量增长速度大大高于全球平均水平，有力地支持了我国国民经济快速、健康的发展。国家统计局数据显示，2005 年我国粗钢产

量 3.52 亿吨，2007 年达 4.89 亿吨；2008 年尽管受全球金融危机影响产量增长大幅度下滑，但全年产量仍超过了 5 亿吨；2010 年全国粗钢产量达到6.372 3亿吨，比上年增长11.4%。我国粗钢产量已连续多年位居世界第一，且产量超过世界第二到第八的总和。2005—2008 年我国粗钢产量见图 8-1。

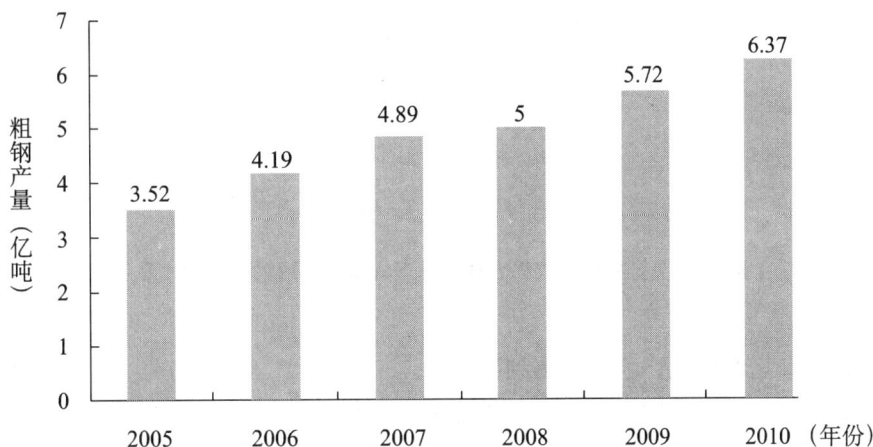

图 8-1　2005—2010 年我国粗钢产量

数据来源：中国统计年鉴。

2. **产品结构不断优化，国产钢材市场占有率不断提高**

钢铁工业产品结构不断得到调整和优化。"十一五"以来，我国钢铁行业大力开发和生产国内相对短缺的钢材品种，钢材品种和质量不断提升，大量取代了进口钢材。长期以来相对短缺的板材产量增长快于长材增长，板带比逐步提高，产品结构不断优化。高技术含量、高附加值品种钢材产量大幅度增加，核心技术取得突破性进展，满足了市场对短缺产品的需求。并且，全行业已基本形成以企业为主体、市场为导向、产学相结合的技术创新和新产品开发工作体系，形成了科研基础设施建设加强、科技投入增加的良好格局。

随着产品质量的提升和产品结构的不断优化，国产钢材的市场竞争力不断提高，钢材进口量呈下降趋势，出口量不断增加，国产钢材市场占有率不断提高，2005 年我国国产钢材市场占有率92%，2009 年提升至96%。

3. **联合重组步伐加快，产业集中度不断提高**

"十一五"期间，我国钢铁企业联合重组取得了突破性进展，一批具有代表性的钢铁企业不断形成，提高了产业集中度，2005 年我国排名前十的钢铁企业粗钢产量占全国粗钢产量的33.60%，2009 年提高至43.5%，年均提高1.6 个百分点。2010 年，随着鞍钢重组攀钢、本钢兼并北台、首钢重组通钢、天津渤海钢铁集团的组建，产业集中度进一步提高。2010 年全行业产粗钢最多的十家钢铁企业集团合计生产粗钢30 473.3万吨，占全国粗钢生产总量的48.43%，比上年提高3.61 个百分点。排名前十钢铁企业粗钢产量占中国粗钢总产量比重情况见图 8-2。

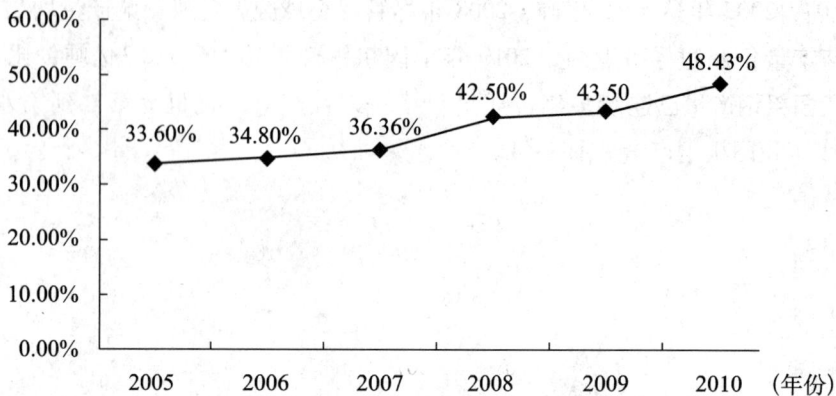

图8-2　排名前十钢铁企业粗钢产量占中国粗钢总产量比重

数据来源：中国钢铁工业年鉴。

4. 钢材出口增幅较大，但势头得到抑制

金融危机后我国钢材出口大幅度萎缩，2009年出口比2008年下降了近6成。2010年钢材出口有较大恢复，全年出口钢材4 256万吨，同比增长73.1%。同期，我国进口钢材1 643万吨，同比下降6.9%。进出口相抵，全年净出口钢材2 613万吨，比上年增长2.76倍，但比2008年下降40%左右。同时，受进口矿价格涨幅过高和国内矿增幅较大影响，2010年进口铁矿石6.2亿吨，同比下降1.4%，铁矿石对外依存度也由2009年的69%下降到63%左右。

5. 能源消耗量快速增长，比重呈上升趋势

钢铁工业属于资源、能源密集型产业，是传统的能耗大户。国家能源局统计数据显示，近十年来，钢铁工业能源消费量占全国总能源消费量的比重一直在12%~15%，单位增加值能耗是全部工业平均水平的3倍以上。快速增长的钢铁产量带来了巨大的能源消耗。"十一五"期间，钢铁行业总能耗从2005年的2.6亿吨标准煤增长到2009年的近4亿吨标准煤（等价值），年均增长10.8%。钢铁行业总能耗占全国总能耗的比重从11.7%上升到13%。2005—2009年钢铁行业能源消耗情况见图8-3。

8.1.2　我国钢铁行业发展趋势

1. 钢铁需求一段时期内依然处于较高水平

我国是一个拥有13亿人口的发展中国家，在未来5~10年内我国仍将处于工业化、城镇化中期阶段的基本态势不会改变，经济发展仍是我国在今后相当长时期内的第一要务。世界主要发达国家的发展史表明，工业化中期阶段是矿产资源和原材料消费增长的加快时期，工业化的进程将带动汽车、家电、基础设施、机械、化工以及城镇化的发展，直接或间接带动了钢材消费，加之我国东、中、西部地区经济发展不平衡，从而决定我国钢材需求仍将会保持在相对较高水平。

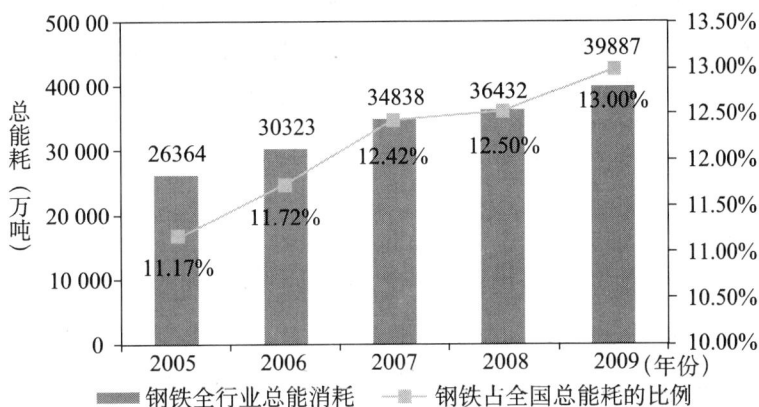

图 8-3 2005—2009 年钢铁行业能源消耗

数据来源：中国能源统计年鉴。

2. 供需矛盾日益突出，控制钢铁产能过剩任务艰巨

近年来，我国钢铁生产保持较高水平，且产品产量始终呈增长趋势。伴随着我国经济结构调整，固定资产投资增速回落，特别是新开工项目的减少，投资方向逐渐向新兴产业转移，我国建筑、机械、造船、汽车等行业由快速增长逐渐进入平稳发展期，国民经济各项指标均显示下游行业需求转弱，钢材消费增长放缓。同时，当前在金融危机冲击之下，世界经济整体复苏乏力，国际市场钢材价格也在走低，钢材出口难度加大，造成国内市场压力不断加大，如不能有效抑制产能释放、放缓生产节奏，市场供需矛盾将会日益突出，控制钢铁产能过剩任务艰巨。

3. 规范铁矿石市场，提高行业利润水平

由于进口铁矿石价格的大幅度上涨，近年来，钢铁企业赢利能力不断下降。钢材价格的上涨远远不及铁矿石价格的上涨幅度。在 2010 年钢铁企业因铁矿石涨价多支付人民币1 900亿元的基础上，2011 年上半年因为矿石价格上涨，钢铁企业又多支付人民币约1 050亿元。而 2011 年行业利润到 5 月份仅为 640 亿元，1—5 月，大中型钢铁企业钢材单位成本上升 20.3%，而同期钢铁企业钢材结算价格平均仅上涨 14.87%。行业利润在向上游行业大幅转移的同时，又因产能巨大，向下游传导成本的能力逐渐缩小，造成近两年钢铁行业利润率一直处于较低水平。行业协（商）会将就进口铁矿石问题加强行业内部协调和自律，规范进口铁矿石市场秩序。此外，应加大国内铁矿资源的勘探力度，合理配置与开发国内铁矿资源，增加资源储备。

4. 整顿市场秩序，合理规划产品布局

经过多年的快速发展，尤其是行业多年来强调的提高板管比，一些传统意义上的高端产品领域，各企业争相投资建设，形成了高水平重复建设局面。由于近几年产能大幅度提高，同质化竞争激烈，部分高端产品面临亏损的尴尬。一些长材产品由于大企业的放弃，

生产能力全部转移到地方小企业，而这部分企业又面临国家政策的限制，生产能力没能适应市场的需求适当增长，造成近几年市场上多次出现板材价格不及长材、大中型钢铁企业竞争不过小企业的尴尬局面。因此，应进一步整顿市场秩序，合理规划产品布局，实现行业最优发展。

5. 继续推进节能减排工作

节能减排是钢铁行业长期推进的一项重点工作。"十一五"时期，我国钢铁领域节能降耗取得了较大进展，单位国内生产总值能耗、吨钢耗新水量、污染物排放等持续下降，为国家实现"十一五"节能减排目标作出了突出贡献。随着我国对节能减排工作的进一步重视，特别是加强了对二氧化碳排放强度下降的控制力度，钢铁行业需继续采取措施努力降低能源消耗，减少化学需要量以及二氧化硫、烟尘、粉尘、二氧化碳等的排放。

8.2 钢铁行业减排对策[*]

8.2.1 钢铁行业主要减排措施

我国钢铁行业减排的主要发展方向是节能降耗和保护环境，主要措施包括以下七项。

1. 淘汰落后生产能力

钢铁工业中落后装备大量存在，小焦炉、小高炉、小转炉、小电炉、落后轧机仍占有相当大的比例。2005 年，我国有 300 立方米以下小高炉 700 座，产能近 1 亿吨，占总产能的比重约为 26.5%；落后炼钢产能约 5 500 万吨，占总产能的比重为 10.64%。这些设备容量小、效率低、污染重，单位能耗通常要比大型设备多 10% ~ 15%，物耗高 7% ~ 10%，水耗多 1 倍左右，二氧化硫排放多 3 倍以上。特别是 300 立方米以下小高炉、20 吨以下小转炉、小电炉等落后装备，能耗高、污染物排放大，总能耗与国际先进水平差距达 50% 左右，污染物排放也未得到有效控制。落后产能比例高、产能量大，是造成钢铁行业总能耗高、污染物排放总量大的重要原因。2007 年国务院召开的钢铁工业关停和淘汰落后产能工作会议上提出"十一五"淘汰落后炼铁能力 1 亿吨、炼钢能力 5 500 万吨。"十一五"期间，全国共淘汰落后炼铁产能 1.2 亿吨、炼钢产能 7 200 万吨。加快淘汰落后产能仍是实现钢铁工业低碳发展的一项十分重要的措施。

2. 实行设备大型化

我国钢铁企业总体发展不均衡，设备规模参差不齐。与大型装备相比，小型设备环保设施缺乏，导致粉尘、二氧化硫等污染物排放量大，环境污染严重；一次能源消耗量大，且二次能源回收利用率低。"十一五"期间，钢铁行业装备大型化有了长足进步，据中国钢铁工业协会统计，2009 年底，拥有 456 台烧结机，大于 180 平方米有 135 台，4 年时间 180 平方米以上烧结机增加了 85 台；拥有高炉 560 座，其中大于 1 000 立方米有 189 座，比 2005 年增加了 110%；拥有转炉 689 座，大于 100 吨有 197 座。虽然装备大型化方面有了进展，但与装备总数相比，所占比例依然不高。在冶金生产装备大型化方面，钢铁行业还有较大的差距。实行设备大型化，也是实现钢铁工业节能减排的一项重要措施。

3. 企业兼并重组、规模化发展，提高产业集中度

2009 年国务院出台的《钢铁产业振兴规划》中特别指出要"发挥大集团的带动作用，推进企业联合重组，培育具有国际竞争力的大型和特大型钢铁集团，优化产业布局，提高集中度"。

目前我国钢铁行业的跨地区整合进展仍比较缓慢，目前的工作主要放在省内的整合上，通过省内大型企业并购中小型企业，淘汰落后产能，降低生产成本。然后促成大型钢铁企业的联合，在此基础上推进跨省区的钢铁企业的重组，将各个企业的优势加总提升到地区资源、技术等优势的融合，使地区的布局更合理化，带动企业在原材料采购、技术研发、经营管理和销售渠道上的成本降低，从根本上提高钢铁企业的竞争力。

4. 推广和应用重点节能技术

能源密集、能源消耗大是钢铁冶金生产的主要特点，其温室气体排放有 90% 以上是来自化石燃料的燃烧。因此，推广节能技术、提高能源利用率特别是二次能源利用率是钢铁行业低碳发展的重要途径。"十一五"期间，钢铁行业重点推广了几项重大的节能减排技术，如干熄焦装置（CDQ）、大型高炉配套炉顶压差发电装置（TRT）、系统采用全连铸、溅渣护炉技术、低热值煤气联合循环发电（CCPP）、烧结余热回收利用、副产煤气回收利用、蓄热式燃烧技术等。截至 2009 年底，仅重点大中型钢铁企业就拥有各类机械化焦炉约 340 座，已配备 89 套干熄焦装置，干熄焦率 70%，比 2005 年提高了 45%。2 000 立方米以上高炉 TRT 配备率 100%，1 000 立方米以上高炉 TRT 配备率达到 96.3%，转炉煤气回收量每吨由 2005 年 50 立方米钢提高到 2009 年的 88 立方米。通过推广，节能技术得到了一定的应用，取得了良好的节能减排效果。

5. 发展循环经济

钢铁工业循环经济发展就是通过资源和能源的总体优化配置，使物质和能量得到多级利用和高效产出，从而使钢铁工业实现可持续发展，进而建设以钢铁工业为主要环节的、具有高效经济过程及和谐生态功能的网络型工业系统，达到整体社会资源和能源使用效率最大化，污染物排放量最小化，同时获得最佳经济效益、社会效益和环境效益。这是适合钢铁工业低碳发展及可持续发展的有效模式。

6. 加强水污染防治

为充分回收利用水资源，钢铁企业普遍实现了清浊分流，建立起污水厂级、区域级和公司级三级水处理与回收循环水模式。一是各生产单元产生的废水首先在生产单元内部处理后循环利用，如炼铁和炼钢生产单元处理后排出的废水首先考虑本系统串接使用；二是无法实现生产单元内部循环使用的污水，就近实施区域集中处理和使用，如几个轧钢厂之间的废水循环使用；三是建设集中污水处理厂，将各生产工序和区域无法处理或无法实现

区域循环利用的污水进行集中净化处理，处理达标后作为绿化及工业补充水，不仅减少污水排放，提高水循环利用率，而且大幅度减少了新水用量。

7. 控制烟尘、粉尘及二氧化硫排放

钢铁行业是我国二氧化硫第二排放大户，而烧结球团烟气产生的二氧化硫占钢铁企业排放总量的70%以上。近年来，随着火电厂脱硫设施的不断上马和完善，火电企业二氧化硫排放下降趋势显著。钢铁行业已经成为继火电后二氧化硫治理的又一重点领域。"十一五"期间，部分钢铁企业已经上马烧结机烟气脱硫装置，取得了有效的减排效果。当前，烧结机脱硫仍处于起步和发展阶段，"十二五"时期有望迎来烧结机脱硫的"辉煌期"。《"十二五"节能减排综合性工作方案》明确要求：钢铁行业全面实施烧结机烟气脱硫，新建烧结机配套安装脱硫脱硝设施。

钢铁行业烟尘、粉尘的大量排放同样对大气环境造成巨大的污染。通过开发、推广应用新技术，例如高炉煤气干事布袋除尘技术、转炉干法除尘技术、大型袋式除尘技术等，钢铁行业烟尘、粉尘的排放得到了有效的控制。

8.2.2 创新模式助力烧结机脱硫—BOO

烧结机烟气脱硫 BOO 模式（Building-Owning-Operation，建设、拥有、运营）是一种全新的市场化运行模式，即由脱硫公司投资并承担工程的设计、建设、运行、维护、培训等工作，由担负脱硫任务的企业按照每月烧结矿产量支付运营单位脱硫和系统使用费。但如果脱硫公司不能保证污染物达标排放，不但拿不到运营费，还要承担环保部门相应的经济处罚，并支付一定数额的违约金。此模式将脱硫项目实施风险全部转嫁于脱硫公司，为钢铁企业提供了一种全新的、低风险的商务模式。

山东省某钢铁有限公司于 2010 年 9 月在全国率先采用 BOO 模式对企业 $2 \times 360m^2$ 烧结机实施烟气脱硫治理，由项目承包单位对设施进行投资、设计、建设、运营及维护，项目投产后，脱硫效果显著，外排烟气二氧化硫浓度低于 100 毫克/立方米，2010 年第四季度减排二氧化硫3 000多吨。经论证，BOO 模式不仅能降低和消除企业的投资风险，而且还提供了烧结机烟气脱硫工程新的融资模式，并通过对技术方案、工程设计和运营等多方面的优化，从技术上保证废气污染物达标排放和副产物的资源化处置。该项目投资模式和运行机制上的创新，有利于加快推进脱硫事业的快速发展，是降低环保部门末端管理排污企业压力的重大举措。

此外，BOO 模式有利于促进烧结机脱硫技术的进步及设施能耗的下降。首先，在该模式下，项目承包方的利益主要来源于污染物的有效防治，若排放不达标，钢铁企业有权利拒绝支付脱硫费用，因此，确保项目稳定达标运行是项目承包方获得利润的前提，如何选择最为有效的脱硫技术将成为脱硫企业研究的重点。其次，为提高经济效益，项目承包方主要通过节能及管理手段降低成本，例如提高脱硫剂的利用水平、降低设施能耗及水耗、提高设施运行效率、加强资源综合利用率等，在利益的驱动下，脱硫企业将进一步提高主

观能动性,不断优化设施,降低能耗及污染物排放,促进烧结机脱硫行业的发展,同时为钢铁行业节能减排作出贡献。

复习思考题

一、单项选择题（在备选答案中选择 1 个最佳答案,并把它的标号写在括号内）

2010 年我国粗钢产量达到 6.372 3 亿吨,据世界（　　）位。

A. 第一　　　　　　　B. 第二　　　　　　　C. 第三　　　　　　　D. 第四

二、多项选择题（在备选答案中有 2～5 个是正确的,将其全部选出并将它们的标号写在括号内,错选或漏选均不给分）

"十一五"期间我国加大了钢铁行业淘汰落后产能的力度,一大批（　　）落后产能被强制淘汰。

A. 小焦炉　　　　　B. 落后轧机　　　　　C. 小锅炉　　　　　D. 小高炉

E. 小立窑

三、简答题

我国钢铁行业节能减排的主要措施包括哪些方面?

四、论述题

钢铁生产工艺流程较长,在哪些环节存在节能机会?

第9章 建材行业排放与控制

▶ **学习目标**

1. 应知道、识记、理解的内容
- 我国建材行业发展现状
- 建材行业节能减排成效
2. 应领会、掌握、应用的内容
- 我国建材行业能源消费特点
- 我国水泥生产节能减排的主要对策

▶ **自学时数**

4~6 学时。

▶ **教师导学**

通过学习本章内容，掌握建材行业大气污染物和温室气体排放特点，了解建材行业主要减排措施及其效果。

9.1 建材行业发展现状

9.1.1 建材行业发展现状

建材包括建筑材料及制品、非金属矿物材料、无机非金属新材料三大部分，约有80多类、1 400多个品种。建筑材料及制品包括水泥及水泥制品、平板玻璃及加工玻璃、建筑卫生陶瓷和新型建筑材料等；非金属矿物材料包括石灰石、硅质原料、装饰石材、建筑石料、黏土及其他土砂石、石墨、石膏、滑石、石棉、云母、萤石等矿产及矿物加工制品等；无机非金属新材料包括玻璃纤维与特种纤维、玻璃钢与高性能复合材料、特种玻璃、人工晶体、特种陶瓷、特种密封材料、特种胶凝材料和隔热材料等。

1. 我国建材行业总体情况

改革开放以来，国民经济高速发展，国内建材市场需求不断增长，加之建材出口量不断扩大，拉动建材工业快速发展。目前，水泥、平板玻璃、建筑卫生陶瓷的产量已多年稳居世界第一，全球近一半的水泥、平板玻璃和建筑陶瓷都在我国生产。根据国家统计局数据，2010 年，我国建材产量再创新高，水泥总产量达 18.82 亿吨，其中，江苏、山东、四川、河北、广东、河南和浙江省水泥产量超过 1 亿吨；平板玻璃产量达 66 331 万重箱。2000—2010 年我国建材主要产品产量情况见表 9 - 1。

表 9 - 1　　　　　　　　　2000—2010 年我国建材主要产品产量

年份	水泥（万吨）	平板玻璃（万重箱）	建筑陶瓷（万平方米）
2000	58 159	17 708	182 143
2001	62 090	20 364	181 044
2002	70 472	22 801	186 853
2003	81 319	25 243	238 832
2004	97 000	30 058	296 000
2005	106 400	35 745	301 000
2006	120 412	43 865	502 400
2007	136 000	53 918	560 032
2008	139 942	57 423	618 515
2009	164 398	58 574	687 855
2010	188 191	66 331	—

数据来源：中国统计年鉴 2011。

在技术装备层面，我国全面掌握了大型新型干法水泥、大型浮法玻璃、大型玻纤池窑拉丝等先进生产工艺技术，主要产品、技术和装备已达到或接近国际先进技术水平，并具备了成套装备的生产制造能力。随着新技术、新工艺的应用，建材行业主要产品品种的结构得到不断优化，新型干法水泥、浮法玻璃比重逐年上升；玻璃新品种不断发展，如 Low—E 玻璃、自洁玻璃、超白玻璃、电子工业用超薄玻璃、压延法微晶玻璃及真空玻璃等。当前，优质浮法玻璃占浮法玻璃总量的比例约达 30%，平板玻璃深加工率超过 30%。

建材工业是国民经济重要的原材料工业，也是资源、能源依赖型原材料工业。建材工业的总能耗仅次于冶金和化工，居工业部门第三位。与此同时，建材行业工业窑炉数量占全国工业窑炉总量的 40% 以上，废气排放量在全行业也处于较高水平，因此，建材工业是我国推进节能减排工作的重点领域。

2. 建材行业运行现状

2010 年，在宏观经济向好趋势的带动下，建材工业生产及主要产品产量较快增长，出口额超过金融危机爆发前水平，销售收入增幅较大，经济效益稳步增长。2010 年，建材工业销售产值（现价）为3.6万亿元，同比增长33.37%，其中，水泥制造业7 475万元，同比增长25.9%；玻璃及制品业为4 972.73亿元，同比增长35.91%。建材工业完成销售收入3.2万亿元，同比增长34.4%；实现利润总额将超过2 100亿元，同比增长28.6%。规模以上建材工业增加值增长速度按可比价格计算为20%。

固定资产投资趋稳。2010年建材工业固定资产投资完成额同比增长速度已经从年初的40%回落到年末的23%，历经3年的高速扩张，建材工业的投资规模已经趋向高水平上的稳定。

节能降耗、淘汰落后成效显著。建材工业万元工业增加值综合能耗降到3.3吨标准煤。近700条新型干法水泥生产线建设了余热发电系统，有10家玻璃企业生产线余热发电系统投入运营。2010年淘汰水泥落后产能1.07亿吨，淘汰玻璃落后产能994万重量箱。"十一五"期间累计淘汰落后水泥产能3.7亿吨、落后玻璃产能6 000万重量箱。能效水平显著提高，玻璃纤维增强塑料、建筑用石、云母和石棉制品、隔热隔音材料、防水材料、土砂石开采、技术玻璃、水泥制品等行业万元工业增加值综合能耗低于国内生产总值综合能耗。

结构调整取得新的进展。行业结构优化，低能耗高附加值产业快速发展，建材工业中低能耗行业增加值比重将达到42%；水泥平板玻璃生产工艺结构优化，新型干法水泥产量比重达到80%，浮法玻璃工艺比例提高到86%；企业组织结构优化，前60家水泥企业熟料产量已经占总产量的半数以上，前20家水泥企业年熟料生产能力达到45%，大型企业集团平板玻璃产量占全国总量的73%，大中型技术玻璃企业生产量占技术玻璃生产总量的72%。

9.1.2　建材行业发展趋势

作为国民经济发展所必需的基础原材料，建材行业的发展环境在很大程度上取决于国内外经济的发展形势，目前我国建材行业面临的形势十分复杂，既有积极有利的一面，也存在着许多不利因素。从国际环境看，世界经济的平稳回升，使国内建材行业面临的形势有所好转，建材商品出口的较快增长从一定程度上拉动了建材行业产。从国内环境看，国家继续实施积极的财政政策和适度宽松的货币政策，扩大内需和改善民生的政策效应将继续发挥，特别是国家为抵御金融危机的影响，出台了4万亿元的投资刺激经济保持稳定增长，以及灾后重建工作的不断深入，建材市场需要巨大，对建材行业特别是水泥行业形成了强有力的支撑。这些都将为建材行业的平稳发展创造有利条件。但同时由于国际金融危机的影响还远未消除，未来世界经济增长也还存在较大的不确定性，各种形式的贸易保护主义不断升级，特别是针对我国出口产品的贸易摩擦明显增多，加之国内经济回升的基础还不稳固，严格控制新上项目、抑制产能过剩和重复建设的政策约束，以及通货膨胀预期不断增强，建材行业发展继续保持平稳增长的压力依然存在。

从发展阶段来看，2003年以来我国正在处于工业化、城市化加速的历史阶段，国际经验表明这一阶段是建材消费的快速增长阶段，对资源和能源的消耗持续增大。随着我国城市化率的进一步提高和经济总量的不断扩大，资源和能源需要将在较长时间保持稳定增长。因此，建材行业将在未来较长的一段时间内保持稳定的增长，其中水泥消费量仍持续攀升。另外，我国建材工业总体高消耗、高排放、低循环和低效率的粗放增长方式并没有根本性的改变，资源消耗高，环境压力大。未来国民经济的增长将更多地依靠消费需求的增长，投资也更多地转向自主创新能力的建设上，整体上国民经济增长对建材的消耗水平将逐渐下降。未来建材行业将加快结构调整的步伐，调整生产技术结构，行业增速将有所下降。

9.2　建材行业减排对策[*]

9.2.1　建材行业主要减排措施

建材工业污染物的产生主要来源于窑炉煅烧过程，各建材产品的污染物类型基本相同，主要为二氧化硫、工业废气、粉尘、烟尘、氮氧化物、二氧化碳、废水以及少量的氟化物等。为有效控制污染物排放，实现既定减排目标，建材行业主要通过以下几方面措施加以落实。

1. 淘汰落后产能，加大产业结构调整力度

《水泥工业发展专项规划》提出，到 2010 年新型干法水泥比重达到 70%，这意味着"十一五"期间必须至少淘汰落后水泥产能 2.5 亿吨。为完成淘汰落后产能的既定目标，各地区加大淘汰落后产能的调控力度，鼓励企业上马新型干法水泥生产线，2010 年，全国新型干法水泥比重达到 80%，"十一五"时期，我国共淘汰落后水泥生产能力 3.7 亿吨，超额完成淘汰落后任务。

建材行业的产业结构调整按照"总量控制、合理布局、淘汰落后、发展先进"的原则进行，市场和行政手段双管齐下，加大淘汰落后生产工艺的力度，预计"十二五"期间将进一步淘汰落后水泥生产能力 3 亿吨，全部淘汰平拉法普通平板玻璃生产能力，基本完成淘汰落后的任务，同时在产业发展规划的指导下，有序发展先进生产工艺。彻底淘汰落后产能是实现建材行业结构调整、走低碳之路的前提条件。

2. 全面推广建材行业余热利用

纯低温余热发电站在回收大量对空排放造成环境热污染的废气余热的同时，将热能转化为电能，有效地减少了水泥生产过程中的能源消耗，具有显著的节能减排效果。新型干法水泥窑纯低温余热发电被列入国家十大重点节能工程余热发电专项。国家发展改革委等发布的《关于加快水泥工业结构调整的若干意见》提出 40% 的新型干法生产线上装备纯低温余热发电。

国产纯低温余热发电技术水平的不断提高，为我国大范围推广余热发电创造了良好的

条件。目前采用国产技术装备建成的纯低温余热电站，吨熟料发电能力达到 37～42 千瓦时，发电成本低于每千瓦时 0.20 元，远低于外购电价，扣除余热电站自身耗电量，可满足企业 30% 左右的用电需求。水泥窑纯低温余热发电技术不仅能获得巨大的经济效益，同样也能取得较大的环境效益，水泥窑在利用余热发电满足生产线的部分用电需求、减少燃煤发电量的同时，减少了燃煤产生的二氧化硫、氮氧化物、二氧化碳等有害气体对大气的污染。

随着纯低温余热发电技术的不断成熟和完善，跨行业技术转移在我国取得了较大突破，通过消化水泥窑纯低温余热发电技术，玻璃窑余热发电、钢铁工业烧结机余热发电等项目均取得了成功。截至 2010 年底，我国有浮法玻璃生产线 241 条，扣除"放修停未"（放水、检修、停产、未开工）的生产线，正常运行的有 204 条，其中已有 40 余条生产线加装了余热发电系统。

推广应用纯低温余热发电技术是建材行业实现节能减排的重要途径之一。"十二五"时期，水泥生产线余热发电的比重有望达到 80%，玻璃生产线余热发电的比重预计将达到 30%。

3. 推广应用节能新工艺、新技术和新设备

在提高现有新型干法水泥工艺技术和制造水平的同时，使用高效率的熟料烧成系统、高效节能的粉磨设备、综合优化在线控制技术装备等，可有效降低熟料、水泥生产能耗。另外，鼓励和支持企业采用节能新工艺、新技术和新设备，例如快速沸腾烘干技术、全氧燃烧技术、辊压机粉磨系统、立式磨装备及技术、中石石灰立窑技术、高效节能选粉技术、多通道燃烧器、稳流行进式水泥熟料冷却技术、玻璃熔窑余热发电技术、富氧燃烧技术、烧结多孔砌块及填塞发泡聚苯乙烯烧结空心砌块节能技术、节能型合成树脂幕墙装饰系统技术、预混式二次燃烧节能技术等；鼓励和支持企业进行电机变频调速控制等节能技术改造。

4. 积极推进建材行业的循环经济和清洁生产

发展循环经济是我国实施可持续发展战略的有效手段，是实现新型工业化的重要途径。建材工业作为发展循环经济的重要试点产业，在利用固体废弃物，特别是工业固体废弃物方面占有非常重要的地位，目前利用水泥窑处置城市生活垃圾的研究和实践已取得重要进展，用建筑垃圾生产建材产品的研究开发工作也已经开始起步，未来建材工业在废弃物综合利用方面大有作为。建材工业作为废弃物综合利用的重要产业，能够有效协同处置工业废弃物、城市垃圾、污泥和建筑垃圾，不仅变废为宝，也可实现节能降耗。

5. 提高建材生产企业的综合管理水平

强化企业科学管理，完善能耗考核制度，降低能源资源消耗；重视原、燃料的均化管理，提高生产质量，为水泥窑系统稳定运行提供基础保障；严格生产工艺参数的控制，实现整个生产稳定系统运行；加强产品质量管理，提高熟料、水泥的实物质量，实现"以质带量"节能。

6. 转变增长方式，发展低能耗、高附加值产业

通过转变增长方式，发展低能耗、高附加值的产业。加快发展预拌混凝土、预拌砂浆、混凝土制品等水泥深加工业；加快发展玻璃深加工业，进一步提高玻璃深加工率；发展现代门窗、整体厨房、整体卫生间、屋面系统材料及产品等建筑部品；适应国防军工、高科技、新能源等战略性新兴产业发展需要，大力发展无机非金属新材料及其制品；发展非金属矿深加工材料与产品。

9.2.2　我国水泥行业纯低温余热发电进展

无论是早期的高温余热发电还是如今的纯低温余热发电，余热回收利用作为水泥行业实施节能的重要措施，一直得到国家和行业的高度重视。改革开放以来，通过技术的不断突破，我国水泥窑余热发电技术得到了长足的发展。随着新型干法水泥的广泛应用，我国水泥窑纯低温余热发电技术发展迅速，并日趋成熟，为水泥行业节能减排工作打下了坚实的基础。

1998 年，通过引进日本川崎重工的技术，海螺集团宁国水泥厂在 4 000 吨/天生产线上成功建成我国第一条纯低温余热发电系统，一次性并网发电成功。在引进、消化、吸收日本纯低温余热发电技术的基础之上，我国水泥工业开始了国产化的道路。随着"带补燃锅炉的水泥窑中低温余热发电技术"和"水泥窑纯低温余热发电技术"的攻关和研发，我国对两项技术逐步进行推广和应用。1999 年，国产化第一条纯低温余热发电系统在江西万年 2 000 吨/天生产线得以建成投产，配套机组为 3 000 千瓦，实际发电约 2 200 千瓦，单位熟料发电量约 23.76 千瓦时/吨。2003 年，上海金山 1 350 吨/天生产线国产化纯低温余热发电系统建成投产，配套机组为 2 500 千瓦（指汽轮机），实际发电约 1 800 千瓦，单位熟料发电量约 28.8 千瓦时/吨。国产化纯低温余热发电技术已基本具备全面推广的条件。2001—2005 年，我国水泥行业利用国产设备和技术在 12 条新型干法窑上，配套建设了装机容量分别为 2.0 兆瓦、3.0 兆瓦、6.0 兆瓦、7.0 兆瓦的纯低温余热电站。

"十一五"以来，我国水泥窑纯低温余热发电技术及装备已日趋成熟，水泥窑纯低温余热发电技术开始进入蓬勃发展阶段。2007 年 10 月 28 日，世界上最大的水泥纯低温余热发电机组在安徽铜陵海螺公司万吨线一次性成功并网，该系统窑头、窑尾锅炉蒸发量、机组装机容量均为当今世界水泥纯低温余热发电规模之最，各项技术参数均达世界一流水平。"十一五"期间，为落实节能工作，国家开展"十大重点节能工程"，其中余热回收利用作为"十大节能工程"的重要方面得到了国家的高度重视，水泥行业纯低温余热发电技术得到了广泛的支持与推广。截至 2010 年底，全国共有新型干法熟料生产线约 1 289 条，已开工建设或投产运营的余热发电电站对应的生产线达到 700 条以上。水泥窑纯低温余热发电技术的推广应用，为水泥行业的节能减排工作作出了重要贡献。

复习思考题

一、简答题

"十一五"期间我国水泥生产推进节能主要采取了哪些措施？

二、论述题

水泥窑纯低温预热回收发电技术是一种什么样的技术？未来对我国水泥节能预期可发挥什么作用？

第10章 交通运输行业排放与控制

▶ **学习目标**

1. 应知道、识记、理解的内容
- 我国交通运输行业发展现状
- 交通运输行业节能减排成效
2. 应领会、掌握、应用的内容
- 我国交通运输行业发展特点
- 交通运输行业节能减排主要对策

▶ **自学时数**

4~6 学时。

▶ **教师导学**

通过学习本章内容，掌握交通运输行业排放特点，了解交通运输行业主要减排措施及其效果。

10.1 交通运输行业发展现状

10.1.1 交通运输业发展现状

1. 公路水路发展现状

（1）基本投入。

公路网规模不断扩大。2010 年底，全国公路总里程突破 400 万公里，达 400.82 万公里，比上年末增加 14.74 万公里，"十一五"期间新增 66.30 万公里。全国公路密度每百平方公里 41.75 公里，比上年末提高 1.53 公里，比"十五"末提高 6.90 公里。高速公路网络更加完善。全国高速公路达 7.41 万公里，居世界第二位，比"十一五"规划目标增加 9 108 公里。其中，国家高速公路 5.77 万公里，比上年末增加 0.54 万公里。路面状况显著改善。全国有铺装路面和简易铺装路面公路里程 244.22 万公里，比上年末增加 18.97 万公里，占总里程的 60.9%，比上年末提高 2.6 个百分点，比"十五"末提高 20.2 个百分点。各类型路面里程分别为：有铺装路面 191.80 万公里，其中沥青混凝土路面 54.25 万公里，水泥混凝土路面 137.55 万公里，比上年末分别增加 19.80 万公里、5.35 万公里和 14.45 万公里；简易铺装路面 52.42 万公里，比上年末减少 0.83 万公里；未铺装路面 156.60 万公里，比上年末减少 4.23 万公里。农村交通条件进一步改善，"十一五"农村公路建设目标全部实现。全国农村公路（含县道、乡道、村道）里程达 350.66 万公里，比上年末增加 13.75 万公里，5 年新增农村公路 59.13 万公里。全国通公路的乡（镇）占全国乡（镇）总数的 99.97%，通公路的建制村占全国建制村总数的 99.21%，比上年末分别提高 0.37 个和 3.44 个百分点，比"十五"末分别提高 6.33 个和 22.30 个百分点。通硬化路面的乡（镇）占全国乡（镇）总数的 96.64%，通硬化路面的建制村占全国建制村总数的 81.70%，比上年末分别提高 4.18 个和 4.10 个百分点，比"十五"末分别提高 16.24 个和 28.81 个百分点。公路桥梁、隧道总量持续增加。全国公路桥梁达 65.81 万座、3 048.31 万米，比上年末增加 3.62 万座、322.25 万米，比"十五"末增加 32.15 万座、1 573.56 万米。其中，特大桥梁 2 051 座、346.98 万米，大桥 49 489 座、1 167.04 万米。全国公路隧道为 7 384 处、512.26 万米，比上年末增加 1 245 处、118.06 万米，比"十五"末增加 4 495 处、359.55 万米。其中，特长隧道 265 处、113.80 万米，长隧道 1 218 处、202.08 万米。"十一五"期内，杭州湾跨海大桥、苏通长江大桥、舟山连岛工程、秦岭终南山隧道、上海崇明隧桥、厦门翔安海底隧道等重大工程相继建成。

航道等级结构进一步优化。2010 年底，全国内河航道通航里程 12.42 万公里，比上年末增加 559 公里，比"十五"末增加 979 公里。等级航道 6.23 万公里，占总里程的 50.1%，比"十五"末提高 0.6 个百分点。其中，三级及以上航道 9 280 公里，五级及以上航道 2.53 万公里，分别占总里程的 7.5% 和 20.3%，比"十五"末分别提高 0.5 个和 1.1 个百分点。各等级内河航道通航里程分别为：一级航道 1 385 公里，二级航道 3 008 公里，三级航道 4 887 公里，四级航道 7 802 公里，五级航道 8 177 公里，六级航道 18 806 公里，七级航道 18 226 公里。各水系内河航道通航里程分别为：长江水系 64 064 公里，珠江水系 15 989 公里，黄河水系 3 477 公里，黑龙江水系 8 211 公里，京杭运河 1 439 公里，闽江水系 1 973 公里，淮河水系 17 246 公里。

码头泊位总量继续增加。2010 年底，全国港口拥有生产用码头泊位 31 634 个，比上年底增加 205 个。其中，沿海港口生产用码头泊位 5 453 个，比上年底增加 133 个，比"十五"末增加 1 155 个；内河港口生产用码头泊位 26 181 个，比上年底增加 72 个。码头泊位大型化水平不断提升。全国港口拥有万吨级及以上泊位 1 661 个，比上年底增加 107 个，比"十五"末增加 627 个。其中，沿海港口万吨级及以上泊位 1 343 个，比上年底增加 82

个，比"十五"末增加 496 个；内河港口万吨级及以上泊位 318 个，比上年底增加 25 个，比"十五"末增加 131 个。码头泊位专业化程度明显提高。全国万吨级及以上泊位中专业化泊位 903 个，通用散货泊位 299 个，通用件杂货泊位 310 个，比上年底分别增加 40 个、25 个和 26 个，比"十五"末分别增加 314 个、165 个和 34 个。

（2）公路水路运输装备。

公路客货营运车辆运载能力持续增长。2010 年底，全国拥有公路营运汽车 1 133.32 万辆，比上年底增长 15.1%。拥有载货汽车 1 050.19 万辆、5 999.82 万吨位，比上年底分别增长 15.8% 和 28.9%，平均吨位每辆 5.71 吨，比上年底每辆提高 0.58 吨。其中，普通载货汽车 996.43 万辆、5 223.23 万吨位，分别增长 16.0% 和 30.5%，平均吨位每辆 5.24 吨，提高 0.58 吨；专用载货汽车 53.77 万辆、776.59 万吨位，分别增长 13.7% 和 19.0%，平均吨位每辆 14.44 吨，提高 0.65 吨。拥有载客汽车 83.13 万辆、2 017.09 万客位，比上年底分别增长 5.9% 和 8.0%，平均客位每辆 24.26 客位，比上年底提高 0.47 客位。其中，大型客车 24.78 万辆、1 031.79 万客位，平均客位每辆 41.65 客位。

运输船舶结构不断优化。2010 年底，全国拥有水上运输船舶 17.84 万艘，净载重量 18 040.86 万吨；每艘平均净载重量 1 011.22 吨，增长 22.5%，是"十五"末的 2.1 倍；载客量 100.37 万客位，增长 2.3%；集装箱箱位 132.44 万标准箱，增长 11.2%；船舶功率 5 330.44 万千瓦，增长 15.4%。

私家车保有量增速惊人。2000 年，全国私人汽车仅有 625.33 万辆，经过短短 10 年时间，2010 年，全国私人汽车数量已高达 5 938.71 万辆，是 2000 年的 9.5 倍。值得注意的是，我国私人汽车数量的快速增长主要集中在"十一五"时期，5 年内增长了 4 090.64 万辆，特别是 2009 和 2010 年，分别增长了 1 073.52 万辆和 1 363.8 万辆，增速十分惊人。随着我国城市化率的不断提高以及居民生活质量的日益改善，私人汽车保有量预计将保持快速增长态势。

（3）运输服务。

公路水路旅客运输总体较快增长。2010 年，全国营业性客车完成公路客运量 305.27 亿人、旅客周转量 15 020.81 亿人公里，比上年分别增长 9.8% 和 11.2%。高速公路旅客平均行程 99.24 公里，其中跨省平均行程 290.0 公里。全国完成水路客运量 2.24 亿人、旅客周转量 72.27 亿人公里，分别增长 0.3% 和 4.2%。

公路水路货物运输量继续快速增长。全国营业性货运车辆全年完成货运量 244.81 亿吨、货物周转量 43 389.67 亿吨公里，分别增长 15.0% 和 16.7%，平均运距 177.24 公里，比上年提高 1.4%。高速公路货物平均运距 213.58 公里，其中跨省货物平均运距 490.0 公里。全国完成水路货运量 37.89 亿吨、货物周转量 68 427.53 亿吨公里，分别增长 18.8% 和 18.9%，平均运距 1 805.72 公里，与上年基本持平。

在全国水路货运中，内河运输完成货运量 18.86 亿吨、货物周转量 5 535.74 亿吨公里，比上年分别增长 20.2% 和 19.5%；沿海运输完成货运量 13.23 亿吨、货物周转量 16 892.63 亿吨公里，比上年分别增长 19.8% 和 26.1%；远洋运输完成货运量 5.81 亿吨、货物周转量 45 999.15 亿吨公里，比上年分别增长 12.2% 和 16.4%。

国道及高速公路交通流量较快增长，与"十五"末比拥挤度一降一升。2010 年，全国国道网年平均日交通量为 11 918 辆（当量标准小客车[1]，下同），比上年增长 10.7%，比"十五"末增长 23.2%。全国高速公路年平均日交通量为 18 155 辆，比上年增长 7.8%，比"十五"末增长 10.8%；年平均日行驶量为 134 587 万车公里，比上年增长 22.8%，比"十五"末增长 100.3%。

2. 铁路运输发展现状

（1）基本投入。

截至 2010 年底，全国铁路营业里程达到 9.1 万公里，比上年增加 5 660.7 公里、增长 6.6%，里程长度居世界第二位。路网密度每万平方公里 95.0 公里，每万平方公里比上年增加 5.9 公里。其中，复线里程 3.7 万公里，比上年增加 4 292.4 公里、增长 12.9%，复线率 41.1%，比上年提高 2.3 个百分点；电气化里程 4.2 万公里，比上年增加 6 811.5 公里、增长 19.1%，电化率 46.6%，比上年提高 4.9 个百分点。西部地区营业里程达到 3.6 万公里，比上年增加 3 212 公里、增长 9.8%。

"和谐号"动车组累计投用 480 组。全国铁路机车拥有量达到 1.94 万台，比上年增加 509 台，其中和谐型大功率机车 3 372 台。内燃机车占 56.6%，电力机车占 43.1%，主要干线全部实现内燃、电力机车牵引。全国铁路客车拥有量达到 5.21 万辆，其中空调车 3.66 万辆，占 70.3%。国家铁路货车保有量达到 622 284 辆。2010 年全国铁路机、客、货车拥有量见表 10 - 1。

表 10 - 1　　　　　　　　　　　2010 年全国铁路机、客、货车拥有量

指标	单位	拥有量	比上年（±%）
机车	台	19 431	2.7
客车	辆	52 130	5.6
货车（部属）	辆	622 284	4.7

数据来源：2010 年铁道统计公报。

（2）运输生产。

2010 年，全国铁路旅客发送量完成 167 609 万人，比上年增加 15 158 万人、增长 9.9%。其中，国家铁路 164 761 万人，增长 9.3%；非控股合资铁路 1 211 万人，下降 1.9%；地方铁路 477 万人，增长 13.8%。全国铁路旅客周转量完成 8 762.18 亿人公里，比上年增加 883.29 亿人公里、增长 11.2%。其中，国家铁路 8 725.72 亿人公里，增长 11.3%；非控股合资铁路

---

[1] 在交通量调查中，应按不同车型进行交通量分类统计。为准确衡量道路的通行能力，还需要把不同车型的交通量换算为标准车当量交通量。从 2005 年开始，我国交通量计算单位使用标准小客车当量数。

30.15亿人公里，下降9.1%；地方铁路6.31亿人公里，增长11.9%。全国铁路客运量见表10-2。

表10-2 全国铁路客运量

指　标	单　位	2010年完成	比上年（±%）	"十一五"完成	比"十五"（±%）
旅客发送量	万人	167 609	9.9	727 579	35.9
国家铁路	万人	164 761	9.3		
非控股合资铁路	万人	1 211	-1.9		
地方铁路	万人	477	13.8		
旅客周转量	亿人公里	8 762.18	11.2	38 258.10	45.5
国家铁路	亿人公里	8 725.72	11.3		
非控股合资铁路	亿人公里	30.15	-9.1		
地方铁路	亿人公里	6.31	11.9		

数据来源：2010年铁道统计公报。

全国铁路货运总发送量（含行包运量）完成362 929万吨，比上年增长9.3%，增量首次突破3亿吨。其中，国家铁路308 209万吨，增长11.6%；非控股合资铁路35 630万吨，增长11.7%；地方铁路19 089万吨，下降20.0%。全国铁路货运总周转量（含行包周转量）完成27 332.68亿吨公里，比上年增长9.6%。其中，国家铁路25 626.19亿吨公里，增长9.7%；非控股合资铁路1 590.45亿吨公里，增长8.8%；地方铁路116.04亿吨公里，下降8.3%。全国铁路货运量见表10-3。

表10-3 全国铁路货运量

指　标	单　位	2010年完成	比上年（±%）	"十一五"完成	比"十五"（±%）
货物发送量	万吨	362 929	9.3	1 624 118	42.9
国家铁路	万吨	308 209	11.6		
非控股合资铁路	万吨	35 630	11.7		
地方铁路	万吨	19 089	-20.0		
货物周转量	亿吨公里	27 332.68	9.6	122 344.44	40.9
国家铁路	亿吨公里	25 626.19	9.7		
非控股合资铁路	亿吨公里	1 590.45	8.8		
地方铁路	亿吨公里	116.04	-8.3		

数据来源：2010年铁道统计公报。

3. 民航业发展现状

（1）基本投入。

截至2010年底，我国共有颁证运输机场175个，比上年增加9个，并全部开通定期航班。2010年新增机场分别为内蒙古二连浩特、辽宁鞍山、宁夏固原、河北唐山、新疆博乐、新疆吐鲁番、江苏淮安、西藏阿里、重庆黔江。民航全行业运输飞机期末在册架数

1 597架，比上年增加180架。其中，年旅客吞吐量100万人次以上的运输机场51个，北京、上海和广州三大城市机场旅客吞吐量占全部机场旅客吞吐量的33.1%。年货邮吞吐量10 000吨以上的运输机场47个，北京、上海和广州三大城市机场货邮吞吐量占全部机场货邮吞吐量的56.7%。

截至2010年底，我国定期航班国内通航城市（不含香港、澳门、台湾）172个，定期航班通航香港的内地城市43个，通航澳门的内地城市5个，通航台湾地区的内地城市32个；国内航空公司的国际定期航班通航国家54个，通航城市110个。我国共有定期航班航线1 880条，按重复距离计算的航线里程为398.1万公里，按不重复距离计算的航线里程为276.5万公里。"十一五"期间定期航班航线增加623条，年均增长8.4%，按重复距离计算的航线里程增加125.6万公里，年均增长7.9%，按不重复距离计算的航线里程增加76.7万公里，年均增长6.7%。"十一五"期间我国民航航线变化情况见表10-4。

表10-4　　　　　　　　　"十一五"期间我国民航航线变化情况

指　标	单　位	数　量	"十一五"期间增加	"十一五"期间年均增幅（%）
航线条数	条	1 880	623	8.4
国内航线	条	1 578	554	9.0
其中：港澳台航线	条	85	42	14.6
国际航线	条	302	69	5.3
按重复距离计算的航线里程	万公里	398.1	125.6	7.9
国内航线	万公里	271.4	109.1	10.8
其中：港澳台航线	万公里	12.4	6.1	14.4
国际航线	万公里	126.6	16.5	2.8
按不重复距离计算的航线里程	万公里	276.5	76.7	6.7
国内航线	万公里	169.5	55.2	8.2
其中：港澳台航线	万公里	12.1	6.0	14.7
国际航线	万公里	107.0	21.4	4.6

数据来源：2010年民航行业发展统计公报。

截至2010年底，我国共有运输航空公司43家，按不同类别划分：国有控股公司35家，民营和民营控股公司8家，全货运航空公司11家，中外合资航空公司16家，上市公司5家。其中，2010年，国航集团完成飞行小时146.7万小时，完成运输总周转量175.3亿吨公里，完成旅客运输量0.72亿人次，完成货邮运输量180.1万吨。东航集团完成飞行小时121.4万小时，完成运输总周转量136.0亿吨公里，完成旅客运输量0.65亿人次，完成货邮运输量164.8万吨。南航集团完成飞行小时139.2万小时，完成运输总周转量131.0亿吨公里，完成旅客运输量0.76亿人次，完成货邮运输量111.7万吨。海航集团完成飞行小时60.2万小时，完成运输总周转量57.1亿吨公里，完成旅客运输量0.31亿人次，完成货邮运输量52.2万吨。其他航空公司共完成飞行小时43.4

万小时，完成运输总周转量 39.0 亿吨公里，完成旅客运输量 0.23 亿人次，完成货邮运输量 54.2 万吨。

（2）运输生产。

2010 年，全行业完成运输总周转量 538.45 亿吨公里，比上年增加 111.38 亿吨公里，增长 26.1%，其中旅客周转量 359.55 亿吨公里，比上年增加 58.71 亿吨公里，增长 19.5%；货邮周转量 178.90 亿吨公里，比上年增加 52.67 亿吨公里，增长 41.7%。

2010 年，国内航线完成运输周转量 345.48 亿吨公里，比上年增加 48.36 亿吨公里，增长 16.3%，其中港澳台航线完成 11.59 亿吨公里，比上年增加 2.66 亿吨公里，增长 29.8%；国际航线完成运输周转量 192.97 亿吨公里，比上年增加 63.02 亿吨公里，增长 48.5%。

2010 年，全行业完成旅客运输量 2.68 亿人次，比上年增加 0.37 亿人次，增长 16.1%，"十一五"期间增长了 67.5%。国内航线完成旅客运输量 2.48 亿人次，比上年增加 0.33 亿人次，增长 15.1%，其中港澳台航线完成 0.07 亿人次，比上年增加 0.02 亿人次，增长 29.9%；国际航线完成旅客运输量 0.19 亿人次，比上年增加 0.05 亿人次，增长 31.1%。

2010 年，全行业完成货邮运输量 563.0 万吨，比上年增加 117.5 万吨，增长 26.4%，"十一五"期间增长了 61.1%。国内航线完成货邮运输量 370.4 万吨，比上年增加 51.0 万吨，增长 16.0%，其中港澳台航线完成 21.7 万吨，比上年增加 5.8 万吨，增长 36.2%；国际航线完成货邮运输量 192.6 万吨，比上年增加 66.5 万吨，增长 52.8%。

2010 年，全国民航运输机场完成旅客吞吐量 5.64 亿人次，比上年增长 16.1%，"十一五"期间增长了 69.9%。全国运输机场完成货邮吞吐量 1 129.0 万吨，比上年增长 19.4%，"十一五"期间增长了 49.9%。全国运输机场完成起降架次 553.2 万架次，比上年增长 14.3%，"十一五"期间增长了 58.7%。

10.1.2 交通运输业发展趋势

近年来，随着国民经济的快速发展以及人民生活水平的日益提高，我国交通运输业发展突飞猛进，基础建设及固定资产投资逐年加大，交通工具保有量不断提高。尽管如此，当前的交通运输业发展规模依然无法满足高速增长的交通运输需求。截至 2010 年底，全国高速公路达 7.41 万公里，居世界第二位。单从数据来看，我国高速公路建设已经实现较大突破，但近年来不断出现的高速公路堵车事件同样在不时地提醒我们，高速公路建设依然任重道远。发生于 2010 年的京藏高速百公里堵车事件充分体现了当前我国交通运输基本建设的压力。与此同时，铁路、飞机等交通工具一票难求的现象依然存在，城市公共交通系统也依然相对落后，因此，完善优化基本建设、提高服务效率与质量将是我国交通运输业发展的一大重点。

随着我国运输服务规模的快速发展，交通运输行业已成为我国能源消费增长最快的行业领域。特别是对石油产品需求的快速增长，为我国油品供应带来了巨大的压力。"十一五"时期，交通运输业发展迅速，与此同时，私家车保有量持续高速增长，"油荒"、"排队加油"事件在全国频现。当前，交通运输工具的数量依然呈快速增长趋势，如何确保能源的安全、有效供应将成为交通运输业发展的先决条件。

交通运输工具数量的快速增长，不仅给能源供应带来了巨大的压力，同样给城市大气污染物排放的治理带来了巨大的挑战。近年来，随着私家车数量的高速增长，以及高耗能、高污染行业的向外转移，城市大气污染物排放的重点已经逐步从工业领域向交通工具尾气排放转移。特别是交通工具尾气中氮氧化物和二氧化碳的排放，已经成为许多大中城市此类大气污染物的主要来源。因此，环境保护以及应对气候变化将成为交通运输业发展的重点考虑因素之一。

10.2　交通运输行业减排对策 *

10.2.1　公路水路减排对策

1. 加强节能型交通基础设施网络建设

积极促进现代综合交通运输体系建设，优化交通布局，加强运输大通道和综合交通枢纽建设，实现客运的"零换乘"和货运的"无缝衔接"。进一步完善公路网络结构，着力提升国省干线公路技术等级，提高路面铺装率，强化连接线、断头路、拥挤路段等薄弱环节，加强养护管理，使路网更畅通更高效。加快形成以高等级航道网为主体的干支直达、通江达海、结构合理的内河航道网，加强航道养护管理，开展碍航闸坝、桥梁专项整治工作，充分发挥内河航运的比较优势。建设布局合理、功能完善、专业化和高效率的港口体系，加大老码头更新改造力度，提高港口码头专业化、现代化水平。实施城市交通疏堵技术改造工程，开展公交示范城市建设，加快建设轨道交通和快速公交系统（BRT），加快公共交通场站和换乘枢纽建设，促进公交优先战略的全面落实。大力加强加气、充电等配套设施的规划与建设，为节能和新能源汽车推广应用提供有力支撑。在交通基础设施建设养护过程中，大力推进节能评估与审查，强化节能设计与绿色施工管理，努力降低能源消耗和排放水平，加强生态防护、植被恢复与绿化建设，增加碳汇能力。加大公路隧道、服务区、收费站、港口、航标等交通基础设施的节能技术改造力度，强化运营管理，提升运营效率和服务水平。通过不断提升交通基础设施的专业化、网络化水平和高效服务能力，加快形成节能型交通基础设施网络体系，为交通运输工具的安全、畅通、高效的营运创造良好的交通条件，促进交通运输系统能耗与排放水平的降低。

2. 推进节能环保型交通运输装备建设

运输车辆、船舶、港口机械、交通工程机械等交通运输装备是交通运输行业的用能主体。要大力调整优化车船运力结构，大力推广应用节能环保型运输车船，积极发展汽车列车、新型顶推船队，加快淘汰高能耗、低效率的老旧车船，引导营运车船向大型化、专业化、标准化、低碳化方向发展。大力推进港口"油改电"工作，加快淘汰高耗能、低效率的老旧设备，引导轻型、高效、电能驱动和变频控制的港口装卸设备发展。加快淘汰高能耗、高排放、老旧工程机械、工程船舶等。大力加强各类交通运输装备的检测和维修保养，保持良好技术状况。加快形成高能效、低碳化、环保型的交通运输装备体系，为交通运输行业节能减排奠定坚实的技术基础，最大限度地降低能耗和排放水平。

推广使用节能与新能源车辆。进一步促进混合动力、纯电动等节能与新能源车辆的推广应用，重点针对新能源车辆在城市公共汽车和出租车示范推广过程中的安全、便捷使用和维修问题，加强相关设施建设和人员培训，减少车辆运行中安全、故障等问题，降低车辆运行费用。推广使用天然气车辆。逐步提高城市公交、出租汽车中天然气车辆的比重，在城市物流配送、城际客货运输车辆中积极开展试点推广工作，以新购置天然气车辆代替淘汰的老旧车辆。

3. 促进节能高效运输组织体系建设

优化货运组织管理，引导货运企业规模化发展，加快发展第三方物流，培育一流的全球物流经营人。有效整合社会零散运力，实现货运的网络化、集约化、有序化和高效化，提高货运实载率。发展甩挂运输、多式联运等现代运输组织方式，推进江海直达运输。优化航运组织管理，提高船舶载重量利用率。强化港口生产运营管理，提高货物集疏运效率、装卸设备利用率和港口生产作业效率。

加强公路客运运力调控，严格执行实载率低于70%的客运线路不得新增运力的政策。大力推行公交优先战略，建立以公共交通为骨干的绿色出行系统，降低出租汽车空驶率。研究实施交通拥堵收费政策和技术，提升城市交通运行效率。加强交通流管理，提高道路通行效率。通过加快构建节能高效运输组织体系，全面提升交通运输系统运行效率和能源利用效率。

4. 推广用于公路建设和运营的节能减排技术

在公路基础设施建设和运营领域，积极组织开展先进适用节能减排技术的推广应用工作，降低能耗与排放水平。开展交通运输循环经济示范活动，大力推进沥青和水泥混凝土路面材料再生利用，废旧轮胎胶粉改性沥青筑路应用，粉煤灰、矿渣、煤矸石等工业废料在交通建设工程中应用。积极开展隧道节能照明试点工作，鼓励在新建隧道中采用技术成熟、功能可靠的公路隧道照明相关技术规范和产品。对在用隧道，根据现照明灯具的使用寿命，制定分期分批更换节能灯具方案，推行隧道绿色照明工程，推广应用寿命长、功能可靠的发光二极管（LED）等节能灯具。组织开展隧道通风照明控制技术、隧道群和毗邻隧道的智能联动控制技术和联网控制系统等的示范和推广。大力推进太阳能、风能等可再生能源应用。开展高速公路服务区和公路收费站节能减排技术改造。对全国100家高速公路服务区、1 600座收费站实施节能照明改造，并试点开展太阳能风光互补方式供电改造，建设低碳服务区。

10.2.2 铁路减排对策

1. 落实铁路建设项目环境保护"三同时"制度

依法开展铁路项目建设，进一步加强项目设计、施工、验收各个阶段的环境保护管理，落实建设项目环境保护"同时设计、同时施工、同时投产使用"的"三同时"制度，有效控制铁路建设中的生态破坏、水土流失和环境污染，使铁路建设工程的生态环境得到有效保护。

2. 加大旅客列车污染物直排治理力度

积极开展对既有高档空调客车厕所的改造，加快密闭式厕所安装速度，新建客运专线运行的动车组、旅客列车将全部使用密闭式厕所，同时在全路动车段、动车组运用所、主要客运段配套建设污物地面接收处理系统。

3. 加快铁路绿化工作

逐步对铁路沿线适宜绿化的区段进行绿化，重点落实铁路建设项目中的绿化工作，项目竣工验收也要对绿化进行验收，保证绿化工作的落实完成。各铁路局要保证一定比例的绿化资金投入，结合地区城乡规划加快建设，对既有铁路两侧进行绿化。截至2010年底，国家铁路（不含控股合资铁路）绿化里程已达3.63万公里。

4. 深化铁路环保技术研究

围绕铁路运输生产和建设中遇到的环保重点、难点问题组织全路力量进行技术攻关与科学研究。重点研究方向有：内燃机车废气等主要污染物排放限值；煤炭等散装货物列车扬尘、遗洒控制技术；铁路建设生态保护与水源保护技术；长大隧道漏水对环境影响评价及防治技术；中小车站无动力污水处理技术；铁路危险品运输事故污染控制及应急处理机制；放射性货物运输安全预警监控系统及防护技术等。

5. 开展铁路环境保护宣传教育

在全路范围内深入开展环境保护知识的宣传教育活动，利用车站、广场、机关、工地广泛开展环保知识宣传，提高铁路职工的环保法律知识，教育旅客和铁路沿线居民保护铁路设施，爱护铁路站车和沿线环境。强化铁路环保干部、职工的法制观念，重视铁路环保队伍建设，开展铁路环保培训，规范环保人员管理，提高环保人员素质，建设一支思想好、作风正、懂业务、会管理的环保队伍，依法开展铁路环境保护工作。

6. 大力推广新技术装备及节能产品

大力推进技术装备现代化，包括加快机车车辆升级换代、提升线路基础设施技术水平、加快通信信号技术现代化、积极推进铁路信息化、加快铁路创新体系建设，促进资源节约和环境保护技术装备的应用。此外，铁路部门还积极组织开展节能评审和节能产品推广活动，在铁路行业推广财政补贴高效照明产品。2010年全国铁路推广节能灯57万只，取得了良好的节能减排效果。

10.2.3　航空业减排对策

1. 加强航空公司主营业务节能减排

航空公司积极将运行管理向以节能增效为目标的精细化管理模式转变，大力推进涉及飞行运行全过程的节油技术和措施的应用，加强节能减排换代性技术的应用理论研究和技术推广，积极开展国际交流与合作，提高应对国际节能减排新形势的能力。

2. 积极推进机场建设和地面服务中的节能减排

积极推进节能新技术在机场建设中的应用；加大机场设施设备改造和更新力度；提高机场运行管理效率，减少地面运行排放；积极争取和充分利用所在地地方政府的鼓励政策，拓宽节能减排资金渠道，积极采用合同能源管理等方式推进节能减排；积极吸收引进国内外在机场节能减排方面的有效经验，不断提高自身节能减排水平。2010 年，通过开展"桥载设备替代 APU"运行试点，全年节省航油 5 万吨，减少二氧化碳排放 15.5 万吨。

3. 充分发挥空管部门在行业节能减排中的支撑作用

空管部门加强军民航协调，优化空域和航路航线结构，缩短飞行距离，积极研究建立鼓励政策和长效机制，为规范临时航线使用创造良好条件；加强空管运行组织和保障能力建设；推进航行新技术应用。2010 年，航空公司使用临时航线超过 25 万架次，缩短飞行距离1 080万公里，节约航油消耗 5.8 万吨，减少二氧化碳排放 18.3 万吨。

4. 大力加强节能减排关键技术等基础研究，加强专业技术队伍建设

积极开展节能减排教育培训工作，全面加强节能减排科学研究和人员的培训；通过建立和完善组织保障体系、建立监督考核体系、开展法规标准建设等手段，扎实推进节能减排保障体系建设；通过加大资金投入力度，建立节能减排表彰奖励机制等措施，切实加强财经政策和资金支持。此外，大力营造节能减排的良好工作氛围，充分发挥舆论宣传作用，提升行业人员对节能减排工作的认识，塑造行业良好整体形象；加强宣传载体建设，为行业节能减排提供信息沟通平台；发挥各级各类组织在节能减排工作中的作用。

专栏 10 -1："十二五"交通运输节能减排示范推广工程

1. 营运车船燃料消耗量准入与退出工程。实施营运车辆燃料消耗量限值标准，加快淘汰高能耗、高污染的运输车辆和船舶。

2. 节能与新能源车辆示范推广工程。促进混合动力、纯电动、天然气等新能源和清洁燃料车辆在公共汽车和出租车领域的示范推广应用，在城际客货运输和城市物流配送车辆中试点推广新能源和天然气车辆。

3. 绿色驾驶与维修工程。大力推广绿色节能驾驶技术，组织实施绿色维修工程。

4. 智能交通节能减排工程。推广电子不停车收费技术、内河船舶免停靠报港信息服务系统，建设物流公共信息平台、公众出行信息服务系统。

5. 公路建设和运营节能减排技术推广工程。推广应用温拌沥青铺路技术、交通建设材料循环利用技术，实施公路隧道通风照明智能控制、高速公路服务区、收费站等节能减排技术改造，大力推进太阳能、风能等可再生能源利用，建设低碳服务区等一批试点工程。

6. 绿色港航建设工程。加快港口集装箱码头轮胎式集装箱起重机"油改电"和船舶靠港使用岸电技术改造，积极推广太阳能、地热能等再生能源利用。

7. 合同能源管理推广工程。逐步使合同能源管理成为交通运输行业节能技术服务市场的重要机制。

8. 船舶能效管理体系与数据库建设工程。参照国际上在船舶能效改进方面的先进做法和经验，积极推动航运企业将船舶能效纳入体系管理。

复习思考题

一、简答题
我国交通运输业发展呈现出哪些特征？为什么会加大能源供应和环境保护的压力？

二、论述题
我国铁路运输节能减排的主要措施有哪些？这些措施为什么有效？

第 11 章　清洁发展机制

▶ **学习目标**

1. 应知道、识记、理解的内容
- 清洁发展机制的由来
- 我国清洁发展机制运行管理框架
- 我国清洁发展机制项目合作进展
- 我国开展清洁发展机制项目合作的经验

2. 应领会、掌握、应用的内容
- 清洁发展机制的程序和规则
- 我国清洁发展机制项目许可条件
- 我国清洁发展机制项目类型特点
- 我国区域电网基准线计算方法
- 开展清洁发展机制项目合作对促进可持续发展的作用

▶ **自学时数**

10~12 学时。

▶ **教师导学**

通过学习本章内容，了解清洁发展机制的发展历程，掌握项目流程和国内对清洁发展机制项目合作活动的管理政策和规定，加深对排放因子和排放量计算方法的理解。

11.1　清洁发展机制简介

11.1.1　清洁发展机制产生的背景

在过去的 20 年中，全球气候变化问题已经引起了越来越多的关注。1992 年，联合国通过了《气候公约》，并于 1994 年 3 月 21 日生效。《气候公约》的最终目标是将大气中温室气体的浓度稳定在防止气候系统受到危险的人为干扰的水平上。《气候公约》要求所有缔约方，在公平的基础上，依据"共同但有区别的责任"原则，以及各国自身的优先领域、目标和国情：

（1）提交温室气体各类人为排放源和吸收汇的国家清单；

（2）制定、执行、公布国家方案，包括：减缓及适应气候变化的措施；促进减缓或防止温室气体人为排放技术的开发应用；增强温室气体的吸收汇；提高公众对于气候变化不利影响以及应对气候变化需要的意识。

此外，《气候公约》同时要求其附件一所列缔约方率先采取减排行动，改变温室气体人为排放的长期趋势。

《气候公约》第三次缔约方大会（COP3）通过了《京都议定书》（已于 2005 年 2 月 16 日正式生效），为发达国家缔约方和经济转型国家缔约方（《气候公约》附件一缔约方）设定了具有法律约束力的温室气体减限排义务——在 2008—2012 年（第一承诺期）期间附件一缔约方的温室气体排放量在 1990 年的水平上平均削减 5.2%。在要求《气候公约》附件一缔约方在国内采取实质性减排行动的同时，《京都议定书》设立了三种灵活机制，允许《气候公约》附件一缔约方从境外购买部分减排指标作为其国内减排行动的补充。这三种灵活机制分别是：

（1）排放贸易：《京都议定书》为发达国家缔约方规定了第一承诺期的减限排指标，这些国家的排放空间以分配数量（AAU）表示。《京都议定书》第十七条规定，为完成第一承诺期的减限排义务，发达国家缔约方之间可以进行分配数量的贸易。

（2）清洁发展机制：《京都议定书》第十二条规定，清洁发展机制是发达国家缔约方为实现其部分温室气体减排义务与发展中国家缔约方进行项目合作的机制，其目的是协助发展中国家缔约方实现可持续发展和促进《气候公约》最终目标的实现，并协助发达国家缔约方实现其减限排承诺。清洁发展机制的核心是允许发达国家通过与发展中国家进行项目级的合作，获得由项目产生的经核证的温室气体减排量（CERs）。

（3）联合履行：《京都议定书》第六条规定，发达国家缔约方可以通过在另一个发达国家缔约方开展温室气体减排项目而获得减排量（ERU）。

为保证项目产生真实的、可测量的、长期的和额外的温室气体减排量，《气候公约》和《京都议定书》缔约方大会对清洁发展机制（CDM）的运行程序和规则作出了一系列相关决定，设立 CDM 执行理事会（EB），规定了作为独立第三方的指定经营实体（DOE）的资格审查程序等。CDM 执行理事会（EB）负责监督管理相关规定的实施情况。

中国是《气候公约》和《京都议定书》的缔约方，开展 CDM 项目合作是中国履行《气候公约》和《京都议定书》义务、与国际社会合作积极应对气候变化的重要履约内容。中国政府指定国家发展和改革委员会（NDRC，以下简称"国家发展改革委"）为中国的指定国家主管机构（DNA），国家发展改革委公布了《清洁发展机制项目运行管理办法》，阐明了中国 CDM 项目申报、审批及项目管理的规则。在政府的指导和推动下，CDM 项目在中国广泛开展。截至

2010 年 3 月 1 日，国家发展改革委批准了 2 413 个 CDM 项目，其中 751 个已在 EB 注册。

11.1.2 全球碳市场综述

如上所述，《京都议定书》规定的三种灵活机制使碳市场和碳价格得以产生。此外，部分附件一缔约方国家还建立了强制性的国内排放贸易体制。这些市场的周期取决于《京都议定书》关于第一承诺期减排义务的规定，以及正在进行的关于第二承诺期国际气候制度的谈判，如图 11 - 1 所示。全球碳市场中，基于自愿减排的交易量比例可忽略不计。

全球碳市场交易量已经出现了迅速增长，而且并未受到世界金融和经济危机的负面影响（如图 11 - 2 所示）。总交易量出现了大幅增长，从 2004 年的 1 亿吨二氧化碳当量增长至 2009 年的 82 亿吨二氧化碳当量。其中，欧盟温室气体排放贸易体系的交易量占 2009 年世界总交易量的 69%（超过 56 亿吨二氧化碳当量），其次是清洁发展机制，占总量 19%（超过 15 亿吨二氧化碳当量），表明清洁发展机制规模约为欧盟温室气体排放贸易体系的 1/3，而自愿减排计划对总交易量的贡献率仅为 3%。自愿减排量在全球碳市场所占份额微不足道，虽然 2008 年至 2009 年期间北美对自愿减排量的需求有所增加，但这主要是因为地区总量控制交易机制的建立。

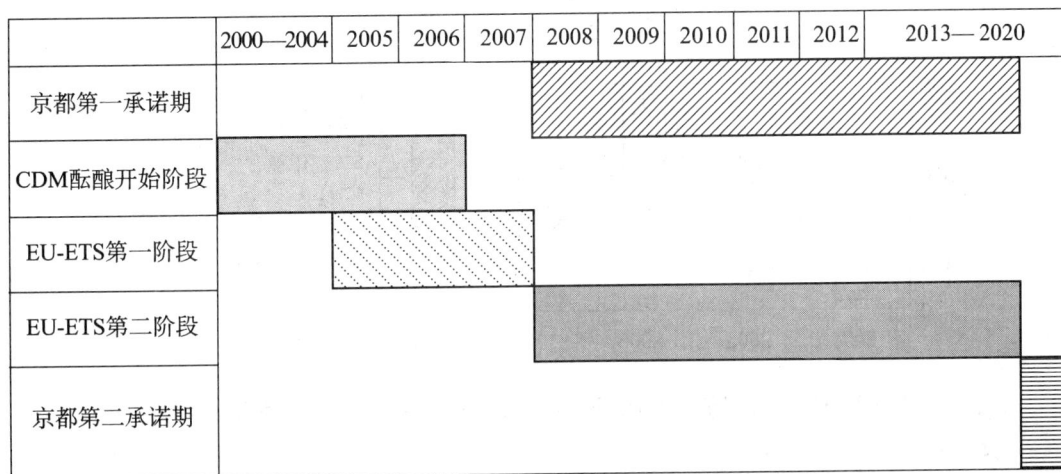

图 11 - 1 根据马拉喀什协定（京都议定书）和哥本哈根协定（2012 年后）产生的相关市场周期
注：EU - ETS = 欧盟排放贸易体系。

图 11 - 2 显示了近年来基于不同类型 CDM 项目的 CERs 交易量构成情况。2004—2006 年期间，HFCs 类项目的 CERs 签发量占据主导地位，而到了 2007 和 2008 年，其所占份额已经下降。可再生能源类项目（约占 45%）和提高能效类项目（约占 35%）的交易量占到了 2008 年总交易量的一半，表明 2007—2008 年能源类项目的市场占有份额有所提高，具体情况见图 11 - 3。

在各个碳市场中单位碳减排量价格的波动很大。图 11 - 4 显示了 2004—2009 年不同碳市场中的减排量平均价格。可以看出，二级 CERs 的价格直到 2008 年 8 月仍增长较快，

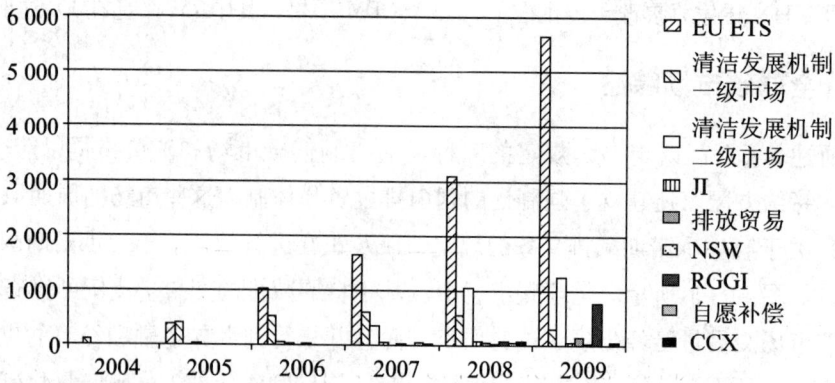

图 11 - 2　不同碳市场体系中的交易量（百万吨二氧化碳当量）

注：CCX——芝加哥气候交易所（在美国的自愿交易机制）；

EU ETS——欧盟排放交易体系；

NSW——新南威尔士交易体系（澳大利亚新南威尔士州的强制交易体系）；

UK ETS——英国排放交易体系（强制机制，逐渐被 EU-ETS 取代）。

数据来源：2004 年 CDM 和 JI 的量以及 2007 年之前的自愿减排量来自点碳公司（2007a，2008a，2010e）；世界银行（2006a，2007）。CDM 交易量包括一次交易和二次交易。

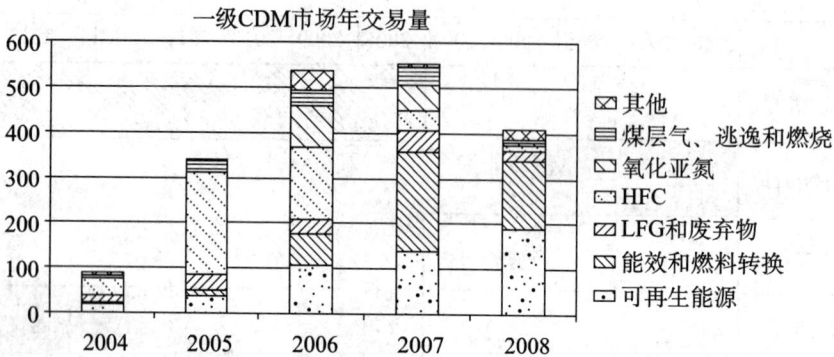

图 11 - 3　CERs 交易量中不同类型 CDM 项目的比重（百万吨二氧化碳当量）

数据来源：世界银行 2009 年数据。

而欧盟排放贸易体系中配额（EUA）的交易价格在 2005 至 2008 年期间在 17～25 欧元范围波动。由于经济和金融危机的影响，到 2009 年 2 月，欧盟配额单位和核证的减排量单位价格都降到 10 欧元以下。

　　一般来说，自愿减排市场体系中的碳交易价格远远低于强制市场中的交易价格。在碳市场的买家中，随着时间推移，政府部门购买量在总 CERs 购买量中所占的比重逐渐下降，而私有企业和基金逐渐占据了主要市场。截至 2010 年 3 月 1 日，已注册、审定和申请注册阶段的 CDM 项目约为 5 000 个，预期可以产生 28 亿吨的 CERs 签发量。

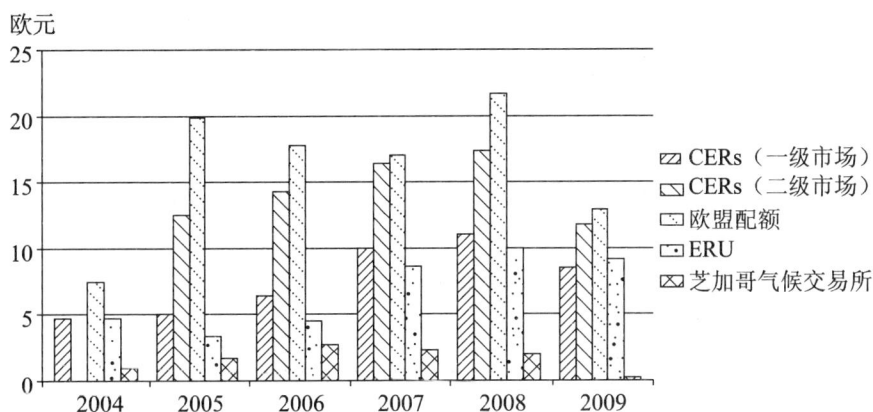

图 11 - 4　不同碳市场体系中减排量的平均价格（欧元）

注：包含不同时期不断变化的价格。在 2007 年后期，欧盟配额单位的交易价格为 0.03 欧元，而到了 2008 年则超过 20 欧元。二级 CERs 的价格通常低于欧盟市场中 2007 年后的最高配额单位价格。

数据来源：点碳公司。

11.1.3　中国清洁发展机制市场概述

　　中国清洁发展机制市场正在快速增长，对全球碳市场的发展作出了重大贡献（参见图 11 - 5），主要体现在注册项目数量（左图）和预期产生的年核证减排量（右图）。截至 2010 年 3 月 1 日，中国共注册项目 751 个，预期年二氧化碳减排当量为 2.05 亿吨。根据 751 个注册项目的项目设计文件，截至 2012 年，这些项目的总减排量高达 9.62 亿吨。从项目数量看，水电占 49%，风电占 22%，提高能效项目占 10%（参见图 11 - 6）。

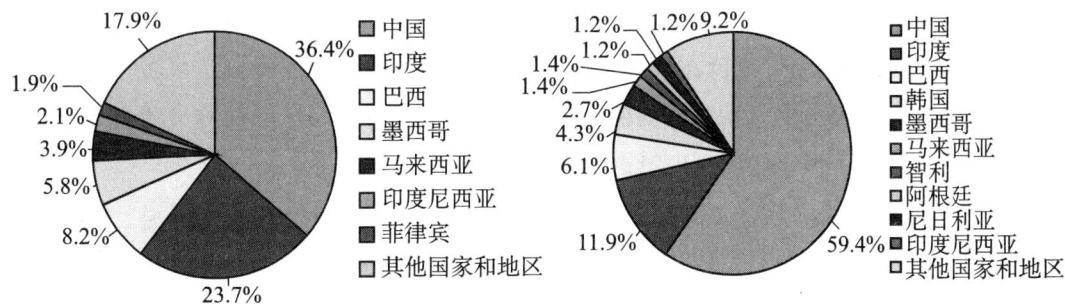

图 11 - 5　中国和其他国家注册项目份额

按项目数（左）和注册减排量（右）

资料来源：《气候公约》网站。

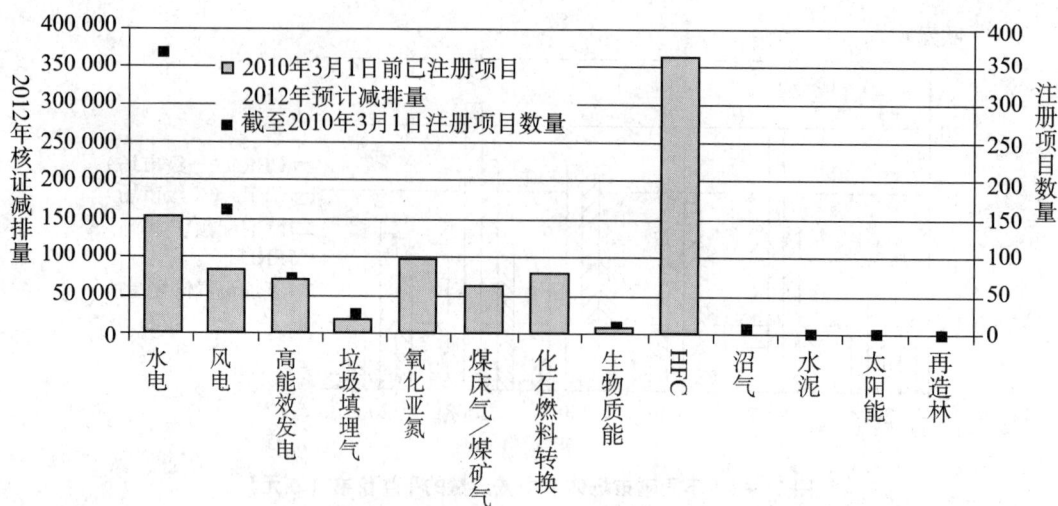

图 11 - 6　中国 751 个注册项目 2012 年累计 CERs（按项目类型分布）

11.2　中国清洁发展机制运行框架及管理机构*

国际及我国对 CDM 项目的实施均制定了运行规则。《气候公约》秘书处的 CDM 网站[1]上提供了对国际规则及制度框架较为全面的相关信息。

中国政府从一开始就对 CDM 项目的开发和管理给予了高度的重视，指定了中国 CDM 项目活动的国家主管机构（DNA）。中国政府于 2004 年 6 月 30 日发布了《清洁发展机制项目运行管理暂行办法》。经一年多试行后，中国政府于 2005 年 10 月 12 日正式发布《清洁发展机制项目运行管理办法》，补充了对项目收益分成等方面的具体内容。2011 年 8 月 3 日，为进一步推进 CDM 项目在中国的有序开展，促进清洁发展机制市场的健康发展，中国政府发布了经修订的《清洁发展机制项目运行管理办法》（以下简称《管理办法》），对中国清洁发展机制基金和项目申报程序等内容进行了补充完善。

CDM 项目必须经过国家主管机构的审批，而项目的开发和实施机构往往不是政府，为此，对 CDM 项目活动保持透明、高效和可追究责任的原则极为必要。《管理办法》的发布和实施对于促进 CDM 项目活动的有效开展、保证 CDM 项目活动的有序进行提供了强有力的制度保障。

11.2.1　中国清洁发展机制项目相关管理政策要点

《管理办法》包含总则、管理体制、申请和实施程序、法律责任和附则五部分，共

---

[1]　http：//cdm. unfccc. int/index. html.

39 条。

1. 总则

总则部分明确了管理办法的制定依据以及《京都议定书》中对 CDM 的定义，强调 CDM 项目的实施需要保证透明、高效和可追究的责任，指出在中国开展 CDM 项目须经过国家发展改革委的批准，并明确提出中国开展 CDM 项目的重点领域是节能和提高能源效率、开发利用新能源和可再生能源及回收利用甲烷。

中国开展 CDM 项目的重点领域是根据中国是一个发展中国家的国情划定的。中国正处于工业化和城市化快速发展时期，要在发展经济的同时努力控制温室气体的排放，节能和提高能效是其中的一项工作重点内容。

能源活动是中国温室气体排放的最主要来源，同时能源也是保障国民经济发展的基础产业，《管理办法》界定的上述 3 个重点领域都与能源直接相关。因此，《管理办法》将中国开展 CDM 项目合作的重点引导在上述 3 个领域，有利于确保中国 CDM 项目对可持续发展发挥促进作用。

2. 管理体制

《管理办法》第二部分对在中国开展 CDM 项目的管理体制作出了详细的规定。主要内容包括：明确国家发展改革委是中国 CDM 项目合作的主管机构；中国 CDM 项目审核理事会的组成情况及其职责；项目实施机构应履行的义务；项目许可条件等。

《管理办法》第十条明确规定，只有中国境内的中资和中资控股企业有资格同国外合作方开展 CDM 项目。实施 CDM 项目的企业必须提交 CDM 项目设计文件（PDD）、企业资质状况证明文件及工程项目概况和筹资情况相关说明。CDM 项目以促进发展中国家的可持续发展为目标，对企业开展 CDM 项目资质的规定体现了上述考虑，而申请 CDM 项目的企业提交的各项文件将协助国家相关机构确认企业开展 CDM 活动的资质，以及项目活动的审批。

3. 申请和实施程序

《管理办法》第三部分明确了在中国境内申请和实施 CDM 项目的程序。41 家中央企业可以直接向国家发展改革委提出 CDM 合作项目的申请，其余项目实施机构向项目所在地省级发展改革委提出清洁发展机制项目申请。此外，《管理办法》重点对以下环节的实施程序进行了明确规定：项目申请时需要提交的材料；专家审评、审核理事会审查的主要内容；指定经营实体（DOE）负责项目注册；国家发展改革委负责对清洁发展机制项目的实施进行监督；工程建设项目的审批程序和审批权限按国家有关规定办理。

4. 法律责任

《管理办法》第四部分依据《行政许可法》的要求，分别对中国清洁发展机制项目管理所涉及的行政机关及其工作人员、项目实施机构的相关法律责任进行了明确规定。其中，第三十条规定：项目实施机构在取得国家发展改革委出具的批准函后，企业股权变更为外资或外资控股的，自动丧失清洁发展机制项目实施资格，股权变更后取得的项目减排量转让收入归国家所有。第三十一条规定：项目实施机构在减排量交易完成后，未按照相关规定向国家按时足额缴纳减排量交易额分成的，国家发展改革委依法对项目实施机构给予行政处罚。

5. 附则

《管理办法》第五部分为附则，除必要的名词解释外，这部分重点对 CDM 项目收益的分配比例和 2012 年以后的项目合作管理作出了具体规定。

《管理办法》第三十六条规定：清洁发展机制项目因转让温室气体减排量所获得的收益归国家和项目实施机构所有，其他机构和个人不得参与减排量转让交易额的分成。国家与项目实施机构减排量转让交易额分配比例如下：

（1）氢氟碳化物（HFC）类项目，国家收取温室气体减排量转让交易额的 65%；

（2）己二酸生产中的氧化亚氮（N_2O）项目，国家收取温室气体减排量转让交易额的 30%；

（3）硝酸等生产中的氧化亚氮（N_2O）项目，国家收取温室气体减排量转让交易额的 10%；

（4）全氟碳化物（PFC）类项目，国家收取温室气体减排量转让交易额的 5%；

（5）其他类型项目，国家收取温室气体减排量转让交易额的 2%。

国家从清洁发展机制项目减排量转让交易额收取的资金，用于支持与应对气候变化相关的活动，由中国清洁发展机制基金管理中心根据《中国清洁发展机制基金管理办法》收取。

《管理办法》第三十七条规定：国家发展改革委已批准项目 2012 年后产生的减排量，须经国家发展改革委同意后才可转让，项目实施按照本办法管理。

CDM 项目收益的分配体现了 CDM 项目产生的 CERs 资源的国有属性，而对不同项目收取不同转让额比例的规定则体现了国家可持续发展战略的要求。对于优先发展领域内的 CDM 项目，收取较低的转让额比例（2%）有利于推动此类项目的开发。中国政府从中国 CDM 项目的收益分成，已成为中国清洁发展机制基金的主要来源，将用于支持中国应对气候变化的相关活动。

6. 香港特别行政区境内清洁发展机制项目的实施安排

在征询香港特别行政区政府后，中央政府通报联合国，《气候公约》和《京都议定书》自 2003 年 5 月起适用于香港特别行政区（香港特区）。香港特区在《气候公约》及《京都议定书》之下，需要与内地共同履行非《气候公约》附件一中所列缔约方（非附件一缔约方）所承担的义务。根据"一国两制"的原则和基本法的有关规定，在参考《管理办法》及经过国家发展改革委与香港特区政府环境保护署磋商后制定了《香港特别行政区境内清洁发展机制项目的实施安排》（以下简称《香港实施安排》），自 2008 年 6 月 6 日起开始施行。

《香港实施安排》规定了香港境内实施 CDM 项目的业主资质、申请时需要的文件、单边项目的实施规则以及香港内实施 CDM 项目的税收等内容。《香港实施安排》内容如下：

（1）香港境内实施 CDM 项目时，国家发展改革委是中央政府开展清洁发展机制项目活动的主管机构，香港特区政府环境保护署（香港环保署）是涉港清洁发展机制项目的联络机构。

（2）在港实施 CDM 项目的机构须是根据香港特区《公司条例》或其他有关条例注册或登记设立，并取得有效商业登记证的公司。

（3）项目实施机构提交的申请、报告资料，须经香港环保署转交国家发展改革委，提交文件的格式需符合国家发展改革委的具体要求，中文版本需以简体中文书写。

（4）提交文件须各另加两份；香港环保署接到齐全资料后，在五个工作日内转交国家发展改革委，若有任何问题，国家发展改革委将经由香港环保署通知项目实施机构。

（5）国家发展改革委根据《管理办法》的规定，委托有关机构，对申请项目组织专家评审，专家审评合格的项目将获提交审核理事会审核。

（6）当项目审核理事会审核香港特区境内实施的清洁发展机制项目时，香港环保署将派代表参与该理事会的有关工作，具体工程建设项目的其他审批程序和审批权限，按香港有关法规办理。

（7）实施机构须按照《管理办法》有关规定，项目业主将经香港环保署向国家发展改革委和经营实体提交项目实施和监测报告；为保证清洁发展机制项目实施的质量，香港环保署可对在香港特区境内清洁发展机制项目的实施进行监察，并向国家发展改革委提交有关结果。

（8）如果项目在报批时还没有找到国外买方，没法提供可转让温室气体减排量的价格，项目产生的减排量将转入中国的国家账户，并必须注明在该项目设计文件。项目实施机构经香港环保署通知中央政府清洁发展机制主管机构后，可从国家账户中转出使用。

（9）中央政府和香港特区政府对香港特区境内开展的清洁发展机制项目，包括提高能源效率、开发利用新能源和可再生能源，以及回收利用甲烷，因转让温室气体减排量所获得的收益，暂时不收取任何费用。

11.2.2　中国清洁发展机制项目管理机构

根据《管理办法》，国家气候变化对策协调小组负责制定 CDM 政策、规则以及标准，任免审核理事会成员，商定其他相关决议。2007 年 6 月，国务院成立了国家应对气候变化领导小组，代替之前的国家气候变化对策协调小组履行 CDM 相关管理职能。中国 CDM 管理机构见图 11 -7。

1. 国家 CDM 项目审核理事会

国家 CDM 审核理事会由国家发展改革委、科技部、外交部、环境保护部、中国气象局、财政部、农业部组成，国家发展改革委及科技部为联合组长单位，外交部为副组长单位。国家 CDM 审核理事会负责：

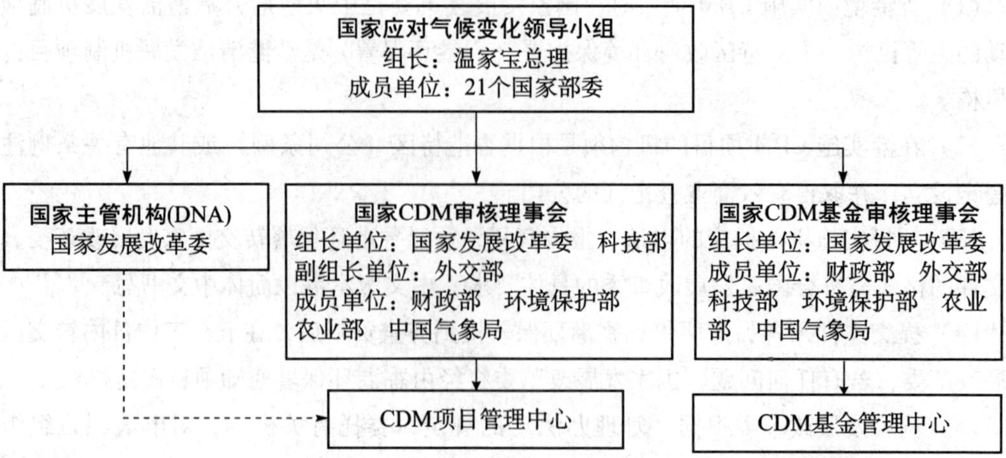

图 11 - 7　中国 CDM 管理机构示意图

（1）组织专家审评 CDM 项目；

（2）向国家应对气候变化领导小组报告 CDM 项目执行情况和实施过程中的问题及建议；

（3）提出和修订国家 CDM 项目活动的运行规则和程序的建议。

2. 国家主管机构（DNA）

在国家应对气候变化领导小组的指导下，国家发展改革委被指定为中国 CDM 国家主管机构。国家发展改革委作为中国 CDM 项目主管机构具有以下职能：

（1）受理清洁发展机制项目的申请；

（2）依据项目审核理事会的审核结果，会同科技部和外交部批准清洁发展机制项目；

（3）代表中国政府出具清洁发展机制项目批准文件；

（4）对清洁发展机制项目实施监督管理；

（5）与有关部门协商成立清洁发展机制项目管理机构；

（6）处理其他涉外相关事务。

11.2.3　中国国内清洁发展机制项目审批流程

《清洁发展机制项目运行管理办法》对中国国内的 CDM 项目审批流程作了严格而详细的规定，具体流程如图 11 - 8 所示。该流程适用于单独和打捆 CDM 项目的申请。

1. 项目开发

项目业主识别潜在的 CDM 项目，并对合格的项目进行设计和描述，完成 PDD。EB 针对 PDD 格式与内容制定了详细的规则，针对不同类型的 CDM 项目有不同的模版。项目采用的基准线方法学必须是经过 EB 批准的方法学，并且选择与之相对应的且已经过 EB 批准的监测方法学，据此制定监测计划。

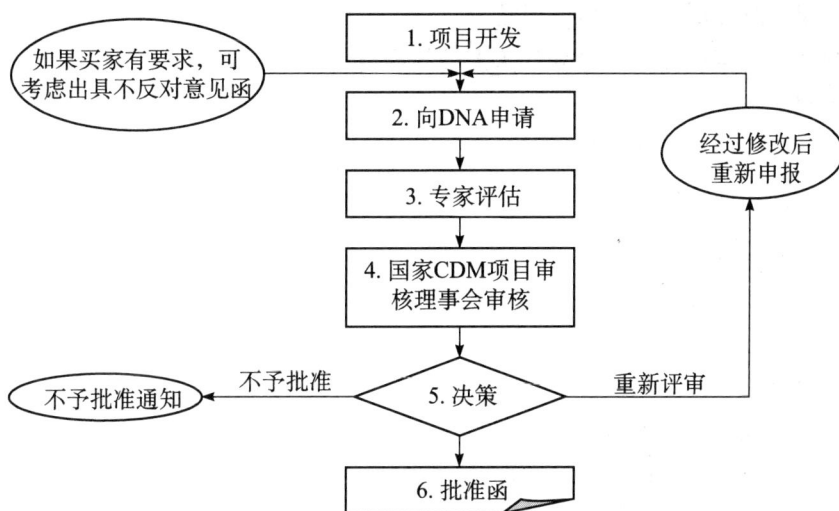

图 11-8　CDM 项目审批国内流程

2. 项目申请

在中国境内申请清洁发展机制项目，应当向国家发展改革委提出申请，有关部门和地方政府可以组织企业提出申请，并同时提交清洁发展机制项目设计文件等申报材料。

申报材料具体包括：

（1）清洁发展机制项目申请函（中文 2 份）；

（2）清洁发展机制项目行政许可申请表（中文 20 份，英文 5 份）；

（3）清洁发展机制项目设计文件（中文 20 份，英文 5 份）；

（4）工程项目概况和筹资情况相关说明（中文 20 份）。

其中在工程项目概况和筹资情况说明中应包含：

（1）项目业主单位概况、减排量国外接受方概况；

（2）项目基本信息；

（3）项目总投资和筹资情况；

（4）项目工艺流程简述；

（5）项目预期减排总量；

（6）项目经济效益与环境效益；

（7）工程建设项目批准情况；

（8）环境评价批准情况（若批准，附批准书复印件）；

（9）项目进展状况。

在非单边项目中，应 CERs 买方要求，国家发展改革委可以考虑出具 CDM 项目不反对意见函。不反对意见函的申请单位必须是该项目的中方实施企业。申请不反对意见函需要提供如下材料：

（1）要求出具不反对意见函的申请。

（2）申请单位资质证明（企业法人营业执照复印件）。

（3）项目的情况介绍，包括：

1）申请单位的概况与联系方式；

2）国外合作方的概况；

3）项目地理位置；

4）减排类型及减排量；

5）工艺流程；

6）投资规模、筹资情况的说明；

7）项目采用的方法学；

8）到申请时为止项目的进展情况。

3. 专家审评

国家发展改革委对提交的项目申请材料进行检查，对每个符合初审要求的项目将委托独立审评专家进行审评。

专家审评的主要内容是：

（1）方法学的应用是否准确，包括基准线方法学和监测方法学的选定及应用（包括基准线情景的确定）；

（2）额外性论证；

（3）项目减排量的计算；

（4）监测计划。

此外，审评专家还关注项目活动是否符合中国相关法律法规的规定以及国家产业政策和技术政策的要求，审定项目参与方的资格，审查利益相关方的意见等。

专家审评的时间不超过 30 天。

4. 国家 CDM 项目审核理事会审核

根据 CDM 项目申请受理情况，每个月国家 CDM 项目审核理事会都将召开会议对受理的项目进行审核。在专家审评的基础上，审核理事会将重点审核以下内容：

（1）参与资格；

（2）项目设计文件；

（3）确定基准线的方法学和温室气体减排量；

（4）可转让温室气体减排量的价格；

（5）资金和技术转让条件；

（6）预计转让的计入期限；

（7）监测计划；

（8）预计促进可持续发展的效果。

此外根据《管理办法》的规定，其中特别是第五条至第九条的规定，审核理事会对申请项目是否是一个合格的工程建设项目进行审查（包括对项目的环评批复和可研批复文件的审查），这些审查旨在检查：1）该项目是否合格并可促进中国的可持续发展；2）该项目是否为合格的工程建设项目；3）该项目是否与中国的法律法规及可持续发展战略符合；4）该项目是否符合国民经济和社会发展规划的总体要求；5）发达国家缔约方用于该项目的资金是否额外于官方发展援助（ODA）等。

所有与会成员意见达成一致时，该项目被审批通过。

5. 发放批准函

根据 CDM 审核理事会的决定，国家发展改革委会同科技部和外交部共同批准项目，并由国家发展改革委出具批准函，同时将结果通知项目实施机构。

自项目受理之日起，国家发展改革委在 20 日之内（不含专家评审的时间）作出是否予以批准的决定。

通过 DNA 批准的项目可以进行后续的项目核查核证和注册等申请步骤，而未获得批准的项目可以根据审核理事会的意见修改后重新申报。

6. 香港特别行政区 CDM 项目申请及审批程序

在香港特区境内实施 CDM 项目的业主必须是根据香港特区《公司条例》或其他有关条例注册或登记设立，并取得有效商业登记证的公司。

在审批程序上，除与内地 CDM 项目申请及审批相同的部分外，不同之处在于申报项目阶段，项目实施机构提交的申请、报告和资料，须经香港环保署转交。在香港环保署接到齐全资料后，在 5 个工作日内转交国家发展改革委。若有任何问题，国家发展改革委将经由香港环保署通知项目实施机构；而当项目审核理事会审核香港特区境内实施的清洁发展机制项目时，香港环保署将派代表参与该理事会的有关工作。

另外，中央政府和香港特区政府对香港特区境内开展的清洁发展机制项目，包括提高能源效率、开发利用新能源和可再生能源以及回收利用甲烷，因转让温室气体减排量所获得的收益，暂时不收取任何费用。

11.3 中国清洁发展机制项目实施现状*

中国政府积极履行《气候公约》和《京都议定书》规定的义务，将积极推动开展 CDM 项目作为重要履约活动之一。CDM 项目活动在中国呈现出日益活跃的趋势，吸引了越来越多的国外买家和国内外项目开发方参与到 CDM 项目活动中来。本节介绍中国 CDM 市场的发展概况和主要参与方，对省级的 CDM 实施情况进行了较为深入的阐述，同时详细介绍了世界银行在中国 CDM 市场中发挥的作用。

11.3.1 中国清洁发展机制项目情况

1. 中国清洁发展机制项目总体情况

中国 CDM 市场近年来蓬勃发展，为全球碳市作出了重要贡献。回顾中国的 CDM 项目实践，中国 CDM 项目呈现出以下三个主要特点：

（1）CDM 项目数量发展迅速。

2004 年 11 月，中国政府批准了第一个 CDM 项目，此后获批的项目数稳步增长，并于 2007 年底总数过千（见图 11 - 9），这使得中国在国际 CDM 市场上占据主导地位。CDM 的迅速发展可以归因于：第一，在提高公众意识和能力建设方面所作的努力；第二，中国减缓气候变化的总体潜力以及与此相关的 CDM 发展范围。

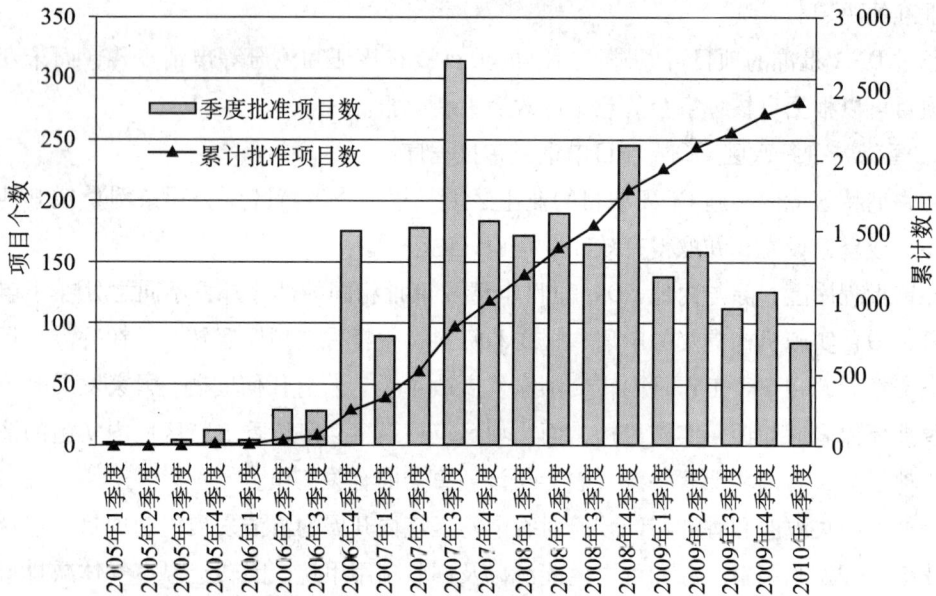

图 11 - 9　中国已批准 CDM 项目数（截至 2010 年 3 月 1 日）

数据来源：中国清洁发展机制项目管理数据库。

图 11 - 10 说明了中国 DNA 批准的 CDM 项目情况。项目从 DNA 批准到国际审定/注册环节再到项目实施、减排最后获得经核证的减排量，需要经过国际国内两套程序，从 DNA 批准之后项目的审定与注册存在滞后性。

截至 2010 年 2 月底，中国 DNA 共批准 2 413 个项目，其中 751 个在 EB 成功注册，占中国 DNA 批准项目总数的 31%（见图 11 - 10）。2006 年 6 月 26 日，中国第一个 CDM 项目——内蒙古辉腾锡勒风电项目在 EB 注册成功。此后，中国在 EB 成功注册的 CDM 项目数量基本保持在每月 10 ~ 15 个（见图 11 - 11）。

（2）中国在全球 CDM 市场所占份额迅速增长。

2004 年的世行报告预测，中国能源相关的 CDM 项目产生的减排量将在 2010 年占据

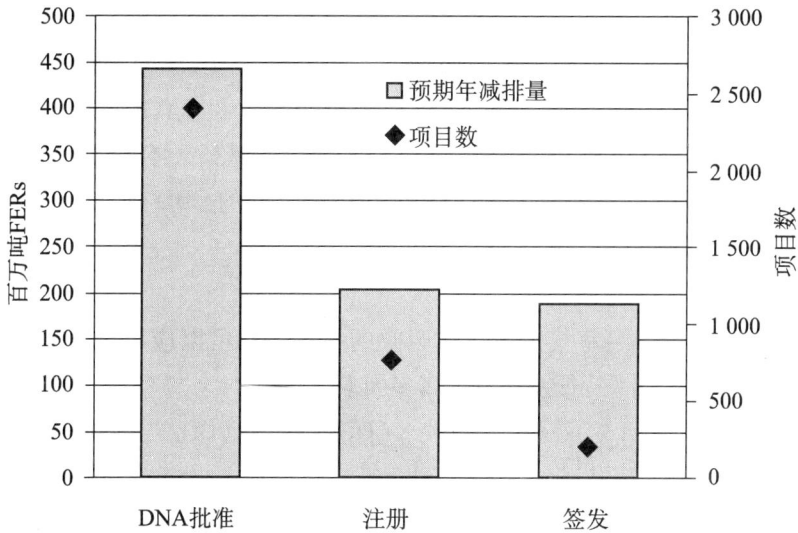

图 11 - 10　中国各阶段 CDM 项目情况（截至 2010 年 3 月 1 日）

注：待注册项目和已注册项目的 CERs 量均为 2012 年以前的累计数量。

数据来源：中国清洁发展机制项目管理数据库，URC 2010a。

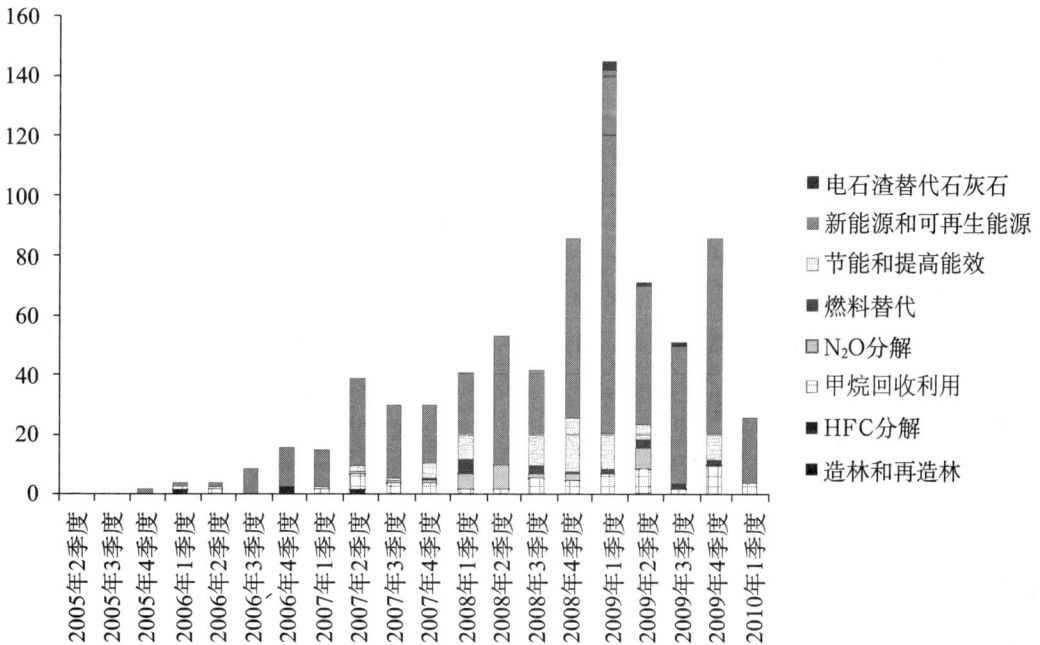

图 11 - 11　中国 CDM 项目注册进展

数据来源：中国清洁发展机制项目管理数据库。

CERs 市场的 50%。事实上，中国自第一个注册成功的 CDM 项目以来，截至 2010 年 3 月 1 日，已获得签发量超过 1. 8 亿吨 CO_2 当量，约占全球签发总量的 48%。

（3）显著的温室气体减排量。

从温室气体的类型来看，中国不同温室气体的减排潜力也存在区别。方法学 AM001 所适用的 HFCs 分解项目的潜力已基本开发完，而减少甲烷和二氧化碳排放的 CDM 项目则保持着良好的增长空间。由于二氧化碳是中国主要排放的温室气体，且二氧化碳减排项目以提高能效类和可再生能源类为主，截至目前中国已开展的 CDM 项目活动的分布有利于促进中国的可持续发展。

2. 中国 CDM 项目类型

原则上，任何有益于温室气体减排或吸收的技术，都可以应用于 CDM 项目。当然，具体操作的时候要考虑技术特征及成本等诸多因素。

《京都议定书》附件 A 定义了二氧化碳（CO_2）、甲烷（CH_4）、氧化亚氮（N_2O）、氢氟碳化合物（HFCs）、全氟碳化（PFCs）和六氟化硫（SF_6）六种温室气体以及能源、工业过程、农业、废弃物四大温室气体排放源类别。清洁发展机制执行理事会则将 CDM 项目类型划分为三大类：（1）可再生能源项目；（2）提高能效项目；（3）其他类型项目（包括甲烷利用、造林和再造林以及化工产业）。

随着新方法学的产生和已有方法学的不断完善（比如 ACM0002），CDM 的发展进一步深入，项目类型逐渐增多，更出现了适用多种项目的统一方法学和只使用于特殊情况的方法学。各国研究机构根据本国开展 CDM 侧重领域的不同，对 CDM 项目的分类也颇具国家特色。中国 CDM 项目涉及各个领域，从项目数量和预计减排量来看，可再生能源项目在全国已批准 CDM 项目中占据绝大比例。本节对风电、水电、生物质能和太阳能等可再生能源进行分析，以便进行更深入的统计和分析。

根据世行报告《CDM 在中国》（世界银行，2004），中国的 CDM 项目开发潜力分布预测如下：电力 50%；钢铁和水泥各 10%；非二氧化碳项目（特别是 HFC – 23 分解和甲烷回收利用）10%；化工行业 5%；其他行业 15%。然而，CDM 在中国的实际发展和预测的有一定差距。根据中国 DNA 批准的项目数据（表 11 – 1）和已注册项目信息（表 11 – 2），世行之前的报告低估了 HFC – 23 和甲烷项目的潜力，高估了工业二氧化碳项目的潜力。

表 11 –1 中国已批准项目类型

项目类别	项目数量	占全国项目总数百分比（%）	项目预计年减排量（kt CO_2e）	占全国项目预计年减排总量百分比（%）
电石渣制水泥	21	0.87	3 550	0.80
分解 N_2O	28	1.16	16 039	3.62
分解 HFC – 23	11	0.46	66 798	15.07
风电	451	18.69	57 894	13.06
甲烷回收利用	189	7.83	51 733	11.67
节能和提高能效	446	18.48	72 045	16.26
燃料替代	42	1.74	29 519	6.66
生物质能	103	4.27	19 243	4.34

续表

项目类别	项目数量	占全国项目总数百分比（%）	项目预计年减排量（kt CO₂e）	占全国项目预计年减排总量百分比（%）
水电	1 105	45.79	125 318	28.28
太阳能	6	0.25	242	0.05
造林与再造林	5	0.21	118	0.03
其他：交通	2	0.08	429	0.10
其他：造纸	3	0.12	101	0.02
其他：六氟化硫	1	0.04	156	0.04
总计	2 413	100.00	443 185	100.00

数据来源：中国清洁发展机制项目管理数据库。

表 11 - 2　　　　　　　　　　　　　中国已注册项目类型

项目类型	项目数量	占全国项目百分比（%）	预计年减排量（ktCO₂e/y）	占全国项目百分比（%）	预计转让减排量（ktCO₂e）	占全国项目百分比（%）
水泥原料替代	5	0.67	1 199	0.59	5 682	0.46
生物质能	16	2.13	2 496	1.22	13 814	1.12
甲烷回收利用	61	8.12	18 582	9.07	129 300	10.48
节能和提高能效	73	9.72	16 314	7.96	98 743	8.00
燃料替换	19	2.53	20 525	10.02	105 414	8.54
HFCs	11	1.46	65 651	32.05	438 872	35.57
N₂O	26	3.46	20 932	10.22	153 226	12.42
水电	370	49.27	39 458	19.26	191 975	15.56
风电	165	21.97	19 525	9.53	95 076	7.71
造林和再造林	2	0.27	49	0.02	1 100	0.09
太阳能	3	0.40	112	0.05	541	0.04
总计	751	100.00	204 843	100.00	1 233 743	100.00

数据来源：中国清洁发展机制项目管理数据库。

（1）可再生能源。

可再生能源发电只占中国总发电量的不到 3%（除了大型水电项目和传统生物质发电）。《中华人民共和国可再生能源法》于 2006 年 1 月 1 日生效，目标是迅速发展中国的可再生能源能力，设定了 2010 年和 2020 年的具体目标（见表 11-3），在 2020 年达到可再生能源发电量占全国总发电量的 16%。

表 11 - 3　　　　　　　　　　　　　我国可再生能源发展目标

	2010 年	2020 年
水能	180 GW	300 GW
生物质	5.5 GW	30 GW
沼气	150 亿 m³	300 亿 m³
液体燃料	200 万吨	1 000 万 tones
风能	5 GW	30 GW
太阳能	500 MW	1.8 GW
太阳能集热器	15 000 万 m²	3 亿 m²

资料来源：《可再生能源法》（2007）；《中国应对气候变化国家方案》（2007）。

该法律制定了可再生能源在中国的发展阶段，尤其是商业规模发电设施的发展。其中承诺，到 2020 年，利用价格支持机制等手段在可再生能源方面投资 1 800 亿美元。随后财政部于 2006 年 6 月发布了关于建立可再生能源发展基金的规定，向可再生能源发展提供赠款和低息贷款。除《清洁发展机制管理办法》规定的国家只收取 2% 的 CERs 收益分成以外（与之相比，一些非重点项目类型税率为 65%），还有优惠税收待遇规定，进一步鼓励可再生能源项目投资。

从中国政府批准的 CDM 项目数量来看，中国 CDM 项目以可再生能源类为主。截至 2010 年 2 月底，共批准 1665 个可再生能源项目，占项目总数的 69.0%，预计年减排量约为 202 696 $ktCO_2e$，占预计年减排总量的 45.7%。

在可再生能源项目领域中，中国政府已批准的 CDM 项目主要是水电（以径流式发电项目为主）和风电类项目。截至 2010 年 2 月底，共批准 1 105 个水电项目，占项目总数的 45.8%，共计年减排量为 125 318 二氧化碳当量（CO_2e），占年减排总量的 28.3%；共获准 451 个风电项目，占项目总数的 18.7%，共计年减排量为 57 893 $ktCO_2e$，占年减排总量的 13.1%。

出现这种状况的主要原因：一是中国有很丰富的水力和风力资源，很多水电和风电项目正处在设计阶段，从而较容易被进一步开发为 CDM 项目。潜在的 CDM 项目收益也鼓励了这类项目的开发方的投资决心。二是可再生能源类 CDM 项目的方法学相对简明，基准线和方法学比其他类型项目清楚，因而绝大多数企业和咨询公司都选择此类项目作为商业上的初探。因此，对于熟悉 CDM 项目业务的公司，较容易针对该类项目形成一套开发体系，进入项目批量运作也更容易。

（2）提高能效。

2008 年 4 月 1 日，中国新的《节约能源法》生效，其中规定："节约能源是一项基本政策"，中国在发展上给予节能"最优先"的地位。该法对大型能源终端用户和公共采购提出了具体要求，并概述了工业、建筑业和运输业的节能政策，还制定了奖惩政策，给不遵守规定的情况予以不同类型的法律处罚（包括纪律处分和罚款）。此外，中国的"十一五"规划设定在 2006—2010 年，单位 GDP 能耗减少 20%（每万元人民币 GDP 消耗的能源，吨标准煤），每个省和省级城市同时被指定以 12% ~30% 的目标不等；国家发展改革委于 2004 年 11 月发布《中长期节能计划》，用于支持"十一五"规划，计划包含 10 个重大节能项目以及主要工业产品能源消费和能源消费设备的定量指标，可再生能源和提高能效的项目还享受 2% 的清洁发展机制优惠税率。根据《中国应对气候变化国家方案》，以上这些能源效率措施在 2006—2010 年间减少 55 000 万吨二氧化碳温室气体排放量。

在中国政府批准的 CDM 项目数量上，节能和提高能效类项目居第二位。截至 2010 年 3 月 1 日，共有 446 个此类项目获得批准，占已批准项目总数的 18.5%，预计年减排量约为 72 045 $ktCO_2e$，占年减排总量的 16.2%。绝大多数此类 CDM 项目是和十大重点节能项目中的重工业余热、废气项目相关的，包括电动马达系统、工业过程的效率、建筑业能效或高效照明设备等有针对性的大型节能项目。

（3）其他 CDM 项目。

以下 CDM 项目构成第三组项目类型：

1）甲烷回收利用。

"十一五"规划对开发和利用煤层气和煤矿瓦斯作了规划，呼吁在 2010 年达到煤层气（Coal Bed Methane，百分之百利用率）和煤矿甲烷（Coal Mine Methane，60% 利用率以上）各生产 50 亿立方米。主要鼓励政策包括免除部分费用、与天然气同价以及税收优惠政策。除了可再生能源和提高能效类项目，甲烷回收和利用是唯一享受清洁发展机制 2% 优惠税率的其他项目类型。《中国应对气候变化国家方案》希望在 2006—2010 年间，通过包括清洁发展机制在内等措施的实施，减少 2 亿吨 CO_2e 的排放。

截至 2010 年 3 月 1 日，中国政府共批准 189 个甲烷回收利用项目，占中国 DNA 批准全部项目的 7.8%，项目预计年减排量 51 733 $ktCO_2e$，占全国项目预计年减排总量的 11.7%。

2）造林和再造林。

"十一五"规划呼吁在 2010 年以前达到 20% 的森林覆盖率。措施包括造林、退耕还林/草和森林保护。在这些努力下，《中国应对气候变化国家方案》期望在 2010 年前能够增加碳汇 5 000 万吨（CO_2，2005 年基础上）。

到目前为止，中国政府仅批准了 5 个造林和再造林项目。这与该类型项目 CERs 价格低、2012 年以前的累积 CERs 少、方法学复杂有关。另外，国内林场多为政府所有和管理，不符合国内现行的《管理办法》对业主的规定。无法以合格的项目业主资质来申报项目，在很大程度上限制了该类项目的发展。

3）化工行业。

工业温室气体排放具有较高全球气候增温潜力，所以尽管它们排放量少，但造成的气候变化却十分显著。《中国应对气候变化国家方案》不包含工业气体减排目标，但它确实促进了清洁发展机制项目在己二酸生产部门的发展，并为控制氮氧化物（NOx）、氟化烃（HFC）、全氟化碳（PFC）和六氟化硫（SF_6）的排放量寻求资金和技术上的援助。

截至 2010 年 3 月 1 日，11 个 HFCs 项目获得批准，占全国已批准项目总数的 0.46%，预计年减排量约为 66 798 $ktCO_2e$，占全国已批准项目预计年减排总量的 15.1%；同期，28 个 N_2O 项目获得批准，占全国已批准项目总数的 1.2%，预计年减排量约 16 039 $ktCO_2e$，占全国已批准项目年总减排量的 3.6%。

以上分析表明，CDM 在中国开展 5 年多来，从整体运行情况上看，中国 CDM 项目严格根据《气候公约》和《京都议定书》的有关规定，依据中国的具体国情，在 DNA 指导下有效、蓬勃地发展。但在快速发展的同时，我们还注意到中国 CDM 项目面临着许多困境，与国际和国内的预期还存在一定差距。大部分项目还在 EB 的审核阶段中，并未注册。有大约 1 000 个尚未注册的项目还在审定或者要求注册阶段；许多项目业主对 CDM 项目的运营模式和申报流程缺乏学习；一部分咨询公司和买家对 CDM 项目实现全球减排和促进可持续发展两大目标认识不深。同时，涉及技术转让的项目偏少，第二承诺期前景不明朗，都给中国 CDM 项目带来了潜在的压力。总体看，世行报告《CDM 在中国》在考虑中国 CDM 取得的成就的同时，也考虑了中国 CDM 发展面临的挑战与机遇。

11.3.2　清洁发展机制省级实施情况

作为一个大国，中国各省份在 CDM 发展机会类型（行业、技术）、温室气体减排和 CDM 潜力、人员与机构在识别和开展 CDM 活动上的能力，及 CDM 项目活动给地方可持续发展带来的益处上面差别巨大。虽然 CDM 项目在中国的分布愈加广泛和均衡，但在中国 23 个省、4 个直辖市和 5 个少数民族自治区当中，一半以上省份已注册项目数量在 20 个以下，截至 2010 年 3 月 1 日，全国共有 751 个注册项目，其中云南省为 94 个，居全国首位。详见图 11 - 12。

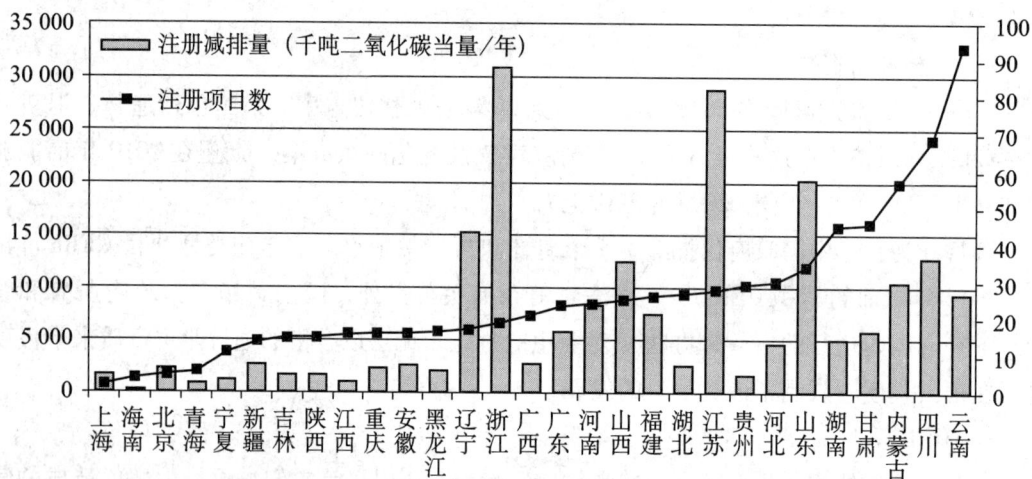

图 11 - 12　截至 2010 年 3 月 1 日中国各省份已注册 CDM 项目分布及预期年减排量

资料来源：中国清洁发展机制项目管理数据库。

展望未来，项目的地域分布正在由东部沿海较发达地区向中西部地区转移（见图 11 - 13），但是项目类别非常有限（图 11 - 14），这与当地自然资源条件、经济结构和社会因素息息相关。同时似乎还存在一种总体趋势，那就是富裕省份的进程中项目要比已注册项目数量少。这与政府原意图，即 CDM 要为特别是贫困地区的地方可持续发展作出贡献相一致。这或许还反映出在人员和资金能力较强的省份论证 CDM 项目的额外性更具挑战性。

对已核准的减排量，我们可以把它看作是 CDM 资金流的代表，它的分布更不平均（见图 11 - 14）。东部省份（江苏、浙江、山东）由于有多个大型工业 HFC 分解项目，因而得益最多，而那些拥有大量小规模可再生能源项目的省份，如甘肃的水电项目、内蒙古的风电项目却并未从大数目的 CERs 及其销售收入中获益（尽管有其他有利于地方可持续发展的利益产生）。

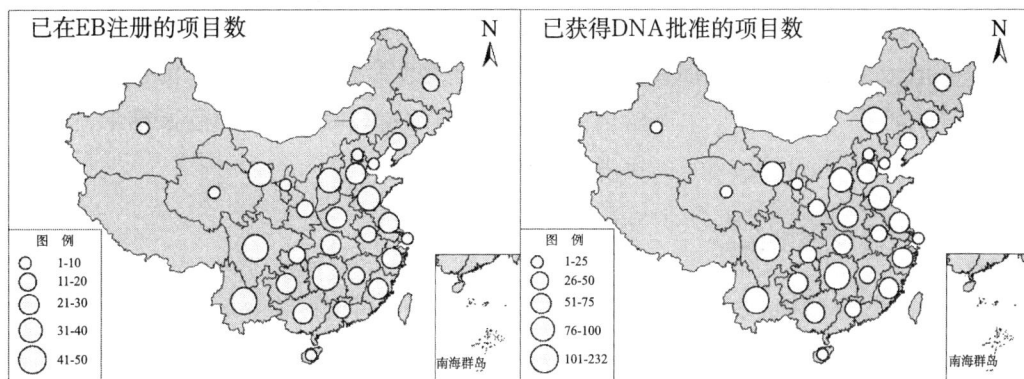

图 11－13 至 2010 年 3 月 1 日已注册项目（左图）与 DNA 批准项目（右图）

资料来源：中国清洁发展机制项目管理数据库。

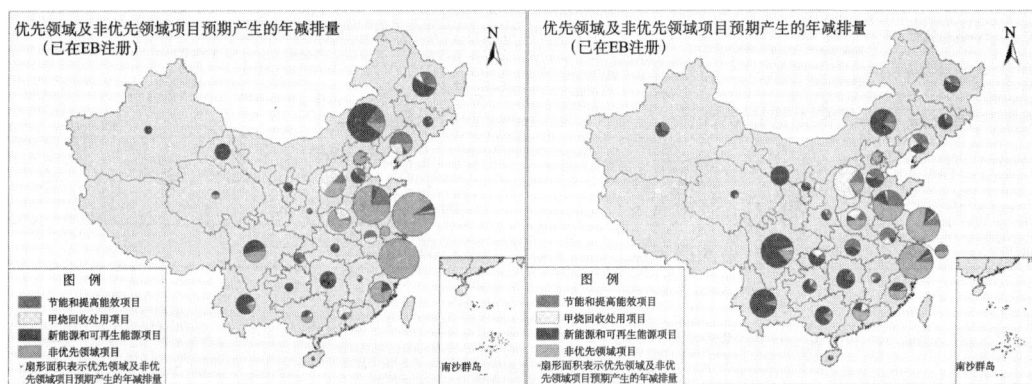

图 11－14 与中国 CDM 优先领域相关联的各省份已注册项目年减排量分布（左图）

和各省份已批准项目年减排量分布（右图）

资料来源：中国清洁发展机制项目管理数据库。

图 11－14 表明，那些远离东部较发达地区的省份，不管是其年减排量还是累计减排量都将有一个巨大的转变——转向一个更为均衡的分布，使不发达地区获益，同时与中国 CDM 优先领域保持一致，这一转变是从由工业 HFC 占主导地位的 CERs 组合到对可再生能源、提高能效和甲烷项目的更多关注。

云南省在项目数量上居于领先地位，项目类型以水电为主。从小水电项目量来看，四川省在全国领先，内蒙古自治区在项目数目上位居全国第三，但在风电项目上领先全国。山西省在减排量上位居全国第六，但其煤层气开发项目居全国首位。

11.4 中国区域电网基准线排放因子*

为了更准确、更方便地开发符合国际 CDM 规则以及中国清洁发展机制重点领域的

CDM 项目，国家发展改革委应对气候变化司研究确定了中国区域电网的基准线排放因子，并征询了相关部门和部分指定经营实体（DOE）的意见。上述机构一致认为排放因子数据真实、计算合理、结果可信。本节给出区域电网基准线排放因子计算过程及结果，可供编写和审定项目文件和计算减排量时参考引用。

11.4.1　区域电网划分

为了便于中国 CDM 发电项目确定基准线排放因子，将电网边界统一划分为东北、华北、华东、华中、西北和南方区域电网，不包括西藏自治区、香港特别行政区、澳门特别行政区和台湾省。上述电网边界包括的地理范围如表 11 -4 所示。

表 11 -4　　　　　　　　　　　中国区域电网划分情况

电网名称	覆盖省份
华北区域电网	北京市、天津市、河北省、山西省、山东省、内蒙古自治区
东北区域电网	辽宁省、吉林省、黑龙江省
华东区域电网	上海市、江苏省、浙江省、安徽省、福建省
华中区域电网	河南省、湖北省、湖南省、江西省、四川省、重庆市
西北区域电网	陕西省、甘肃省、青海省、宁夏自治区、新疆自治区
南方区域电网	广东省、广西自治区、云南省、贵州省、海南省

11.4.2　排放因子计算方法

根据"电力系统排放因子计算工具"（02.2 版），计算电量边际排放因子（OM）采用步骤 3（a）"简单 OM"方法中选项 B，即根据电力系统中所有电厂的总净上网电量、燃料类型及燃料总消耗量计算。公式如下：

$$EF_{grid,OMsimple,y} = \frac{\sum_i (FC_{i,y} \times NCV_{i,y} \times EF_{CO_2,i,y})}{EG_y} \tag{11-1}$$

式中：

$EF_{grid,OMsimple,y}$ 是第 y 年简单电量边际 CO_2 排放因子（tCO_2/MWh）；

$FC_{i,y}$ 是第 y 年项目所在电力系统燃料 i 的消耗量（质量或体积单位）；

$NCV_{i,y}$ 是第 y 年燃料 i 的净热值（能源含量，GJ/质量或体积单位）；

$EF_{CO_2,i,y}$ 是第 y 年燃料 i 的 CO_2 排放因子（tCO_2/GJ）；

EG_y 是电力系统第 y 年向电网提供的电量（MWh），不包括低成本／必须运行电厂／机组；

i 是第 y 年电力系统消耗的所有化石燃料种类；

y 是提交 PDD 时可获得数据的最近三年（事先计算）。

另外，在电网存在净调入的情况下，采用调出电力电网的简单电量边际排放因子［步骤 4（a）]。

OM 计算中供电量和燃料消耗量的数据选取遵循了保守原则。根据"电力系统排放因子计算工具"（02.2 版），BM 可按 m 个样本机组排放因子的发电量加权平均求得，公式如下：

$$EF_{grid,BM,y} = \frac{\sum_m EG_{m,y} \times EF_{EL,m,y}}{\sum_m EG_{m,y}} \qquad (11-2)$$

式中：

$EF_{grid,BM,y}$ 是第 y 年的 BM 排放因子（tCO_2/MWh）；

$EF_{EL,m,y}$ 是第 m 个样本机组在第 y 年的排放因子（tCO_2/MWh）；

$EG_{m,y}$ 是第 m 个样本机组在第 y 年向电网提供的电量（MWh），也即上网电量；

m 是样本机组；

y 是能够获得发电历史数据的最近年份。

其中第 m 个机组的排放因子 $EF_{EL,m,y}$ 根据"电力系统排放因子计算工具"（02.2 版）的步骤 3（a）"简单 OM"中的选项 B2 计算。

"电力系统排放因子计算工具"（02.2 版）提供了计算 BM 的两种选择：（1）在第一个计入期，基于 PDD 提交时可得的最新数据事前计算；在第二个计入期，基于计入期更新时可得的最新数据更新；在第三个计入期沿用第二个计入期的排放因子。（2）在第一计入期内按项目活动注册年或注册年可得的最新信息逐年事后更新 BM；在第二个计入期内按选择（1）的方法事前计算 BM，第三个计入期沿用第二个计入期的排放因子。本次公布的排放因子 BM 的结果是基于选择（1）的事前计算，不需要事后的监测和更新。

由于数据可得性的原因，本计算仍然沿用了 CDM EB 同意的变通办法，即首先计算新增装机容量及其中各种发电技术的组成，然后计算各种发电技术的新增装机权重，最后利用各种发电技术商业化的最优效率水平计算排放因子。由于现有统计数据中无法从火电中分离出燃煤、燃油和燃气的各种发电技术的容量，本计算过程中采用如下方法：首先，利用最近一年的可得能源平衡表数据，计算出发电用固体、液体和气体燃料对应的 CO_2 排放量在总排放量中的比重；其次，以此比重为权重，以商业化最优效率技术水平对应的排放因子为基础，计算出各电网的火电排放因子；最后，用此火电排放因子乘以火电在该电网新增的 20% 容量中的比重，结果即为该电网的 BM 排放因子。此 BM 排放因子近似计算过程是遵循了保守原则。

具体步骤和公式如下：

步骤 1：计算发电用固体、液体和气体燃料对应的 CO_2 排放量在总排放量中的比重。

$$\lambda_{Coal,y} = \frac{\sum\limits_{i\in COAL,j} F_{i,j,y} \times NCV_{i,y} \times EF_{CO_2,i,j,y}}{\sum\limits_{i,j} F_{i,j,y} \times NCV_{i,y} \times EF_{CO_2,i,j,y}}$$

$$\lambda_{Oil,y} = \frac{\sum\limits_{i\in OIL,j} F_{i,j,y} \times NCV_{i,y} \times EF_{CO_2,i,j,y}}{\sum\limits_{i,j} F_{i,j,y} \times NCV_{i,y} \times EF_{CO_2,i,j,y}}$$

$$\lambda_{Gas,y} = \frac{\sum\limits_{i\in GAS,j} F_{i,j,y} \times NCV_{i,y} \times EF_{CO_2,i,j,y}}{\sum\limits_{i,j} F_{i,j,y} \times NCV_{i,y} \times EF_{CO_2,i,j,y}}$$

式中：

$F_{i,j,y}$ 是第 j 个省份在第 y 年的燃料 i 消耗量（质量或体积单位，其中固体和液体燃料为吨，气体燃料为立方米）；

$NCV_{i,y}$ 是燃料 i 在第 y 年的净热值（固体和液体燃料为 GJ/t，气体燃料为 GJ/m^3）；

$EF_{CO_2,i,j,y}$ 是燃料 i 的排放因子（tCO$_2$/GJ）；

COAL、OIL 和 GAS 分别为固体燃料、液体燃料和气体燃料的脚标集合。

步骤 2：计算对应的火电排放因子。

$$EF_{Thermal,y} = \lambda_{Coal,y} \times EF_{Coal,Adv,y} + \lambda_{Oil,y} \times EF_{Oil,Adv,y} + \lambda_{Gas,y} \times EF_{Gas,Adv,y}$$

其中 $EF_{Coal,Adv,y}$，$EF_{Oil,Adv,y}$ 和 $EF_{Gas,Adv,y}$ 分别是商业化最优效率的燃煤、燃油和燃气发电技术所对应的排放因子。

步骤 3：计算电网的 BM。

$$EF_{grid,BM,y} = \frac{CAP_{Thermal,y}}{CAP_{Total,y}} \times EF_{Thermal,y}$$

其中，$CAP_{Total,y}$ 为超过现有容量 20% 的新增总容量，$CAP_{Thermal,y}$ 为新增火电容量。

11.4.3 数据来源

计算 OM 和 BM 所需的发电量、装机容量和厂用电率等数据来源为 2008—2010 年《中国电力年鉴》；发电燃料消耗以及发电燃料的低位发热值等数据来源为 2008—2010 年《中国能源统计年鉴》；电网间电量交换的数据来源为 2007、2008 年、2009 年《电力工业统计资料汇编》；分燃料品种的潜在排放因子和碳氧化率来源为 "2006 IPCC Guidelines for National Greenhouse Gas Inventories" Volume2 Energy，第一章 1.21 ~ 1.24 页的表 1.3 和表 1.4。分燃料品种的潜在排放因子采用了上述表 1.4 中的 95% 置信区间下限值。

11.4.4 排放因子数值

排放因子数据见表 11 - 5。

表 11－5	排放因子数值	
	$EF_{grid,OM,y}$（tCO_2/MWh）	$EF_{grid,BM,y}$（tCO_2/MWh）
华北区域电网	0.9803	0.6426
东北区域电网	1.0852	0.5987
华东区域电网	0.8367	0.6622
华中区域电网	1.0297	0.4191
西北区域电网	1.0001	0.5851
南方区域电网	0.9489	0.3157

注：（1）表中 OM 为 2007—2009 年电量边际排放因子的加权平均值；BM 为截至 2009 年的容量边际排放因子；（2）本结果以公开的上网电厂的汇总数据为基础计算得出；（3）海南省电网于 2009 年并入南方区域电网，不再是独立电网。

11.5　中国开展清洁发展机制项目合作的经验 *

中国作为《京都议定书》的发展中国家缔约方，高度重视履行其在《京都议定书》下的相应义务，积极推动在中国开展清洁发展机制国际合作，在实施清洁发展机制合作相关的机构安排、体制建设、科学研究、能力建设等方面付出了巨大努力，为中国 CDM 项目合作活动的顺利开展创造了良好的政策环境。

11.5.1　制定清洁发展机制政策和管理框架

运行机制和管理体制建设是开展 CDM 活动的基础。中国政府相关部门制定并发布的《清洁发展机制项目运行管理暂行办法》，指定国家发展改革委为中国政府开展清洁发展机制项目活动的主管机构。随后发布的《清洁发展机制项目管理办法》，进一步明确定了国家主管部门，成立 CDM 项目管理中心及 CDM 基金管理中心，为中国清洁发展机制项目国际合作的有序开展提供了强有力的机制和体制保障。

《清洁发展机制项目管理办法》对中国国内开发 CDM 项目的许可条件、CDM 项目的管理和实施机构、CDM 的实施程序等作出了规定，明确了中国开展 CDM 项目的重点领域，提出了 CDM 项目产生 CERs 的收益分配原则。管理办法的发布与实施为国内 CDM 项目开发提供了政策指导和法律保障。

清洁发展机制项目管理中心在建立 CDM 项目信息系统，开展 CDM 能力建设并提供管理、技术咨询以及 CDM 相关政策研究方面发挥了积极作用。此外，中国清洁发展机制基金（CDMF）在支持应对气候变化的能力建设、公众意识提高、减缓气候变化和适应气候变化等方面必将发挥越来越重要的作用。

11.5.2　加强国内执行能力

在《京都议定书》下，作为发展中国家，中国积极提高执行 CDM 项目的能力。同时给工业化国家提供了较低成本减排温室气体的途径，并且相应地提供经核证的减排量（CERs）来帮助工业化国家实现京都议定书的承诺减排目标。

随着开展能力建设活动，中国目前正在开发过程中的和已注册的 CDM 项目比其他国家要多得多。2004 年底，国家发展改革委批准的 CDM 项目数仅为 2 个。到 2010 年 3 月 1 日，国家发展改革委批准了 2 413 个 CDM 项目，其中 751 个项目已经在 CDM 执行理事会注册，206 个已经获得签发。这些项目包括风力发电、水电、生物质能、提高能效、造林、垃圾填埋气、N_2O 和 HFC 等。总之，最近 5 年中国在执行 CDM 项目方面有了很大的进步。

各层次的能力建设的努力必然促进 CDM 相关机构的建立，提高其参与 CDM 项目开发的能力。这就是说，用一种合作双赢的方式来帮助附件一缔约方国家以较低成本减少温室气体排放，并促进非附件一缔约方国家的可持续发展。

中国政府建立了一支相当规模的专家队伍来为 CDM 政策的制定提供服务。一些研究机构在能力建设中增进了对 CDM 项目合作相关政策、规则的理解，在 CDM 项目合作方面具有较强的能力。它们参与了大部分的国际合作项目。

11.5.3　加强国际合作

中国政府一贯坚持通过国际合作加强 CDM 能力建设。CDM 是一种双赢的合作机制，对发达国家和发展中国家都有吸引力，而且很多国内和国际的组织也开展了相关的研究。中国在开展温室气体减排项目方面具有较大的优势，但是由于开发和执行这些潜在项目的能力较差，一些发达国家，特别是那些希望购买 CERs 的国家或者国际组织也希望支持中国的 CDM 项目能力建设，它们在某些方面已经提供了支持。从 2000 年开始，已经开展了一定数量的能力建设活动，并且得到了来自世界银行、亚洲发展银行、全球环境基金、联合国基金和其他赞助方的支持。那些已经实施的项目加强了中国在方法学研究、经济评估、机构安排、项目开发和运行等方面的能力。

中国政府也越来越重视 CDM 领域的"南南"合作，如分别于 2007 年 11 月和 2008 年 4 月在中国开展了援外培训项目"非洲国家清洁发展机制官员研修班"和"亚洲国家清洁发展机制官员研修班"。举办研修班旨在加强同广大的发展中国家在清洁发展机制方面的交流和合作，帮助其官员增进对清洁发展机制的理解，提高执行清洁发展机制的能力。

11.5.4　提高公众意识

公众对 CDM 的认识在近些年来正在逐渐提高，而且越来越多的地方政府和潜在项目开发者正逐步参与到 CDM 项目活动中。中国有能力更好地利用 CDM 为全球应对气候变化作出贡献，同时为中国经济的可持续发展服务。

政府部门可以调动资深专家等优势资源来进行能力建设和提高公众意识。各级地方政府应把提高公众意识作为应对气候变化和开展 CDM 活动的一项重要工作。为此，中国政府一直努力提高各级政府官员和企业决策者的气候变化意识。

（1）加强应对气候变化和 CDM 相关知识的宣传和培训。这方面的方法包括利用大众媒体，例如图书、报纸、杂志和音像产品来向利益相关者宣传气候变化和 CDM 的知识，针对不同的培训对象开展各种各样的专题培训，组织内容多样的有关气候变化科学和 CDM 研讨会，利用信息技术的优势来丰富政府的气候变化和 CDM 信息网的内容和功能，建成真正的、反应及时的有效平台来进行信息的发布和沟通。到目前为止，中国政府在不同省份开展和组织了超过 50 次的关于 CDM 的官方培训，出版了 6 种关于 CDM 的知识书籍或手册，设立了中国 CDM 的官方网站（http：//cdm. ccchina. gov. cn），及时发布来自官方的权威信息。

（2）鼓励公众参与。目前中国正在逐步建立用来鼓励公众和企业参与应对气候变化和开展 CDM 的机制。中国 CDM 的官方网站为感兴趣的用户包括买方、卖方和咨询公司等提供了一个交流的平台。国家发展改革委能源研究所 CDM 项目管理中心正在建设 CDM 项目的数据库，按照设计，部分数据将对公众提供查询服务。

11.5.5 能力建设需求

CDM 能力建设对推动 CDM 项目的开发和实施发挥了非常重要的作用。目前正在进行中及未来的能力建设主要集中在下几个方面：

（1）改进 CDM 的政策、法规和程序。中国被认为是世界上最大的 CDM 市场，为了将潜在的市场发展成真正的市场，需要进行许多工作，包括：针对 CDM 项目合作实践中遇到的新情况和新问题，进一步完善管理办法、批准程序和相关政策；加强地方 CDM 能力建设。

（2）CDM 项目管理数据库。建立中国 CDM 项目管理数据库系统，支持中国政府主管部门和 CDM 项目管理中心对在中国境内开展的所有 CDM 项目活动进行系统化和高效率的管理，数据库系统可在线接受项目业主按照《管理办法》的规定履行的相关报告义务，并将成为项目业主、地方政府主管 CDM 的官员与中国政府主管部门（DNA）沟通交流的平台。该数据库系统还将向公众开放中国 CDM 项目合作进展情况等相关信息，提高公众对 CDM 项目的了解。

（3）新方法学开发的激励机制。由于 CDM 规则和程序的障碍，现有的方法学中很少是有关能源效率和建筑行业的，而且缺少新方法学开发的激励因素。新方法学可以扩展 CDM 项目的范围，使更多的减少温室气体排放的项目成为合格的 CDM 项目，从而利用 CDM 机制来促进减排技术的开发和推广。

（4）在中国开展更多的培训。目前中国已经成功开发了一大批合格的 CDM 项目，但是部分地区 CDM 开发潜力仍然很大，可开发的领域包括利用水能、风能、太阳能资源替代化石能源项目，以及节能减排项目等。部分地区的管理部门和项目业主对 CDM 项目的作用和开发流程的了解仍十分有限，在中国仍需开展更多的气候变化及 CDM 的相关知识的培训。

复习思考题

一、单项选择题（在备选答案中选择 1 个最佳答案，并把它的标号写在括号内）

清洁发展机制项目是《京都议定书》缔约方的（　　）开展的一种项目级的温室气体排放权交易合作。

A. 发达国家之间　　　　　　　　B. 发展中国家之间

C. 发达国家与发展中国家之间　　D. 发展中国家与联合国机构之间

二、多项选择题（在备选答案中有 2～5 个是正确的，将其全部选出并将它们的标号写在括号内，选错或漏选均不给分）

根据我国《清洁发展机制项目运行管理办法》规定，（　　）属于我国政府鼓励优先开发的项目类型。

A. 节能项目　　　　　　　　　　B. 可再生能源开发利用项目

C. 氧化亚氮回收利用项目　　　　D. 甲烷回收利用项目

E. 脱硫和脱硝项目

三、简答题

我国《清洁发展机制项目运行管理办法》对清洁发展机制项目收益分成做出了怎样的规定？

四、论述题

为什么要把节能和提高能效确定为我国清洁发展机制项目合作的优先领域？

附录一

全球增温潜势（Global Warming Potential，GWP）

温室气体有效地吸收地球表面、大气自身和云散射的热红外辐射，将热量俘获在地表—对流层系统内。不同温室气体对温室效应的贡献不同，科学上通过其全球增温潜势来表示。全球增温潜势是基于充分混合的温室气体辐射特征的一个指数。用于衡量相对于二氧化碳的、在所选定时间内进行积分的、当前大气中某个给定的充分混合的温室气体单位质量的辐射强迫潜力，用于表示这些气体在不同时间在大气中保持综合影响及其吸收外逸的热红外辐射的相对作用。

各种主要温室气体的生命期和 GWP 值

温室气体	生命期（年）	特定时段的全球增温潜势			
		SAR（100 年）[a]	20 年	100 年	500 年
二氧化碳	见注释[b]	1	1	1	1
甲烷	12[c]	21	72	25	7.6
氧化亚氮	114	310	289	298	153
氢氟碳化物					
HFC—23	270	11 700	12 000	14 800	12 200
HFC—32	4.9	650	2 330	675	205
HFC—125	29	2 800	6 350	3 500	1 100
HFC—134a	14	1 300	3 830	1 430	435
HFC—143a	52	3 800	5 890	4 470	1 590
HFC—152a	1.4	140	437	124	38
HFC—227ea	34.2	2 900	5 310	3 220	1 040
HFC—236fa	240	6 300	8 100	9 810	7 660
HFC—245fa	7.6		3 380	1 030	314
HFC—365mfc	8.6		2 520	794	241
HFC—43—10mee	15.9	1 300	4 140	1 640	500
全氟化合物					
六氟化硫	3 200	23 900	16 300	22 800	32 600
三氟化氮	740		12 300	17 200	20 700
PFC—14	50 000	6 500	5 210	7 390	11 200
PFC—116	10 000	9 200	8 630	12 200	18 200
PFC—218	2 600	7 000	6 310	8 830	12 500
PFC—318	3 200	8 700	7 310	10 300	14 700
PFC—3—1—10	2 600	7 000	6 330	8 860	12 500
PFC—4—1—12	4 100		6 510	9 160	13 300
PFC—5—1—14	3 200	7 400	6 600	9 300	13 300
PFC—9—1—18	>1 000[d]		>5 500	>7 500	>9 500

注：a. SAR 指 IPCC 第二次评估报告，用于《联合国气候变化框架公约》。

b. 二氧化碳通过各种过程在大气、海洋和陆地之间进行交换，如大气—海洋间的气体输送，以及化学过程（如风化作用）和生物过程（如光合作用），其生命期无法确定。

c. IPCC 第三次评估报告中甲烷的扰动生命期是 12 年，其 GWP 包括臭氧和平流层水汽增加的间接影响。

d. 假定的 1 000 年生命期是一比较低的界限。

资料来源：IPCC 第四次评估报告（2007）。

各种燃料的二氧化碳排放因子

燃料燃烧[1]的缺省 CO_2 排放因子

燃料类型英文说明		缺省碳含量（kg/GJ）	缺省氧化碳因子	有效 CO_2 排放因子（kg/TJ）[2]		
				缺省值[3]	95% 置信区间	
		A	B	$C = A * B * 44/12 * 1000$	较低	较高
Crude Oil 原油		20.0	1	73 300	71 100	75 500
Orimulsion 沥青质矿物燃料		21.0	1	77 000	69 300	85 400
Natural Gas Liquids 天然气液体		17.5	1	64 200	58 300	70 400
Gasoline 汽油	Motor Gasoline 车用汽油	18.9	1	69 300	67 500	73 000
	Aviation Gasoline 航空汽油	19.1	1	70 000	67 500	73 000
	Jet Gasoline 喷气机汽油	19.1	1	70 000	67 500	73 000
Jet Kerosene 煤油		19.5	1	71 500	69 700	74 400
Other Kerosene 其他煤油		19.6	1	71 900	70 800	73 700
Shale Oil 页岩油		20.0	1	73 300	67 800	79 200
Gas/Diesel Oil 汽油/柴油		20.2	1	74 100	72 600	74 800
Residual Fuel Oil 残留燃料油		21.1	1	77 400	75 500	78 800
Liquefied Petroleum Gases 液化石油气		17.2	1	63 100	61 600	65 600
Ethane 乙烷		16.8	1	61 600	56 500	68 600
Naphtha 石油精		20.0	1	73 300	69 300	76 300
Bitumen 地沥青		22.0	1	80 700	73 000	89 900
Lubricants 润滑剂		20.0	1	73 300	71 900	75 200
Petroleum Coke 石油焦		26.6	1	97 500	82 900	115 000
Refinery Feedstocks 提炼厂原料		20.0	1	73 300	68 900	76 600
Other Oil 其他油	Refinery Gas 炼油气	15.7	1	57 600	48 200	69 000
	Paraffin Waxes 固体石蜡	20.0	1	73 300	72 200	74 400
	White Spirit & SBP 石油溶剂和 SBP	20.0	1	73 300	72 200	74 400
Other Petroleum Products 其他石油产品		20.0	1	73 300	72 200	74 400
Anthracite 无烟煤		26.8	1	98 300	94 600	101 000
Coking Coal 炼焦煤		25.8	1	94 600	87 300	101 000
Other Bituminous Coal 其他沥青煤		25.8	1	94 600	89 500	99 700
Sub-Bituminous Coal 次沥青煤		26.2	1	96 100	92 800	100 000
Lignite 褐煤		27.6	1	101 000	90 900	115 000
Oil Shale and TarSands 油页岩和焦油沙		29.1	1	107 000	90 200	125 000
Brown Coal Briquettes 棕色煤压块		26.6	1	97 500	87 300	109 000
Patent Fuel 专利燃料		26.6	1	97 500	87 300	109 000
Coke 焦炭	Coke oven coke and lignite Coke 焦炉焦炭和褐煤焦炭	29.2	1	107 000	95 700	119 000
	Gas Coke 煤气焦炭	29.2	1	107 000	95 700	119 000

续表

燃料类型英文说明		缺省碳含量（kg/GJ）	缺省氧化碳因子	有效 CO_2 排放因子（kg/TJ）[2]		
				缺省值[3]	95% 置信区间	
		A	B	$C = A * B * 44/12 * 1000$	较低	较高
Coal Tar 煤焦油		22.0	1	80 700	68 200	95 300
Derived Gases 派生的气体	Gas Works Gasn 煤气公司煤气	12.1	1	44 400	37 300	54 100
	Coke Oven Gas 焦炉煤气	12.1	1	44 400	37 300	54 100
	Blast Furnace Gas 鼓风炉煤气[4]	70.8	1	260 000	219 000	308 000
	Oxygen Steel Furnace Gas 氧气吹炼钢炉煤气	49.6	1	182 000	145 000	202 000
天然气		15.3	1	56 100	54 300	58 300
城市废弃物（非生物量比例）		25.0	1	91 700	73 300	121 000
工业废弃物		39.0	1	143 000	110 000	183 000
废油		20.0	1	73 300	72 200	74 400
泥炭		28.9	1	106 000	100 000	108 000
固体生物燃料	木材/木材废弃物	30.5	1	112 000	95 000	132 000
	Sulphite lyes（black liquor）亚硫酸盐废液（黑液）[5]	26.0	1	95 300	80 700	110 000
	Other Primary Solid Biomass 其他主要固体生物量	27.3	1	100 000	84 700	117 000
	Charcoal 木炭	30.5	1	112 000	95 000	132 000
液体生物燃料	Biogasoline 生物汽油	19.3	1	70 800	59 800	84 300
	Biodiesels 生物柴油	19.3	1	70 800	59 800	84 300
	Other Liquid Biofuels 其他液体生物燃料	21.7	1	79 600	67 100	95 300
气体生物量	Landfill Gas 填埋气体	14.9	1	54 600	46 200	66 000
	Sludge Gas 污泥气体	19.3	1	70 800	59 800	84 300
	Other Biogas 其他生物气体	19.3	1	70 800	59 800	84 300
其他非化石燃料	Municipal Wastes（biomass fraction）城市废弃物（生物量比例）	27.3	1	100 000	84 700	117 000

注释:

[1] 95% 置信区间的较低和较高限定，假定对数正态分布，适合数据集，基于国家清单报告、IEA 数据和有效的国家数据。

[2] TJ = 1 000GJ。

[3] BFG 排放因子值包括该气体最初包含，以及由于该气体燃烧形成的二氧化碳。

[4] OSF 排放因子值包括该气体最初包含，以及由于该气体燃烧形成的二氧化碳。

[5] 包括来自黑液燃烧单位和来自牛皮纸工厂石灰炉窑衍生的生物量 CO_2 排放。

数据来源:《2006 年 IPCC 国家温室气体清单指南》。

《联合国气候变化框架公约》及《京都议定书》

联合国气候变化框架公约

本公约各缔约方，

承认地球气候的变化及其不利影响是人类共同关心的问题。

感到忧虑的是，人类活动已大幅增加大气中温室气体的浓度，这种增加增强了自然温室效应，平均而言将引起地球表面和大气进一步增温，并可能对自然生态系统和人类产生不利影响，

注意到历史上和目前全球温室气体排放的最大部分源自发达国家；发展中国家的人均排放仍相对较低；发展中国家在全球排放中所占的份额将会增加，以满足其社会和发展需要，

意识到陆地和海洋生态系统中温室气体汇和库的作用和重要性，

注意到在气候变化的预测中，特别是在其时间、幅度和区域格局方面，有许多不确定性，

承认气候变化的全球性要求所有国家根据其共同但有区别的责任和各自的能力及其社会和经济条件，尽可能开展最广泛的合作，并参与有效和适当的国际应对行动，

回顾1972年6月16日于斯德哥尔摩通过的《联合国人类环境会议宣言》的有关规定，

又回顾各国根据《联合国宪章》和国际法原则，拥有主权权利按自己的环境和发展政策开发自己的资源，也有责任确保在其管辖或控制范围内的活动不对其他国家的环境或国家管辖范围以外地区的环境造成损害，

重申在应付气候变化的国际合作中的国家主权原则，

认识到各国应当制定有效的立法；各种环境方面的标准、管理目标和优先顺序应当反映其所适用的环境和发展方面情况；并且有些国家所实行的标准对其他国家特别是发展中国家可能是不恰当的，并可能会使之承担不应有的经济和社会代价，

回顾联合国大会关于联合国环境与发展会议的1989年12月22日第44/228号决议的规定，以及关于为人类当代和后代保护全球气候的1988年12月6日第43/53号、1989年12月22日第44/207号、1990年12月21日第45/212号和1991年12月19日第46/169号决议，

又回顾联合国大会关于海平面上升对岛屿和沿海地区特别是低洼沿海地区可能产生的不利影响的1989年12月22日第44/206号决议各项规定，以及联合国大会关于防治沙漠化行动计划实施情况的1989年12月19日第44/172号决议的有关规定，

并回顾 1985 年《保护臭氧层维也纳公约》和于 1990 年 6 月 29 日调整和修正的 1987 年《关于消耗臭氧层物质的蒙特利尔议定书》，

注意到 1990 年 11 月 7 日通过的第二次世界气候大会部长宣言，

意识到许多国家就气候变化所进行的有价值的分析工作，以及世界气象组织、联合国环境规划署和联合国系统的其他机关、组织和机构及其他国际和政府间机构对交换科学研究成果和协调研究工作所作的重要贡献，

认识到了解和应付气候变化所需的步骤只有基于有关的科学、技术和经济方面的考虑，并根据这些领域的新发现不断加以重新评价，才能在环境、社会和经济方面最为有效，

认识到应付气候变化的各种行动本身在经济上就能够是合理的，而且还能有助于解决其他环境问题，

又认识到发达国家有必要根据明确的优先顺序，立即灵活地采取行动，以作为形成考虑到所有温室气体并适当考虑它们对增强温室效应的相对作用的全球、国家和可能议定的区域性综合应对战略的第一步，

并认识到地势低洼国家和其他小岛屿国家、拥有低洼沿海地区、干旱和半干旱地区或易受水灾、旱灾和沙漠化影响地区的国家以及具有脆弱的山区生态系统的发展中国家特别容易受到气候变化的不利影响，

认识到其经济特别依赖于矿物燃料的生产、使用和出口的国家特别是发展中国家由于为了限制温室气体排放而采取的行动所面临的特殊困难，

申明应当以统筹兼顾的方式把应付气候变化的行动与社会和经济发展协调起来，以免后者受到不利影响，同时充分考虑到发展中国家实现持续经济增长和消除贫困的正当的优先需要，

认识到所有国家特别是发展中国家需要得到实现可持续的社会和经济发展所需的资源；发展中国家为了迈向这一目标，其能源消耗将需要增加，虽然考虑到有可能包括通过在具有经济和社会效益的条件下应用新技术来提高能源效率和一般地控制温室气体排放。

决心为当代和后代保护气候系统，

兹协议如下：

第一条　定　义[1]

为本公约的目的：

"气候变化的不利影响"指气候变化所造成的自然环境或生物区系的变化，这些变化对自然的和管理下的生态系统的组成、复原力或生产力、或对社会经济系统的运作、或对人类的健康和福利产生重大的有害影响。

---

[1]　各条加上标题纯粹是为了对读者有所帮助。

"气候变化"指除在类似时期内所观测的气候的自然变异之外，由于直接或间接的人类活动改变了地球大气的组成而造成的气候变化。

"气候系统"指大气圈、水圈、生物圈和地圈的整体及其相互作用。

"排放"指温室气体和/或其前体在一个特定地区和时期内向大气的释放。

"温室气体"指大气中那些吸收和重新放出红外辐射的自然的和人为的气态成分。

"区域经济一体化组织"指一个特定区域的主权国家组成的组织，有权处理本公约或其议定书所规定的事项，并经按其内部程序获得正式授权签署、批准、接受、核准或加入有关文书。

"库"指气候系统内存储温室气体或其前体的一个或多个组成部分。

"汇"指从大气中清除温室气体、气溶胶或温室气体前体的任何过程、活动或机制。

"源"指向大气排放温室气体、气溶胶或温室气体前体的任何过程或活动。

第二条 目 标

本公约以及缔约方会议可能通过的任何相关法律文书的最终目标是：根据本公约的各项有关规定，将大气中温室气体的浓度稳定在防止气候系统受到危险的人为干扰的水平上。这一水平应当在足以使生态系统能够自然地适应气候变化、确保粮食生产免受威胁并使经济发展能够可持续地进行的时间范围内实现。

第三条 原 则

各缔约方在为实现本公约的目标和履行其各项规定而采取行动时，除其他外，应以下列作为指导：

1. 各缔约方应当在公平的基础上，并根据它们共同但有区别的责任和各自的能力，为人类当代和后代的利益保护气候系统。因此，发达国家缔约方应当率先对付气候变化及其不利影响。

2. 应当充分考虑到发展中国家缔约方尤其是特别易受气候变化不利影响的那些发展中国家缔约方的具体需要和特殊情况，也应当充分考虑到那些按本公约必须承担不成比例或不正常负担的缔约方特别是发展中国家缔约方的具体需要和特殊情况。

3. 各缔约方应当采取预防措施，预测、防止或尽量减少引起气候变化的原因，并缓解其不利影响。当存在造成严重或不可逆转的损害的威胁时，不应当以科学上没有完全的确定性为理由推迟采取这类措施，同时考虑到应付气候变化的政策和措施应当讲求成本效益，确保以尽可能最低的费用获得全球效益。为此，这种政策和措施应当考虑到不同的社会经济情况，并且应当具有全面性，包括所有有关的温室气体源、汇和库及适应措施，并涵盖所有经济部门。应付气候变化的努力可由有关的缔约方合作进行。

4. 各缔约方有权并且应当促进可持续的发展。保护气候系统免遭人为变化的政策和措施应当适合每个缔约方的具体情况，并应当结合到国家的发展计划中去，同时考虑到经济发展对于采取措施应付气候变化是至关重要的。

5. 各缔约方应当合作促进有利的和开放的国际经济体系，这种体系将促成所有缔约方特别是发展中国家缔约方的可持续经济增长和发展，从而使它们有能力更好地应付气候变化的问题。为对付气候变化而采取的措施，包括单方面措施，不应当成为国际贸易上的任意或无理的歧视手段或者隐蔽的限制。

第四条 承 诺

1. 所有缔约方，考虑到它们共同但有区别的责任，以及各自具体的国家和区域发展优先顺序、目标和情况，应：

（a）用待由缔约方会议议定的可比方法编制、定期更新、公布并按照第十二条向缔约方会议提供关于《蒙特利尔议定书》未予管制的所有温室气体的各种源的人为排放和各种汇的清除的国家清单；

（b）制订、执行、公布和经常地更新国家的以及在适当情况下区域的计划，其中包含从《蒙特利尔议定书》未予管制的所有温室气体的源的人为排放和汇的清除来着手减缓气候变化的措施，以及便利充分地适应气候变化的措施；

（c）在所有有关部门，包括能源、运输、工业、农业、林业和废物管理部门，促进和合作发展、应用和传播（包括转让）各种用来控制、减少或防止《蒙特利尔议定书》未予管制的温室气体的人为排放的技术、做法和过程；

（d）促进可持续地管理，并促进和合作酌情维护和加强《蒙特利尔议定书》未予管制的所有温室气体的汇和库，包括生物质、森林和海洋以及其他陆地、沿海和海洋生态系统；

（e）合作为适应气候变化的影响做好准备；拟订和详细制定关于沿海地区的管理、水资源和农业以及关于受到旱灾和沙漠化及洪水影响的地区特别是非洲的这种地区的保护和恢复的适当的综合性计划；

（f）在它们有关的社会、经济和环境政策及行动中，在可行的范围内将气候变化考虑进去，并采用由本国拟订和确定的适当办法，例如进行影响评估，以期尽量减少它们为了减缓或适应气候变化而进行的项目或采取的措施对经济、公共健康和环境质量产生的不利影响；

（g）促进和合作进行关于气候系统的科学、技术、工艺、社会经济和其他研究、系统观测及开发数据档案，目的是增进对气候变化的起因、影响、规模和发生时间以及各种应对战略所带来的经济和社会后果的认识，和减少或消除在这些方面尚存的不确定性；

（h）促进和合作进行关于气候系统和气候变化以及关于各种应对战略所带来的经济和社会后果的科学、技术、工艺、社会经济和法律方面的有关信息的充分、公开和迅速的交流；

（i）促进和合作进行与气候变化有关的教育、培训和提高公众意识的工作，并鼓励人们对这个过程最广泛参与，包括鼓励各种非政府组织的参与；

（j）依照第十二条向缔约方会议提供有关履行的信息。

2. 附件一所列的发达国家缔约方和其他缔约方具体承诺如下所规定：

（a）每一个此类缔约方应制定国家[1]政策和采取相应的措施，通过限制其人为的温室气体排放以及保护和增强其温室气体库和汇，减缓气候变化。这些政策和措施将表明，发达国家是在带头依循本公约的目标，改变人为排放的长期趋势，同时认识到至本十年末使二氧化碳和《蒙特利尔议定书》未予管制的其他温室气体的人为排放回复到较早的水平，将会有助于这种改变，并考虑到这些缔约方的起点和做法、经济结构和资源基础方面的差别、维持强有力和可持续经济增长的需要、可以采用的技术以及其他个别情况，又考虑到每一个此类缔约方都有必要对为了实现该目标而作的全球努力作出公平和适当的贡献。这些缔约方可以同其他缔约方共同执行这些政策和措施，也可以协助其他缔约方为实现本公约的目标特别是本项的目标作出贡献；

（b）为了推动朝这一目标取得进展，每一个此类缔约方应依照第十二条，在本公约对其生效后六个月内，并在其后定期地就其上述（a）项所述的政策和措施，以及就其由此预测在（a）项所述期间内《蒙特利尔议定书》未予管制的温室气体的源的人为排放和汇的清除，提供详细信息，目的在个别地或共同地使二氧化碳和《蒙特利尔议定书》未予管制的其他温室气体的人为排放回复到 1990 年的水平。按照第七条，这些信息将由缔约方会议在其第一届会议上以及在其后定期地加以审评；

（c）为了上述（b）项的目的而计算各种温室气体源的排放和汇的清除时，应该参考可以得到的最佳科学知识，包括关于各种汇的有效容量和每一种温室气体在引起气候变化方面的作用的知识。缔约方会议应在其第一届会议上考虑和议定进行这些计算的方法，并在其后经常地加以审评；

（d）缔约方会议应在其第一届会议上审评上述（a）项和（b）项是否充足。进行审评时应参照可以得到的关于气候变化及其影响的最佳科学信息和评估，以及有关的工艺、社会和经济信息。在审评的基础上，缔约方会议应采取适当的行动，其中可以包括通过对上述（a）项和（b）项承诺的修正。缔约方会议第一届会议还应就上述（a）项所述共同执行的标准作出决定。对（a）项和（b）项的第二次审评应不迟于 1998 年 12 月 31 日进行，其后按由缔约方会议确定的定期间隔进行，直至本公约的目标达到为止；

（e）每一个此类缔约方应：

（一）酌情同其他此类缔约方协调为了实现本公约的目标而开发的有关经济和行政手段；

（二）确定并定期审评其本身有哪些政策和做法鼓励了导致《蒙特利尔议定书》未予管制的温室气体的人为排放水平因而更高的活动；

（f）缔约方会议应至迟在 1998 年 12 月 31 日之前审评可以得到的信息，以便经有关缔约方同意，作出适当修正附件一和二内名单的决定。

---

[1] 其中包括区域经济—体化组织制定的政策和采取的措施。

（g）不在附件一之列的任何缔约方，可以在其批准、接受、核准或加入的文书中，或在其后任何时间，通知保存人其有意接受上述（a）项和（b）项的约束。保存人应将任何此类通知通报其他签署方和缔约方。

3. 附件二所列的发达国家缔约方和其他发达缔约方应提供新的和额外的资金，以支付经议定的发展中国家缔约方为履行第十二条第 1 款规定的义务而招致的全部费用。它们还应提供发展中国家缔约方所需要的资金，包括用于技术转让的资金，以支付经议定的为执行本条第 1 款所述并经发展中国家缔约方同第十一条所述那个或那些国际实体依该条议定的措施的全部增加费用。这些承诺的履行应考虑到资金流量应充足和可以预测的必要性，以及发达国家缔约方间适当分摊负担的重要性。

4. 附件二所列的发达国家缔约方和其他发达缔约方还应帮助特别易受气候变化不利影响的发展中国家缔约方支付适应这些不利影响的费用。

5. 附件二所列的发达国家缔约方和其他发达缔约方应采取一切实际可行的步骤，酌情促进、便利和资助向其他缔约方特别是发展中国家缔约方转让或使它们有机会得到无害环境的技术和专有技术，以使它们能够履行本公约的各项规定。在此过程中，发达国家缔约方应支持开发和增强发展中国家缔约方的自生能力和技术。有能力这样做的其他缔约方和组织也可协助便利这类技术的转让。

6. 对于附件一所列正在朝市场经济过渡的缔约方，在履行其在上述第 2 款下的承诺时，包括在《蒙特利尔议定书》未予管制的温室气体人为排放的可资参照的历史水平方面，应由缔约方会议允许它们有一定程度的灵活性，以增强这些缔约方应付气候变化的能力。

7. 发展中国家缔约方能在多大程度上有效履行其在本公约下的承诺，将取决于发达国家缔约方对其在本公约下所承担的有关资金和技术转让的承诺的有效履行，并将充分考虑到经济和社会发展及消除贫困是发展中国家缔约方的首要和压倒一切的优先事项。

8. 在履行本条各项承诺时，各缔约方应充分考虑按照本公约需要采取哪些行动，包括与提供资金、保险和技术转让有关的行动，以满足发展中国家缔约方由于气候变化的不利影响和/或执行应对措施所造成的影响，特别是对下列各类国家的影响，而产生的具体需要和关注：

（a）小岛屿国家；

（b）有低洼沿海地区的国家；

（c）有干旱和半干旱地区、森林地区和容易发生森林退化的地区的国家；

（d）有易遭自然灾害地区的国家；

（e）有容易发生旱灾和沙漠化的地区的国家；

（f）有城市大气严重污染的地区的国家；

（g）有脆弱生态系统包括山区生态系统的国家；

（h）其经济高度依赖于矿物燃料和相关的能源密集产品的生产、加工和出口所带来的收入，和/或高度依赖于这种燃料和产品的消费的国家；

（i）内陆国和过境国。

此外，缔约方会议可酌情就本款采取行动。

9. 各缔约方在采取有关提供资金和技术转让的行动时，应充分考虑到最不发达国家的具体需要和特殊情况。

10. 各缔约方应按照第十条，在履行本公约各项承诺时，考虑到其经济容易受到执行应付气候变化的措施所造成的不利影响之害的缔约方、特别是发展中国家缔约方的情况。这尤其适用于其经济高度依赖于矿物燃料和相关的能源密集产品的生产、加工和出口所带来的收入，和/或高度依赖于这种燃料和产品的消费，和/或高度依赖于矿物燃料的使用，而改用其他燃料又非常困难的那些缔约方。

第五条 研究和系统观测

在履行第四条第 1 款（g）项下的承诺时，各缔约方应：

（a）支持并酌情进一步制订旨在确定、进行、评估和资助研究、数据收集和系统观测的国际和政府间计划和站网或组织，同时考虑到有必要尽量减少工作重复；

（b）支持旨在加强尤其是发展中国家的系统观测及国家科学和技术研究能力的国际和政府间努力，并促进获取和交换从国家管辖范围以外地区取得的数据及其分析；和

（c）考虑发展中国家的特殊关注和需要，并开展合作提高它们参与上述（a）项；

（d）项中所述努力的自生能力。

第六条 教育、培训和公众意识

在履行第四条第 1 款（i）项下的承诺时，各缔约方应：

（a）在国家一级并酌情在次区域和区域一级，根据国家法律和规定，并在各自的能力范围内，促进和便利：

（一）拟订和实施有关气候变化及其影响的教育及提高公众意识的计划；

（二）公众获取有关气候变化及其影响的信息；

（三）公众参与应付气候变化及其影响和拟订适当的对策；

（四）培训科学、技术和管理人员。

（b）在国际一级，酌情利用现有的机构，在下列领域进行合作并促进：

（一）编写和交换有关气候变化及其影响的教育及提高公众意识的材料；

（二）拟订和实施教育和培训计划，包括加强国内机构和交流或借调人员来特别是为发展中国家培训这方面的专家。

第七条 缔约方会议

1. 兹设立缔约方会议。

2. 缔约方会议作为本公约的最高机构，应定期审评本公约和缔约方会议可能通过的任何相关法律文书的履行情况，并应在其职权范围内作出为促进本公约的有效履行所必要

的决定。为此目的，缔约方会议应：

（a）根据本公约的目标，在履行本公约过程中取得的经验和科学与技术知识的发展，定期审评本公约规定的缔约方义务和机构安排；

（b）促进和便利就各缔约方为应付气候变化及其影响而采取的措施进行信息交流，同时考虑到各缔约方不同的情况、责任和能力以及各自在本公约下的承诺；

（c）应两个或更多的缔约方的要求，便利将这些缔约方为应付气候变化及其影响而采取的措施加以协调，同时考虑到各缔约方不同的情况、责任和能力以及各自在本公约下的承诺；

（d）依照本公约的目标和规定，促进和指导发展和定期改进由缔约方会议议定的、除其他外、用来编制各种温室气体源的排放和各种汇的清除的清单，和评估为限制这些气体的排放及增进其清除而采取的各种措施的有效性的可比方法；

（e）根据依本公约规定获得的所有信息，评估各缔约方履行公约的情况和依照公约所采取措施的总体影响，特别是环境、经济和社会影响及其累计影响，以及当前在实现本公约的目标方面取得的进展；

（f）审议并通过关于本公约履行情况的定期报告，并确保予以发表；

（g）就任何事项作出为履行本公约所必需的建议；

（h）按照第四条第3、第4和第5款及第十一条，设法动员资金；

（i）设立其认为履行公约所必需的附属机构；

（j）审评其附属机构提出的报告，并向它们提供指导；

（k）以协商一致方式议定并通过缔约方会议和任何附属机构的议事规则和财务规则；

（l）酌情寻求和利用各主管国际组织和政府间及非政府机构提供的服务、合作和信息；和

（m）行使实现本公约目标所需的其他职能以及依本公约所赋予的所有其他职能。

3. 缔约方会议应在其第一届会议上通过其本身的议事规则以及本公约所设立的附属机构的议事规则，其中应包括关于本公约所述各种决策程序未予规定的事项的决策程序。这类程序可包括通过具体决定所需的特定多数。

4. 缔约方会议第一届会议应由第二十一条所述的临时秘书处召集，并应不迟于本公约生效日期后一年举行。其后，除缔约方会议另有决定外，缔约方会议的常会应年年举行。

5. 缔约方会议特别会议应在缔约方会议认为必要的其他时间举行，或应任何缔约方的书面要求而举行，但须在秘书处将该要求转达给各缔约方后六个月内得到至少三分之一缔约方的支持。

6. 联合国及其专门机构和国际原子能机构，以及它们的非为本公约缔约方的会员国或观察员，均可作为观察员出席缔约方会议的各届会议。任何在本公约所涉事项上具备资格的团体或机构，不管其为国家或国际的、政府或非政府的，经通知秘书处其愿意作为观

察员出席缔约方会议的某届会议，均可予以接纳，除非出席的缔约方至少三分之一反对。观察员的接纳和参加应遵循缔约方会议通过的议事规则。

第八条　秘书处

1. 兹设立秘书处。

2. 秘书处的职能为：

（a）安排缔约方会议及依本公约设立的附属机构的各届会议，并向它们提供所需的服务；

（b）汇编和转递向其提交的报告；

（c）便利应要求时协助各缔约方特别是发展中国家缔约方汇编和转递依本公约规定所需的信息；

（d）编制关于其活动的报告，并提交给缔约方会议；

（e）确保与其他有关国际机构的秘书处的必要协调；

（f）在缔约方会议的全面指导下订立为有效履行其职能而可能需要的行政和合同安排；和

（g）行使本公约及其任何议定书所规定的其他秘书处职能和缔约方会议可能决定的其他职能。

3. 缔约方会议应在其第一届会议上指定一个常设秘书处，并为其行使职能作出安排。

第九条　附属科技咨询机构

1. 兹设立附属科学和技术咨询机构，就与公约有关的科学和技术事项，向缔约方会议并酌情向缔约方会议的其他附属机构及时提供信息和咨询。该机构应开放供所有缔约方参加，并应具有多学科性。该机构应由在有关专门领域胜任的政府代表组成。该机构应定期就其工作的一切方面向缔约方会议报告。

2. 在缔约方会议指导下和依靠现有主管国际机构，该机构应：

（a）就有关气候变化及其影响的最新科学知识提出评估；

（b）就履行公约所采取措施的影响进行科学评估；

（c）确定创新的、有效率的和最新的技术与专有技术，并就促进这类技术的发展和/或转让的途径与方法提供咨询；

（d）就有关气候变化的科学计划和研究与发展的国际合作，以及就支持发展中国家建立自生能力的途径与方法提供咨询；

（e）答复缔约方会议及其附属机构可能向其提出的科学、技术和方法问题。

3. 该机构的职能和职权范围可由缔约方会议进一步制定。

第十条　附属履行机构

1. 兹设立附属履行机构，以协助缔约方会议评估和审评本公约的有效履行。该机构应开放供所有缔约方参加，并由为气候变化问题专家的政府代表组成。该机构应定期就其工作的一切方面向缔约方会议报告。

2. 在缔约方会议的指导下，该机构应：

（a）考虑依第十二条第 1 款提供的信息，参照有关气候变化的最新科学评估，对各缔约方所采取步骤的总体合计影响作出评估；

（b）考虑依第十二条第 2 款提供的信息，以协助缔约方会议进行第四条第 2 款（d）项所要求的审评；

（c）酌情协助缔约方会议拟订和执行其决定。

第十一条　资金机制

1. 兹确定一个在赠予或转让基础上提供资金、包括用于技术转让的资金的机制。该机制应在缔约方会议的指导下行使职能并向其负责，并应由缔约方会议决定该机制与本公约有关的政策、计划优先顺序和资格标准。该机制的经营应委托一个或多个现有的国际实体负责。

2. 该资金机制应在一个透明的管理制度下公平和均衡地代表所有缔约方。

3. 缔约方会议和受托管资金机制的那个或那些实体应议定实施上述各款的安排，其中应包括：

（a）确保所资助的应付气候变化的项目符合缔约方会议所制定的政策、计划优先顺序和资格标准的办法；

（b）根据这些政策、计划优先顺序和资格标准重新考虑某项供资决定的办法；

（c）依循上述第 1 款所述的负责要求，由那个或那些实体定期向缔约方会议提供关于其供资业务的报告；

（d）以可预测和可认定的方式确定履行本公约所必需的和可以得到的资金数额，以及定期审评此一数额所应依据的条件。

4. 缔约方会议应在其第一届会议上作出履行上述规定的安排，同时审评并考虑到第二十一条第 3 款所述的临时安排，并应决定这些临时安排是否应予维持。在其后四年内，缔约方会议应对资金机制进行审评，并采取适当的措施。

5. 发达国家缔约方还可通过双边、区域性和其他多边渠道提供并由发展中国家缔约方获取与履行本公约有关的资金。

第十二条　提供有关履行的信息

1. 按照第四条第 1 款，每一缔约方应通过秘书处向缔约方会议提供含有下列内容的信息：

（a）在其能力允许的范围内，用缔约方会议所将推行和议定的可比方法编成的关于《蒙特利尔议定书》未予管制的所有温室气体的各种源的人为排放和各种汇的清除的国家清单；

（b）关于该缔约方为履行公约而采取或设想的步骤的一般性描述；和

（c）该缔约方认为与实现本公约的目标有关并且适合列入其所提供信息的任何其他信息，在可行情况下，包括与计算全球排放趋势有关的资料。

2. 附件一所列每一发达国家缔约方和每一其他缔约方应在其所提供的信息中列入下列各类信息：

（a）关于该缔约方为履行其第四条第 2 款（a）项和（b）项下承诺所采取政策和措施的详细描述；和

（b）关于本款（a）项所述政策和措施在第四条第 2 款（a）项所述期间对温室气体各种源的排放和各种汇的清除所产生影响的具体估计。

3. 此外，附件二所列每一发达国家缔约方和每一其他发达缔约方应列入按照第四条第 3、第 4 和第 5 款所采取措施的详情。

4. 发展中国家缔约方可在自愿基础上提出需要资助的项目，包括为执行这些项目所需要的具体技术、材料、设备、工艺或做法，在可能情况下并附上对所有增加的费用、温室气体排放的减少量及其清除的增加量的估计，以及对其所带来效益的估计。

5. 附件一所列每一发达国家缔约方和每一其他缔约方应在公约对该缔约方生效后六个月内第一次提供信息。未列入该附件的每一缔约方应在公约对该缔约方生效后或按照第四条第 3 款获得资金后三年内第一次提供信息。最不发达国家缔约方可自行决定何时第一次提供信息。其后所有缔约方提供信息的频度应由缔约方会议考虑到本款所规定的差别时间表予以确定。

6. 各缔约方按照本条提供的信息应由秘书处尽速转交给缔约方会议和任何有关的附属机构。如有必要，提供信息的程序可由缔约方会议进一步考虑。

7. 缔约方会议从第一届会议起，应安排向有此要求的发展中国家缔约方提供技术和资金支持，以汇编和提供本条所规定的信息，和确定与第四条规定的所拟议的项目和应对措施相联系的技术和资金需要。这些支持可酌情由其他缔约方、主管国际组织和秘书处提供。

8. 任何一组缔约方遵照缔约方会议制定的指导方针并经事先通知缔约方会议，可以联合提供信息来履行其在本条下的义务，但这样提供的信息须包括关于其中每一缔约方履行其在本公约下的各自义务的信息。

9. 秘书处收到的经缔约方按照缔约方会议制订的标准指明为机密的信息，在提供给任何参与信息的提供和审评的机构之前，应由秘书处加以汇总，以保护其机密性。

10. 在不违反上述第 9 款，并且不妨碍任何缔约方在任何时候公开其所提供信息的能力的情况下，秘书处应将缔约方按照本条提供的信息在其提交给缔约方会议的同时予以公开。

第十三条　解决与履行有关的问题

缔约方会议应在其第一届会议上考虑设立一个解决与公约履行有关的问题的多边协商程序，供缔约方有此要求时予以利用。

第十四条　争端的解决

1. 任何两个或两个以上缔约方之间就本公约的解释或适用发生争端时，有关的缔约方应寻求通过谈判或它们自己选择的任何其他和平方式解决该争端。

2. 非为区域经济一体化组织的缔约方在批准、接受、核准或加入本公约时，或在其后任何时候，可在交给保存人的一份文书中声明，关于本公约的解释或适用方面的任何争端，承认对于接受同样义务的任何缔约方，下列义务为当然而具有强制性的，无须另订特别协议：

（a）将争端提交国际法院，和/或

（b）按照将由缔约方会议尽早通过的、载于仲裁附件中的程序进行仲裁。作为区域经济一体化组织的缔约方可就依上述（b）项中所述程序进行仲裁发表类似声明。

3. 根据上述第 2 款所作的声明，在其所载有效期期满前，或在书面撤回通知交存于保存人后的三个月内，应一直有效。

4. 除非争端各当事方另有协议，新作声明、作出撤回通知或声明有效期满丝毫不得影响国际法院或仲裁庭正在进行的审理。

5. 在不影响上述第 2 款运作的情况下，如果一缔约方通知另一缔约方它们之间存在争端，过了十二个月后，有关的缔约方尚未能通过上述第 1 款所述方法解决争端，经争端的任何当事方要求，应将争端提交调解。

6. 经争端一当事方要求，应设立调解委员会。调解委员会应由每一当事方委派的数目相同的成员组成。主席由每一当事方委派的成员共同推选。调解委员会应作出建议性裁决。各当事方应善意考虑之。

7. 有关调解的补充程序应由缔约方会议尽早以调解附件的形式予以通过。

8. 本条各项规定应适用于缔约方会议可能通过的任何相关法律文书，除非该文书另有规定。

第十五条　公约的修正

1. 任何缔约方均可对本公约提出修正。

2. 对本公约的修正应在缔约方会议的一届常会上通过。对本公约提出的任何修正案文应由秘书处在拟议通过该修正的会议之前至少六个月送交各缔约方。秘书处还应将提出的修正送交本公约各签署方，并送交保存人以供参考。

3. 各缔约方应尽一切努力以协商一致方式就对本公约提出的任何修正达成协议。如为谋求协商一致已尽了一切努力，仍未达成协议，作为最后的方式，该修正应以出席会议并参加表决的缔约方四分之三多数票通过。通过的修正应由秘书处送交保存人，再由保存人转送所有缔约方供其接受。

4. 对修正的接受文书应交存于保存人。按照上述第 3 款通过的修正，应于保存人收到本公约至少四分之三缔约方的接受文书之日后第九十天起对接受该修正的缔约方生效。

5. 对于任何其他缔约方，修正应在该缔约方向保存人交存接受该修正的文书之日后第九十天起对其生效。

6. 为本条的目的，"出席并参加表决的缔约方"是指出席并投赞成票或反对票的缔约方。

第十六条　公约附件的通过和修正

1. 本公约的附件应构成本公约的组成部分，除另有明文规定外，凡提到本公约时即同时提到其任何附件。在不妨害第十四条第 2 款（b）项和第 7 款规定的情况下，这些附件应限于清单、表格和任何其他属于科学、技术、程序或行政性质的说明性资料。

2. 本公约的附件应按照第十五条第 2、第 3 和第 4 款中规定的程序提出和通过。

3. 按照上述第 2 款通过的附件，应于保存人向公约的所有缔约方发出关于通过该附件的通知之日起六个月后对所有缔约方生效，但在此期间以书面形式通知保存人不接受该附件的缔约方除外。对于撤回其不接受的通知的缔约方，该附件应自保存人收到撤回通知之日后第九十天起对其生效。

4. 对公约附件的修正的提出、通过和生效，应依照上述第 2 和第 3 款对公约附件的提出、通过和生效规定的同一程序进行。

5. 如果附件或对附件的修正的通过涉及对本公约的修正，则该附件或对附件的修正应待对公约的修正生效之后方可生效。

第十七条　议定书

1. 缔约方会议可在任何一届常会上通过本公约的议定书。

2. 任何拟议的议定书案文应由秘书处在举行该届会议至少六个月之前送交各缔约方。

3. 任何议定书的生效条件应由该文书加以规定。

4. 只有本公约的缔约方才可成为议定书的缔约方。

5. 任何议定书下的决定只应由该议定书的缔约方作出。

第十八条　表决权

1. 除下述第 2 款所规定外，本公约每一缔约方应有一票表决权。

2. 区域经济一体化组织在其权限内的事项上应行使票数与其作为本公约缔约方的成员国数目相同的表决权。如果一个此类组织的任一成员国行使自己的表决权，则该组织不得行使表决权，反之亦然。

第十九条　保存人

联合国秘书长应为本公约及按照第十七条通过的议定书的保存人。

第二十条　签署

本公约应于联合国环境与发展会议期间在里约热内卢，其后自 1992 年 6 月 20 日至 1993 年 6 月 19 日在纽约联合国总部，开放供联合国会员国或任何联合国专门机构的成员国或《国际法院规约》的当事国和各区域经济一体化组织签署。

第二十一条　临时安排

1. 在缔约方会议第一届会议结束前，第八条所述的秘书处职能将在临时基础上由联合国大会 1990 年 12 月 21 日第 45/212 号决议所设立的秘书处行使。

2. 上述第 1 款所述的临时秘书处首长将与政府间气候变化专门委员会密切合作，以确保该委员会能够对提供客观科学和技术咨询的要求作出反应。也可以咨询其他有关的科学机构。

3. 在临时基础上，联合国开发计划署、联合国环境规划署和国际复兴开发银行的"全球环境融资"应为受托经营第十一条所述资金机制的国际实体。在这方面，"全球环境融资"应予适当改革，并使其成员具有普遍性，以使其能满足第十一条的要求。

第二十二条 批准、接受、核准或加入

1. 本公约须经各国和各区域经济一体化组织批准、接受、核准或加入。公约应自签署截止日之次日起开放供加入。批准、接受、核准或加入的文书应交存于保存人。

2. 任何成为本公约缔约方而其成员国均非缔约方的区域经济一体化组织应受本公约一切义务的约束。如果此类组织的一个或多个成员国为本公约的缔约方，该组织及其成员国应决定各自在履行公约义务方面的责任。在此种情况下，该组织及其成员国无权同时行使本公约规定的权利。

3. 区域经济一体化组织应在其批准、接受、核准或加入的文书中声明其在本公约所规定事项上的权限。此类组织还应将其权限范围的任何重大变更通知保存人，再由保存人通知各缔约方。

第二十三条 生 效

1. 本公约应自第五十份批准、接受、核准或加入的文书交存之日后第九十天起生效。

2. 对于在第五十份批准、接受、核准或加入的文书交存之后批准、接受、核准或加入本公约的每一国家或区域经济一体化组织，本公约应自该国或该区域经济一体化组织交存其批准、接受、核准或加入的文书之日后第九十天起生效。

3. 为上述第1和第2款的目的，区域经济一体化组织所交存的任何文书不应被视为该组织成员国所交存文书之外的额外文书。

第二十四条 保 留

对本公约不得作任何保留。

第二十五条 退 约

1. 自本公约对一缔约方生效之日起三年后，该缔约方可随时向保存人发出书面通知退出本公约。

2. 任何退出应自保存人收到退出通知之日起一年期满时生效，或在退出通知中所述明的更后日期生效。

3. 退出本公约的任何缔约方，应被视为亦退出其作为缔约方的任何议定书。

第二十六条 作准文本

本公约正本应交存于联合国秘书长，其阿拉伯文、中文、英文、法文、俄文和西班牙文文本同为作准。

下列签署人，经正式授权，在本公约上签字，以昭信守。

一九九二年五月九日订于纽约。

附件一

澳大利亚

奥地利

白俄罗斯^{EIT}

比利时

保加利亚^{EIT}

加拿大

克罗地亚^{EIT} *

捷克共和国^{EIT} *

丹麦

欧洲共同体

爱沙尼亚^{EIT}

芬兰

法国

德国

希腊

匈牙利^{EIT}

冰岛

爱尔兰

意大利

日本

拉脱维亚^{EIT}

列支敦士登*

立陶宛^{EIT}

卢森堡

马耳他#

摩纳哥*

荷兰

新西兰

挪威

波兰^{EIT}

葡萄牙

罗马尼亚^{EIT}

俄罗斯联邦^{EIT}

斯洛伐克^{EIT} [*]

斯洛文尼亚^{EIT} [*]

西班牙

瑞典

瑞士

土耳其

乌克兰^{EIT}

大不列颠及北爱尔兰联合王国

美利坚合众国

说明：

标有 EIT 的国家是正在朝市场经济过渡的国家。

标有 * 号的国家是按照缔约方会议第三届会议第 4/CP.3 号决定，经 1998 年 8 月 13 日生效的修正案增加列入附件一的国家。

标有#号的国家（马耳他）是按照缔约方会议第十五届会议第 3/CP.15 号决定，经 2010 年 6 月 18 日生效的修正案增加列入附件一的国家。

附件二

澳大利亚

奥地利

比利时

加拿大

丹麦

欧洲共同体

芬兰

法国

德国

希腊

冰岛

爱尔兰

意大利

日本

卢森堡

荷兰

新西兰

挪威

葡萄牙

西班牙

瑞典

瑞士

大不列颠及北爱尔兰联合王国

美利坚合众国

说明：按照缔约方会议第七届会议第 26/CP. 7 号决定，2002 年 6 月 28 日生效的一项修正案将土耳其从附件二中删除。

京都议定书

《联合国气候变化框架公约》京都议定书

本议定书各缔约方，

作为《联合国气候变化框架公约》（以下简称《公约》）缔约方，

为实现《公约》第二条所述的最终目标，

以及《公约》的各项规定，

在《公约》第三条的指导下，

按照《公约》缔约方会议第一届会议在第 1/CP. 1 号决定中通过的"柏林授权"，兹协议如下：

第一条

为本议定书的目的，《公约》第一条所载定义应予适用。此外：

1. "缔约方会议"指《公约》缔约方会议。

2. "公约"指 1992 年 5 月 9 日在纽约通过的《联合国气候变化框架公约》。

3. "政府间气候变化专门委员会"指世界气象组织和联合国环境规划署 1988 年联合设立的政府间气候变化专门委员会。

4. "蒙特利尔议定书"指 1987 年 9 月 16 日在蒙特利尔通过、后经调整和修正的《关于消耗臭氧层物质的蒙特利尔议定书》。

5. "出席并参加表决的缔约方"指出席会议并投赞成票或反对票的缔约方。

6. "缔约方"指本议定书缔约方，除非文中另有说明。

7. "附件一所列缔约方"指《公约》附件一所列缔约方，包括可能作出的修正，或指根据《公约》第四条第 2 款（g）项作出通知的缔约方。

第二条

1. 附件一所列每一缔约方，在实现第三条所述关于其量化的限制和减少排放的承诺时，为促进可持续发展，应：

（a）根据本国情况执行和/或进一步制订政策和措施，诸如：

（一）增强本国经济有关部门的能源效率；

（二）保护和增强《蒙特利尔议定书》未予管制的温室气体的汇和库，同时考虑到其依有关的国际环境协议作出的承诺；促进可持续森林管理的做法、造林和再造林；

（三）在考虑到气候变化的情况下促进可持续农业方式；

（四）研究、促进、开发和增加使用新能源和可再生的能源、二氧化碳固碳技术和有益于环境的先进的创新技术；

（五）逐渐减少或逐步消除所有的温室气体排放部门违背《公约》目标的市场缺陷、财政激励、税收和关税免除及补贴，并采用市场手段；

（六）鼓励有关部门的适当改革，旨在促进用以限制或减少《蒙特利尔议定书》未予管制的温室气体的排放的政策和措施；

（七）采取措施在运输部门限制和/或减少《蒙特利尔议定书》未予管制的温室气体排放；

（八）通过废物管理及能源的生产、运输和分配中的回收和利用限制和/或减少甲烷排放。

（b）根据《公约》第四条第2款（e）项第（一）目，同其他此类缔约方合作，以增强它们依本条通过的政策和措施的个别和合并的有效性。为此目的，这些缔约方应采取步骤分享它们关于这些政策和措施的经验并交流信息，包括设法改进这些政策和措施的可比性、透明度和有效性，作为本议定书缔约方会议的《公约》缔约方会议，应在第一届会议上或在此后一旦实际可行时，审议便利这种合作的方法，同时考虑到所有相关信息。

2. 附件一所列缔约方应分别通过国际民用航空组织和国际海事组织作出努力，谋求限制或减少航空和航海舱载燃料产生的《蒙特利尔议定书》未予管制的温室气体的排放。

3. 附件一所列缔约方应以下述方式努力履行本条中所指政策和措施，即最大限度地减少各种不利影响，包括对气候变化的不利影响、对国际贸易的影响、以及对其他缔约方——尤其是发展中国家缔约方和《公约》第四条第8款和第9款中所特别指明的那些缔约方的社会、环境和经济影响，同时考虑到《公约》第三条。作为本议定书缔约方会议的《公约》缔约方会议可以酌情采取进一步行动促进本款规定的实施。

4. 作为本议定书缔约方会议的《公约》缔约方会议如断定就上述第1款（a）项中所指任何政策和措施进行协调是有益的，同时考虑到不同的国情和潜在影响，应就阐明协调这些政策和措施的方式和方法进行审议。

第三条

1. 附件一所列缔约方应个别地或共同地确保其在附件A中所列温室气体的人为二氧化碳当量排放总量不超过按照附件B中所载其量化的限制和减少排放的承诺和根据本条的规定所计算的其分配数量，以使其在2008年至2012年承诺期内这些气体的全部排放量从1990年水平至少减少5%。

2. 附件一所列每一缔约方到2005年时，应在履行其依本议定书规定的承诺方面作出可予证实的进展。

3. 自 1990 年以来直接由人引起的土地利用变化和林业活动——限于造林、重新造林和砍伐森林——产生的温室气体源的排放和汇的清除方面的净变化，作为每个承诺期碳贮存方面可核查的变化来衡量，应用以实现附件一所列每一缔约方依本条规定的承诺。与这些活动相关的温室气体源的排放和汇的清除，应以透明且可核查的方式作出报告，并依第七条和第八条予以审评。

4. 在作为本议定书缔约方会议的《公约》缔约方会议第一届会议之前，附件一所列每一缔约方应提供数据供附属科技咨询机构审议，以便确定其 1990 年的碳贮存并能对其以后各年的碳贮存方面的变化作出估计。作为本议定书缔约方会议的《公约》缔约方会议，应在第一届会议或在其后一旦实际可行时，就涉及与农业土壤和土地利用变化和林业类各种温室气体源的排放和各种汇的清除方面变化有关的哪些因人引起的其他活动，应如何加到附件一所列缔约方的分配数量中或从中减去的方式、规则和指南作出决定，同时考虑到各种不确定性、报告的透明度、可核查性、政府间气候变化专门委员会方法学方面的工作、附属科技咨询机构根据第五条提供的咨询意见以及《公约》缔约方会议的决定。此项决定应适用于第二个和以后的承诺期。一缔约方可为其第一个承诺期这些额外的因人引起的活动选择适用此项决定，但这些活动须自 1990 年以来已经进行。

5. 其基准年或基准期系根据《公约》缔约方会议第二届会议第 9/CP. 2 号决定确定的、正在向市场经济过渡的附件一所列缔约方，为履行其依本条规定的承诺，应使用该基准年或基准期。正在向市场经济过渡但尚未依《公约》第十二条提交其第一次国家信息通报的附件一所列任何其他缔约方，也可通知作为本议定书缔约方会议的《公约》缔约方会议，它有意为履行其依本条规定的承诺使用除 1990 年以外的某一历史基准年或基准期。作为本议定书缔约方会议的《公约》缔约方会议应就此种通知的接受与否作出决定。

6. 考虑到《公约》第四条第 6 款，作为本议定书缔约方会议的《公约》缔约方会议，应允许正在向市场经济过渡的附件一所列缔约方在履行其除本条规定的那些承诺以外的承诺方面有一定程度的灵活性。

7. 在从 2008 年至 2012 年第一个量化的限制和减少排放的承诺期内，附件一所列每一缔约方的分配数量应等于在附件 B 中对附件 A 所列温室气体在 1990 年或按照上述第 5 款确定的基准年或基准期内其人为二氧化碳当量的排放总量所载的其百分比乘以 5。土地利用变化和林业对其构成 1990 年温室气体排放净源的附件一所列那些缔约方，为计算其分配数量的目的，应在它们 1990 年排放基准年或基准期计入各种源的人为二氧化碳当量排放总量减去 1990 年土地利用变化产生的各种汇的清除。

8. 附件一所列任一缔约方，为上述第 7 款所指计算的目的，可使用 1995 年作为其氢氟碳化物、全氟化碳和六氟化硫的基准年。

9. 附件一所列缔约方对以后期间的承诺应在对本议定书附件 B 的修正中加以确定，此类修正应根据第二十一条第 7 款的规定予以通过。作为本议定书缔约方会议的《公约》缔约方会议应至少在上述第 1 款中所指第一个承诺期结束之前七年开始审议此类承诺。

10. 一缔约方根据第六条或第十七条的规定从另一缔约方获得的任何减少排放单位或一个分配数量的任何部分，应计入获得缔约方的分配数量。

11. 一缔约方根据第六条和第十七条的规定转让给另一缔约方的任何减少排放单位或一个分配数量的任何部分，应从转让缔约方的分配数量中减去。

12. 一缔约方根据第十二条的规定从另一缔约方获得的任何经证明的减少排放，应记入获得缔约方的分配数量。

13. 如附件一所列一缔约方在一承诺期内的排放少于其依本条确定的分配数量，此种差额，应该缔约方要求，应记入该缔约方以后的承诺期的分配数量。

14. 附件一所列每一缔约方应以下述方式努力履行上述第一款的承诺，即最大限度地减少对发展中国家缔约方、尤其是《公约》第四条第8款和第9款所特别指明的那些缔约方不利的社会、环境和经济影响。依照《公约》缔约方会议关于履行这些条款的相关决定，作为本议定书缔约方会议的《公约》缔约方会议，应在第一届会议上审议可采取何种必要行动以尽量减少气候变化的不利后果和/或对应措施对上述条款中所指缔约方的影响。须予审议的问题应包括资金筹措、保险和技术转让。

第四条

1. 凡订立协定共同履行其依第三条规定的承诺的附件一所列任何缔约方，只要其依附件 A 中所列温室气体的合并的人为二氧化碳当量排放总量不超过附件 B 中所载根据其量化的限制和减少排放的承诺和根据第三条规定所计算的分配数量，就应被视为履行了这些承诺。分配给该协定每一缔约方的各自排放水平应载明于该协定。

2. 任何此类协定的各缔约方应在它们交存批准、接受或核准本议定书或加入本议定书之日将该协定内容通知秘书处。其后秘书处应将该协定内容通知《公约》缔约方和签署方。

3. 任何此类协定应在第三条第7款所指承诺期的持续期间内继续实施。

4. 如缔约方在一区域经济一体化组织的框架内并与该组织一起共同行事，该组织的组成在本议定书通过后的任何变动不应影响依本议定书规定的现有承诺。该组织在组成上的任何变动只应适用于那些继该变动后通过的依第三条规定的承诺。

5. 一旦该协定的各缔约方未能达到它们的总的合并减少排放水平，此类协定的每一缔约方应对该协定中载明的其自身的排放水平负责。

6. 如缔约方在一个本身为议定书缔约方的区域经济一体化组织的框架内并与该组织一起共同行事，该区域经济一体化组织的每一成员国单独地并与按照第二十四条行事的区域经济一体化组织一起，如未能达到总的合并减少排放水平，则应对依本条所通知的其排放水平负责。

第五条

1. 附件一所列每一缔约方，应在不迟于第一个承诺期开始前一年，确立一个估算《蒙特利尔议定书》未予管制的所有温室气体的各种源的人为排放和各种汇的清除的国家体系。应体现下述第 2 款所指方法学的此类国家体系的指南，应由作为本议定书缔约方会议的《公约》缔约方会议第一届会议予以决定。

2. 估算《蒙特利尔议定书》未予管制的所有温室气体的各种源的人为排放和各种汇的清除的方法学，应是由政府间气候变化专门委员会所接受并经《公约》缔约方会议第三届会议所议定者。如不使用这种方法学，则应根据作为本议定书缔约方会议的《公约》缔约方会议第一届会议所议定的方法学作出适当调整。作为本议定书缔约方会议的《公约》缔约方会议，除其他外，应基于政府间气候变化专门委员会的工作和附属科技咨询机构提供的咨询意见，定期审评和酌情修订这些方法学和作出调整，同时充分考虑到《公约》缔约方会议作出的任何有关决定。对方法学的任何修订或调整，应只用于为了在继该修订后通过的任何承诺期内确定依第三条规定的承诺的遵守情况。

3. 用以计算附件 A 所列温室气体的各种源的人为排放和各种汇的清除的全球升温潜能值，应是由政府间气候变化专门委员会所接受并经《公约》缔约方会议第三届会议所议定者。作为本议定书缔约方会议的《公约》缔约方会议，除其他外，应基于政府间气候变化专门委员会的工作和附属科技咨询机构提供的咨询意见；定期审评和酌情修订每种此类温室气体的全球升温潜能值，同时充分考虑到《公约》缔约方会议作出的任何有关决定。对全球升温潜能值的任何修订，应只适用于继该修订后所通过的任何承诺期依第三条规定的承诺。

第六条

1. 为履行第三条的承诺的目的，附件一所列任一缔约方可以向任何其他此类缔约方转让或从它们获得由任何经济部门旨在减少温室气体的各种源的人为排放或增强各种汇的人为清除的项目所产生的减少排放单位，但：

（a）任何此类项目须经有关缔约方批准；

（b）任何此类项目须能减少源的排放，或增强汇的清除，这一减少或增强对任何以其他方式发生的减少或增强是额外的；

（c）缔约方如果不遵守其依第五条和第七条规定的义务，则不可以获得任何减少排放单位；

（d）减少排放单位的获得应是对为履行依第三条规定的承诺而采取的本国行动的补充。

2. 作为本议定书缔约方会议的《公约》缔约方会议，可在第一届会议或在其后一旦实际可行时，为履行本条、包括为核查和报告进一步制订指南。

3. 附件一所列一缔约方可以授权法律实体在该缔约方的负责下参加可导致依本条产生、转让或获得减少排放单位的行动。

4. 如依第八条的有关规定查明附件一所列一缔约方履行本条所指的要求有问题，减少排放单位的转让和获得在查明问题后可继续进行，但在任何遵守问题获得解决之前，一缔约方不可使用任何减少排放单位来履行其依第三条的承诺。

第七条

1. 附件一所列每一缔约方应在其根据《公约》缔约方会议的相关决定提交的《蒙特利尔协定书》未予管制的温室气体的各种源的人为排放和各种汇的清除的年度清单内，载列将根据下述第 4 款确定的为确保遵守第三条的目的而必要的补充信息。

2. 附件一所列每一缔约方应在其依《公约》第十二条提交的国家信息通报中载列根据下述第 4 款确定的必要的补充信息，以示其遵守本议定书所规定承诺的情况。

3. 附件一所列每一缔约方应自本议定书对其生效后的承诺期第一年根据《公约》提交第一次清单始，每年提交上述第 1 款所要求的信息。每一此类缔约方应提交上述第 2 款所要求的信息，作为在本议定书对其生效后和在依下述第 4 款规定通过指南后应提交的第一次国家信息通报的一部分。其后提交本条所要求的信息的频度，应由作为本议定书缔约方会议的《公约》缔约方会议予以确定，同时考虑到《公约》缔约方会议就提交国家信息通报所决定的任何时间表。

4. 作为本议定书缔约方会议的《公约》缔约方会议，应在第一届会议上通过并在其后定期审评编制本条所要求信息的指南，同时考虑到《公约》缔约方会议通过的附件一所列缔约方编制国家信息通报的指南。作为本议定书缔约方会议的《公约》缔约方会议，还应在第一个承诺期之前就计算分配数量的方式作出决定。

第八条

1. 附件一所列每一缔约方依第七条提交的国家信息通报，应由专家审评组根据《公约》缔约方会议相关决定并依照作为本议定书缔约方会议的《公约》缔约方会议依下述第 4 款为此目的所通过的指南予以审评。附件一所列每一缔约方依第七条第 1 款提交的信息，应作为排放清单和分配数量的年度汇编和计算的一部分予以审评。此外，附件一所列每一缔约方依第七条第 2 款提交的信息，应作为信息通报审评的一部分予以审评。

2. 专家审评组应根据《公约》缔约方会议为此目的提供的指导，由秘书处进行协调，并由从《公约》缔约方和在适当情况下政府间组织提名的专家中遴选出的成员组成。

3. 审评过程应对一缔约方履行本议定书的所有方面作出彻底和全面的技术评估。专家审评组应编写一份报告提交作为本议定书缔约方会议的《公约》缔约方会议，在报告中评估该缔约方履行承诺的情况并指明在实现承诺方面任何潜在的问题以及影响实现承诺的各种因素。此类报告应由秘书处分送《公约》的所有缔约方。秘书处应列明此类报告中指明的任何履行问题，以供作为本议定书缔约方会议的《公约》缔约方会议予以进一步审议。

4. 作为本议定书缔约方会议的《公约》缔约方会议，应在第一届会议上通过并在其后定期审评关于由专家审评组审评本议定书履行情况的指南，同时考虑到《公约》缔约方会议的相关决定。

5. 作为本议定书缔约方会议的《公约》缔约方会议，应在附属履行机构并酌情在附属科技咨询机构的协助下审议：

（a）缔约方按照第七条提交的信息和按照本条进行的专家审评的报告；

（b）秘书处根据上述第 3 款列明的那些履行问题，以及缔约方提出的任何问题。

6. 根据对上述第 5 款所指信息的审议情况，作为本议定书缔约方会议的《公约》缔约方会议，应就任何事项作出为履行本议定书所要求的决定。

第九条

1. 作为本议定书缔约方会议的《公约》缔约方会议，应参照可以得到的关于气候变化及其影响的最佳科学信息和评估，以及相关的技术、社会和经济信息，定期审评本议定书。这些审评应同依《公约》、特别是《公约》第四条第 2 款（d）项和第七条第 2 款（a）项所要求的那些相关审评进行协调。在这些审评的基础上，作为本议定书缔约方会议的《公约》缔约方会议应采取适当行动。

2. 第一次审评应在作为本议定书缔约方会议的《公约》缔约方会议第二届会议上进行，进一步的审评应定期适时进行。

第十条

所有缔约方，考虑到它们的共同但有区别的责任以及它们特殊的国家和区域发展优先顺序、目标和情况，在不对未列入附件一的缔约方引入任何新的承诺、但重申依《公约》第四条第 1 款规定的现有承诺并继续促进履行这些承诺以实现可持续发展的情况下，考虑到《公约》第四条第 3 款、第 5 款和第 7 款，应：

（a）在相关时并在可能范围内，制订符合成本效益的国家的方案以及在适当情况下区域的方案，以改进可反映每一缔约方社会经济状况的地方排放因素、活动数据和/或模式的质量，用以编制和定期更新《蒙特利尔议定书》未予管制的温室气体的各种源的人为排放和各种汇的清除的国家清单，同时采用将由《公约》缔约方会议议定的可比方法，并与《公约》缔约方会议通过的国家信息通报编制指南相一致；

（b）制订、执行、公布和定期更新载有减缓气候变化措施和有利于充分适应气候变化措施的国家的方案以及在适当情况下区域的方案：

（一）此类方案，除其他外，将涉及能源、运输和工业部门以及农业、林业和废物管理。此外，旨在改进地区规划的适应技术和方法也可改善对气候变化的适应；

（二）附件一所列缔约方应根据第七条提交依本议定书采取的行动、包括国家方案的信息；其他缔约方应努力酌情在它们的国家信息通报中列入载有缔约方认为有助于对付气候变化及其不利影响的措施、包括减缓温室气体排放的增加以及增强汇和汇的清除、能力建设和适应措施的方案的信息；

（c）合作促进有效方式用以开发、应用和传播与气候变化有关的有益于环境的技术、专有技术、做法和过程，并采取一切实际步骤促进、便利和酌情资助将此类技术、专有技术、做法和过程特别转让给发展中国家或使它们有机会获得，包括制定政策和方案，以便利有效转让公有或公共支配的有益于环境的技术，并为私有部门创造有利环境以促进和增进转让和获得有益于环境的技术；

（d）在科学技术研究方面进行合作，促进维持和发展有系统的观测系统并发展数据库，以减少与气候系统相关的不确定性、气候变化的不利影响和各种应对战略的经济和社会后果，并促进发展和加强本国能力以参与国际及政府间关于研究和系统观测方面的努力、方案和网络，同时考虑到《公约》第五条；

（e）在国际一级合作并酌情利用现有机构，促进拟订和实施教育及培训方案，包括加强本国能力建设，特别是加强人才和机构能力、交流或调派人员培训这一领域的专家，尤其是培训发展中国家的专家，并在国家一级促进公众意识和促进公众获得有关气候变化的信息。应发展适当方式通过《公约》的相关机构实施这些活动，同时考虑到《公约》第六条；

（f）根据《公约》缔约方会议的相关决定，在国家信息通报中列入按照本条进行的方案和活动；

（g）在履行依本条规定的承诺方面，充分考虑到《公约》第四条第 8 款。

第十一条

1. 在履行第十条方面，缔约方应考虑到《公约》第四条第 4 款、第 5 款、第 7 款、第 8 款和第 9 款的规定。

2. 在履行《公约》第四条第 1 款的范围内，根据《公约》第四条第 3 款和第十一条的规定，并通过受托经营《公约》资金机制的实体，《公约》附件二所列发达国家缔约方和其他发达缔约方应：

（a）提供新的和额外的资金，以支付经议定的发展中国家为促进履行第十条（a）项所述《公约》第四条第 1 款（a）项规定的现有承诺而招致的全部费用；

（b）并提供发展中国家缔约方所需要的资金，包括技术转让的资金，以支付经议定的为促进履行第十条所述依《公约》第四条第 1 款规定的现有承诺并经一发展中国家缔约方与《公约》第十一条所指那个或那些国际实体根据该条议定的全部增加费用。

这些现有承诺的履行应考虑到资金流量应充足和可以预测的必要性，以及发达国家缔约方间适当分摊负担的重要性。《公约》缔约方会议相关决定中对受托经营《公约》资金机制的实体所作的指导，包括本议定书通过之前议定的那些指导，应比照适用于本款的规定。

3. 《公约》附件二所列发达国家缔约方和其他发达缔约方也可以通过双边、区域和其他多边渠道提供并由发展中国家缔约方获取履行第十条的资金。

第十二条

1. 兹此确定一种清洁发展机制。

2. 清洁发展机制的目的是协助未列入附件一的缔约方实现可持续发展和有益于《公约》的最终目标，并协助附件一所列缔约方实现遵守第三条规定的其量化的限制和减少排放的承诺。

3. 依清洁发展机制：

（a）未列入附件一的缔约方将获益于产生经证明的减少排放的项目活动；

（b）附件一所列缔约方可以利用通过此种项目活动获得的经证明的减少排放，促进遵守由作为本议定书缔约方会议的《公约》缔约方会议确定的依第三条规定的其量化的限制和减少排放的承诺之一部分。

4. 清洁发展机制应置于由作为本议定书缔约方会议的《公约》缔约方会议的权力和指导之下，并由清洁发展机制的执行理事会监督。

5. 每一项目活动所产生的减少排放，须经作为本议定书缔约方会议的《公约》缔约方会议指定的经营实体根据以下各项作出证明：

（a）经每一有关缔约方批准的自愿参加；

（b）与减缓气候变化相关的实际的、可测量的和长期的效益；

（c）减少排放对于在没有进行经证明的项目活动的情况下产生的任何减少排放而言是额外的。

6. 如有必要，清洁发展机制应协助安排经证明的项目活动的筹资。

7. 作为本议定书缔约方会议的《公约》缔约方会议，应在第一届会议上拟订方式和程序，以期通过对项目活动的独立审计和核查，确保透明度、效率和可靠性。

8. 作为本议定书缔约方会议的《公约》缔约方会议，应确保经证明的项目活动所产生的部分收益用于支付行政开支和协助特别易受气候变化不利影响的发展中国家缔约方支付适应费用。

9. 对于清洁发展机制的参与，包括对上述第 3 款（a）项所指的活动及获得经证明的减少排放的参与，可包括私有和/或公有实体，并须遵守清洁发展机制执行理事会可能提出的任何指导。

10. 在自 2000 年起至第一个承诺期开始这段时期内所获得的经证明的减少排放，可用以协助在第一个承诺期内的遵约。

第十三条

1.《公约》缔约方会议——《公约》的最高机构，应作为本议定书缔约方会议。

2. 非为本议定书缔约方的《公约》缔约方，可作为观察员参加作为本议定书缔约方会议的《公约》缔约方会议任何届会的议事工作。在《公约》缔约方会议作为本议定书缔约方会议行使职能时，在本议定书之下的决定只应由为本议定书缔约方者作出。

3. 在《公约》缔约方会议作为本议定书缔约方会议行使职能时，《公约》缔约方会议主席团中代表《公约》缔约方但在当时非为本议定书缔约方的任何成员，应由本议定书缔约方从本议定书缔约方中选出的另一成员替换。

4. 作为本议定书缔约方会议的《公约》缔约方会议，应定期审评本议定书的履行情况，并应在其权限内作出为促进本议定书有效履行所必要的决定。缔约方会议应履行本议定书赋予它的职能，并应：

（a）基于依本议定书的规定向它提供的所有信息，评估缔约方履行本议定书的情况及根据本议定书采取的措施的总体影响，尤其是环境、经济、社会的影响及其累积的影响，以及在实现《公约》目标方面取得进展的程度；

（b）根据《公约》的目标、在履行中获得的经验及科学技术知识的发展，定期审查本议定书规定的缔约方义务，同时适当顾及《公约》第四条第 2 款（d）项和第七条第 2 款所要求的任何审评，并在此方面审议和通过关于本议定书履行情况的定期报告；

（c）促进和便利就各缔约方为对付气候变化及其影响而采取的措施进行信息交流，同时考虑到缔约方的有差别的情况、责任和能力，以及它们各自依本议定书规定的承诺；

（d）应两个或更多缔约方的要求，便利将这些缔约方为对付气候变化及其影响而采取的措施加以协调，同时考虑到缔约方的有差别的情况、责任和能力，以及它们各自依本议定书规定的承诺；

（e）依照《公约》的目标和本议定书的规定，并充分考虑到《公约》缔约方会议的相关决定，促进和指导发展和定期改进由作为本议定书缔约方会议的《公约》缔约方会议议定的、旨在有效履行本议定书的可比较的方法学；

（f）就任何事项作出为履行本议定书所必需的建议；

（g）根据第十一条第 2 款，设法动员额外的资金；

（h）设立为履行本议定书而被认为必要的附属机构；

（i）酌情寻求和利用各主管国际组织和政府间及非政府机构提供的服务、合作和信息；

（j）行使为履行本议定书所需的其他职能，并审议《公约》缔约方会议的决定所导致的任何任务。

5. 《公约》缔约方会议的议事规则和依《公约》规定采用的财务规则，应在本议定书下比照适用，除非作为本议定书缔约方会议的《公约》缔约方会议以协商一致方式可能另外作出决定。

6. 作为本议定书缔约方会议的《公约》缔约方会议第一届会议，应由秘书处结合本议定书生效后预定举行的《公约》缔约方会议第一届会议召开。其后作为本议定书缔约方会议的《公约》缔约方会议常会，应每年并且与《公约》缔约方会议常会结合举行，除非作为本议定书缔约方会议的《公约》缔约方会议另有决定。

7. 作为本议定书缔约方会议的《公约》缔约方会议的特别会议，应在作为本议定书缔约方会议的《公约》缔约方会议认为必要的其他时间举行，或应任何缔约方的书面要求而举行，但须在秘书处将该要求转达给各缔约方后六个月内得到至少三分之一缔约方的支持。

8. 联合国及其专门机构和国际原子能机构，以及它们的非为《公约》缔约方的成员国或观察员，均可派代表作为观察员出席作为本议定书缔约方会议的《公约》缔约方会议的各届会议。任何在本议定书所涉事项上具备资格的团体或机构，无论是国家或国际的、政府或非政府的，经通知秘书处其愿意派代表作为观察员出席作为本议定书缔约方会议的

《公约》缔约方会议的某届会议，均可予以接纳，除非出席的缔约方至少三分之一反对。观察员的接纳和参加应遵循上述第 5 款所指的议事规则。

第十四条

1. 依《公约》第八条设立的秘书处，应作为本议定书的秘书处。

2. 关于秘书处职能的《公约》第八条第 2 款和关于就秘书处行使职能作出的安排的《公约》第八条第 3 款，应比照适用于本议定书。秘书处还应行使本议定书所赋予它的职能。

第十五条

1. 《公约》第九条和第十条设立的附属科技咨询机构和附属履行机构，应作为本议定书的附属科技咨询机构和附属履行机构。《公约》关于该两个机构行使职能的规定应比照适用于本议定书。本议定书的附属科技咨询机构和附属履行机构的届会，应分别与《公约》的附属科技咨询机构和附属履行机构的会议结合举行。

2. 非为本议定书缔约方的《公约》缔约方可作为观察员参加附属机构任何届会的议事工作。在附属机构作为本议定书附属机构时，在本议定书之下的决定只应由本议定书缔约方作出。

3. 《公约》第九条和第十条设立的附属机构行使它们的职能处理涉及本议定书的事项时，附属机构主席团中代表《公约》缔约方但在当时非为本议定书缔约方的任何成员，应由本议定书缔约方从本议定书缔约方中选出的另一成员替换。

第十六条

作为本议定书缔约方会议的《公约》缔约方会议，应参照《公约》缔约方会议可能作出的任何有关决定，在一旦实际可行时审议对本议定书适用并酌情修改《公约》第十三条所指的多边协商程序。适用于本议定书的任何多边协商程序的运作不应损害依第十八条所设立的程序和机制。

第十七条

《公约》缔约方会议应就排放贸易，特别是其核查、报告和责任确定相关的原则、方式、规则和指南。为履行其依第三条规定的承诺的目的，附件 B 所列缔约方可以参与排放贸易。任何此种贸易应是对为实现该条规定的量化的限制和减少排放的承诺之目的而采取的本国行动的补充。

第十八条

作为本议定书缔约方会议的《公约》缔约方会议，应在第一届会议上通过适当且有效的程序和机制，用以断定和处理不遵守本议定书规定的情势，包括就后果列出一个示意性清单，同时考虑到不遵守的原因、类别、程度和频度。依本条可引起具拘束性后果的任何程序和机制应以本议定书修正案的方式予以通过。

第十九条

《公约》第十四条的规定应比照适用于本议定书。

第二十条

1. 任何缔约方均可对本议定书提出修正。

2. 对本议定书的修正应在作为本议定书缔约方会议的《公约》缔约方会议常会上通过。对本议定书提出的任何修正案文，应由秘书处在拟议通过该修正的会议之前至少六个月送交各缔约方。秘书处还应将提出的修正送交《公约》的缔约方和签署方，并送交保存人以供参考。

3. 各缔约方应尽一切努力以协商一致方式就对本议定书提出的任何修正达成协议。如为谋求协商一致已尽一切努力但仍未达成协议，作为最后的方式，该项修正应以出席会议并参加表决的缔约方四分之三多数票通过。通过的修正应由秘书处送交保存人，再由保存人转送所有缔约方供其接受。

4. 对修正的接受文书应交存于保存人，按照上述第 3 款通过的修正，应于保存人收到本议定书至少四分之三缔约方的接受文书之日后第九十天起对接受该项修正的缔约方生效。

5. 对于任何其他缔约方，修正应在该缔约方向保存人交存其接受该项修正的文书之日后第九十天起对其生效。

第二十一条

1. 本议定书的附件应构成本议定书的组成部分，除非另有明文规定，凡提及本议定书时即同时提及其任何附件。本议定书生效后通过的任何附件，应限于清单，表格和属于科学、技术、程序或行政性质的任何其他说明性材料。

2. 任何缔约方可对本议定书提出附件提案并可对本议定书的附件提出修正。

3. 本议定书的附件和对本议定书附件的修正应在作为本议定书缔约方会议的《公约》缔约方会议的常会上通过。提出的任何附件或对附件的修正的案文应由秘书处在拟议通过该项附件或对该附件的修正的会议之前至少六个月送交各缔约方。

秘书处还应将提出的任何附件或对附件的任何修正的案文送交《公约》缔约方和签署方，并送交保存人以供参考。

4. 各缔约方应尽一切努力以协商一致方式就提出的任何附件或对附件的修正达成协议。如为谋求协商一致已尽一切努力但仍未达成协议，作为最后的方式，该项附件或对附件的修正应以出席会议并参加表决的缔约方四分之三多数票通过。通过的附件或对附件的修正应由秘书处送交保存人，再由保存人送交所有缔约方供其接受。

5. 除附件 A 和附件 B 之外，根据上述第 3 款和第 4 款通过的附件或对附件的修正，应于保存人向本议定书的所有缔约方发出关于通过该附件或通过对该附件的修正的通知之日起六个月后对所有缔约方生效，但在此期间书面通知保存人不接受该项附件或对该附件的修正的缔约方除外。对于撤回其不接受通知的缔约方，该项附件或对该附件的修正应自保存人收到撤回通知之日后第九十天起对其生效。

6. 如附件或对附件的修正的通过涉及对本议定书的修正，则该附件或对附件的修正应待对本议定书的修正生效之后方可生效。

7. 对本议定书附件 A 和附件 B 的修正应根据第二十条中规定的程序予以通过并生效，但对附件 B 的任何修正只应以有关缔约方书面同意的方式通过。

第二十二条

1. 除下述第 2 款所规定外，每一缔约方应有一票表决权。

2. 区域经济一体化组织在其权限内的事项上应行使票数与其作为本议定书缔约方的成员国数目相同的表决权。如果一个此类组织的任一成员国行使自己的表决权，则该组织不得行使表决权，反之亦然。

第二十三条

联合国秘书长应为本议定书的保存人。

第二十四条

1. 本议定书应开放供属于《公约》缔约方的各国和区域经济一体化组织签署并须经其批准、接受或核准。本议定书应自 1998 年 3 月 16 日至 1999 年 3 月 15 日在纽约联合国总部开放供签署，本议定书应自其签署截止日之次日起开放供加入。批准、接受、核准或加入的文书应交存于保存人。

2. 任何成为本议定书缔约方而其成员国均非缔约方的区域经济一体化组织应受本议定书各项义务的约束。如果此类组织的一个或多个成员国为本议定书的缔约方，该组织及其成员国应决定各自在履行本议定书义务方面的责任。在此种情况下，该组织及其成员国无权同时行使本议定书规定的权利。

3. 区域经济一体化组织应在其批准、接受、核准或加入的文书中声明其在本议定书所规定事项上的权限。这些组织还应将其权限范围的任何重大变更通知保存人，再由保存人通知各缔约方。

第二十五条

1. 本议定书应在不少于 55 个《公约》缔约方、包括其合计的二氧化碳排放量至少占附件一所列缔约方 1990 年二氧化碳排放总量的 55% 的附件一所列缔约方已经交存其批准、接受、核准或加入的文书之日后第九十天起生效。

2. 为本条的目的，"附件一所列缔约方 1990 年二氧化碳排放总量"指在通过本议定书之日或之前附件一所列缔约方在其按照《公约》第十二条提交的第一次国家信息通报中通报的数量。

3. 对于在上述第 1 款中规定的生效条件达到之后批准、接受、核准或加入本议定书的每一国家或区域经济一体化组织，本议定书应自其批准、接受、核准或加入的文书交存之日后第九十天起生效。

4. 为本条的目的，区域经济一体化组织交存的任何文书，不应被视为该组织成员国所交存文书之外的额外文书。

第二十六条

对本议定书不得作任何保留。

第二十七条

1. 自本议定书对一缔约方生效之日起三年后，该缔约方可随时向保存人发出书面通知退出本议定书。

2. 任何此种退出应自保存人收到退出通知之日起一年期满时生效，或在退出通知中所述明的更后日期生效。

3. 退出《公约》的任何缔约方，应被视为亦退出本议定书。

第二十八条

本议定书正本应交存于联合国秘书长，其阿拉伯文、中文、英文、法文、俄文和西班牙文文本同等作准。

一九九七年十二月十一日订于京都。

附件

附件 A

温室气体：

二氧化碳（CO_2）

甲烷（CH_4）

氧化亚氮（N_2O）

氢氟碳化物（HFC_S）

全氟化碳（PFC_S）

六氟化硫（SF_6）

部门/源类别

能源

　燃料燃烧

　　能源工业

　　制造业

　　建筑

　　运输

　　其他部门

　　其他

　燃料的逃逸性排放

　　固体燃料

　　石油和天然气

　　其他

工业生产过程

    矿产品

    化工业

    金属生产

    其他生产

    碳卤化合物和六氟化硫的生产

    碳卤化合物和六氟化硫的消费

    其他

溶剂和其他产品的使用

农业

    肠道发酵

    粪肥管理

    水稻种植

    农业土壤

    热带草原划定的烧荒

    农作物残留物的田间燃烧

    其他

废弃物

    陆地固体废物处置

    废水处理

    废物焚化

    其他

附件 B

缔约方	量化的限制或减少排放的承诺（基准年或基准期百分比）
澳大利亚	108
奥地利	92
比利时	92
保加利亚*	92
加拿大	94
克罗地亚*	95
捷克共和国*	92
丹麦	92
爱沙尼亚*	92
欧洲共同体	92
芬兰	92
法国	92
德国	92

续表

缔约方	量化的限制或减少排放的承诺（基准年或基准期百分比）
希腊	92
匈牙利*	94
冰岛	110
爱尔兰	92
意大利	92
日本	94
拉脱维亚*	92
列支敦士登	92
立陶宛*	92
卢森堡	92
摩纳哥	92
荷兰	92
新西兰	100
挪威	101
波兰*	94
葡萄牙	92
罗马尼亚*	92
俄罗斯联邦*	100
斯洛伐克*	92
斯洛文尼亚*	92
西班牙	92
瑞典	92
瑞士	92
乌克兰*	100
大不列颠及北爱尔兰联合王国	92
美利坚合众国	93

说明：* 正在向市场经济过渡的国家。

"十二五"节能减排综合性工作方案

国务院关于印发"十二五"节能减排综合性工作方案的通知

国发〔2011〕26号 2011年8月31日

各省、自治区、直辖市人民政府，国务院各部委、各直属机构：

现将《"十二五"节能减排综合性工作方案》印发给你们，请结合本地区、本部门实际，认真贯彻执行。

一、"十一五"时期，各地区、各部门认真贯彻落实党中央、国务院的决策部署，把节能减排作为调整经济结构、转变经济发展方式、推动科学发展的重要抓手和突破口，取得了显著成效。全国单位国内生产总值能耗降低 19.1%，二氧化硫、化学需氧量排放总量分别下降 14.29% 和 12.45%，基本实现了"十一五"规划纲要确定的约束性目标，扭转了"十五"后期单位国内生产总值能耗和主要污染物排放总量大幅上升的趋势，为保持经济平稳较快发展提供了有力支撑，为应对全球气候变化作出了重要贡献，也为实现"十二五"节能减排目标奠定了坚实基础。

二、充分认识做好"十二五"节能减排工作的重要性、紧迫性和艰巨性。"十二五"时期，我国发展仍处于可以大有作为的重要战略机遇期。随着工业化、城镇化进程加快和消费结构持续升级，我国能源需求呈刚性增长，受国内资源保障能力和环境容量制约以及全球性能源安全和应对气候变化影响，资源环境约束日趋强化，"十二五"时期节能减排形势仍然十分严峻，任务十分艰巨。特别是我国节能减排工作还存在责任落实不到位、推进难度增大、激励约束机制不健全、基础工作薄弱、能力建设滞后、监管不力等问题。这种状况如不及时改变，不但"十二五"节能减排目标难以实现，还将严重影响经济结构调整和经济发展方式转变。

各地区、各部门要真正把思想和行动统一到中央的决策部署上来，切实增强全局意识、危机意识和责任意识，树立绿色、低碳发展理念，进一步把节能减排作为落实科学发展观、加快转变经济发展方式的重要抓手，作为检验经济是否实现又好又快发展的重要标准，下更大决心，用更大气力，采取更加有力的政策措施，大力推进节能减排，加快形成资源节约、环境友好的生产方式和消费模式，增强可持续发展能力。

三、严格落实节能减排目标责任，进一步形成政府为主导、企业为主体、市场有效驱动、全社会共同参与的推进节能减排工作格局。要切实发挥政府主导作用，综合运用经济、法律、技术和必要的行政手段，加强节能减排统计、监测和考核体系建设，着力健全激励和约束机制，进一步落实地方各级人民政府对本行政区域节能减排负总责、政府主要领导是第一责任人的工作要求。要进一步明确企业的节能减排主体责任，严格执行节能环保法律法规和标准，细化和完善管理措施，落实目标任务。要进一步发挥市场机制作用，加大节能减排市场化机制推广力度，真正把节能减排转化为企业和各类社会主体的内在要求。要进一步增强全体公民的资源节约和环境保护意识，深入推进节能减排全民行动，形成全社会共同参与、共同促进节能减排的良好氛围。

四、要全面加强对节能减排工作的组织领导，狠抓监督检查，严格考核问责。发展改革委负责承担国务院节能减排工作领导小组的具体工作，切实加强节能减排工作的综合协调，组织推动节能降耗工作；环境保护部为主承担污染减排方面的工作；统计局负责加强能源统计和监测工作；其他各有关部门要切实履行职责，密切协调配合。各省级人民政府要立即部署本地区"十二五"节能减排工作，进一步明确相关部门责任、分工和进度要求。

各地区、各部门和中央企业要按照本通知的要求，结合实际抓紧制定具体实施方案，明确目标责任，狠抓贯彻落实，坚决防止出现节能减排工作前松后紧的问题，确保实现"十二五"节能减排目标。

"十二五"节能减排综合性工作方案

一、节能减排总体要求和主要目标

（一）总体要求。以邓小平理论和"三个代表"重要思想为指导，深入贯彻落实科学发展观，坚持降低能源消耗强度、减少主要污染物排放总量、合理控制能源消费总量相结合，形成加快转变经济发展方式的倒逼机制；坚持强化责任、健全法制、完善政策、加强监管相结合，建立健全激励和约束机制；坚持优化产业结构、推动技术进步、强化工程措施、加强管理引导相结合，大幅度提高能源利用效率，显著减少污染物排放；进一步形成政府为主导、企业为主体、市场有效驱动、全社会共同参与的推进节能减排工作格局，确保实现"十二五"节能减排约束性目标，加快建设资源节约型、环境友好型社会。

（二）主要目标。到2015年，全国万元国内生产总值能耗下降到0.869吨标准煤（按2005年价格计算），比2010年的1.034吨标准煤下降16%，比2005年的1.276吨标准煤下降32%；"十二五"期间，实现节约能源6.7亿吨标准煤。2015年，全国化学需氧量和二氧化硫排放总量分别控制在2 347.6万吨、2 086.4万吨，比2010年的2 551.7万吨、2 267.8万吨分别下降8%；全国氨氮和氮氧化物排放总量分别控制在238.0万吨、2 046.2万吨，比2010年的264.4万吨、2 273.6万吨分别下降10%。

二、强化节能减排目标责任

（三）合理分解节能减排指标。综合考虑经济发展水平、产业结构、节能潜力、环境容量及国家产业布局等因素，将全国节能减排目标合理分解到各地区、各行业。各地区要将国家下达的节能减排指标层层分解落实，明确下一级政府、有关部门、重点用能单位和重点排污单位的责任。

（四）健全节能减排统计、监测和考核体系。加强能源生产、流通、消费统计，建立和完善建筑、交通运输、公共机构能耗统计制度以及分地区单位国内生产总值能耗指标季度统计制度，完善统计核算与监测方法，提高能源统计的准确性和及时性。修订完善减排统计监测和核查核算办法，统一标准和分析方法，实现监测数据共享。加强氨氮、氮氧化物排放统计监测，建立农业源和机动车排放统计监测指标体系。完善节能减排考核办法，继续做好全国和各地区单位国内生产总值能耗、主要污染物排放指标公报工作。

（五）加强目标责任评价考核。把地区目标考核与行业目标评价相结合，把落实五年目标与完成年度目标相结合，把年度目标考核与进度跟踪相结合。省级人民政府每年要向国务院报告节能减排目标完成情况。有关部门每年要向国务院报告节能减排措施落实情况。国务院每年组织开展省级人民政府节能减排目标责任评价考核，考核结果向社会公告。强化考核结果运用，将节能减排目标完成情况和政策措施落实情况作为领导班子和领导干部综合考核评价的重要内容，纳入政府绩效和国有企业业绩管理，实行问责制和"一票否决"制，并对成绩突出的地区、单位和个人给予表彰奖励。

三、调整优化产业结构

（六）抑制高耗能、高排放行业过快增长。严格控制高耗能、高排放和产能过剩行业新上项目，进一步提高行业准入门槛，强化节能、环保、土地、安全等指标约束，依法严格节能评估审查、环境影响评价、建设用地审查，严格贷款审批。建立健全项目审批、核准、备案责任制，严肃查处越权审批、分拆审批、未批先建、边批边建等行为，依法追究有关人员责任。严格控制高耗能、高排放产品出口。中西部地区承接产业转移必须坚持高标准，严禁污染产业和落后生产能力转入。

（七）加快淘汰落后产能。抓紧制定重点行业"十二五"淘汰落后产能实施方案，将任务按年度分解落实到各地区。完善落后产能退出机制，指导、督促淘汰落后产能企业做好职工安置工作。地方各级人民政府要积极安排资金，支持淘汰落后产能工作。中央财政统筹支持各地区淘汰落后产能工作，对经济欠发达地区通过增加转移支付加大支持和奖励力度。完善淘汰落后产能公告制度，对未按期完成淘汰任务的地区，严格控制国家安排的投资项目，暂停对该地区重点行业建设项目办理核准、审批和备案手续；对未按期淘汰的企业，依法吊销排污许可证、生产许可证和安全生产许可证；对虚假淘汰行为，依法追究企业负责人和地方政府有关人员的责任。

（八）推动传统产业改造升级。严格落实《产业结构调整指导目录》。加快运用高新技术和先进适用技术改造提升传统产业，促进信息化和工业化深度融合，重点支持对产业升级带动作用大的重点项目和重污染企业搬迁改造。调整《加工贸易禁止类商品目录》，提高加工贸易准入门槛，促进加工贸易转型升级。合理引导企业兼并重组，提高产业集中度。

（九）调整能源结构。在做好生态保护和移民安置的基础上发展水电，在确保安全的基础上发展核电，加快发展天然气，因地制宜大力发展风能、太阳能、生物质能、地热能等可再生能源。到 2015 年，非化石能源占一次能源消费总量比重达到 11.4%。

（十）提高服务业和战略性新兴产业在国民经济中的比重。到 2015 年，服务业增加值和战略性新兴产业增加值占国内生产总值比重分别达到 47% 和 8% 左右。

四、实施节能减排重点工程

（十一）实施节能重点工程。实施锅炉窑炉改造、电机系统节能、能量系统优化、余热余压利用、节约替代石油、建筑节能、绿色照明等节能改造工程，以及节能技术产业化示范工程、节能产品惠民工程、合同能源管理推广工程和节能能力建设工程。到 2015 年，工业锅炉、窑炉平均运行效率比 2010 年分别提高 5 个和 2 个百分点，电机系统运行效率提高 2~3 个百分点，新增余热余压发电能力 2 000 万千瓦，北方采暖地区既有居住建筑供热计量和节能改造 4 亿平方米以上，夏热冬冷地区既有居住建筑节能改造 5 000 万平方米，公共建筑节能改造 6 000 万平方米，高效节能产品市场份额大幅度提高。"十二五"时期，形成 3 亿吨标准煤的节能能力。

（十二）实施污染物减排重点工程。推进城镇污水处理设施及配套管网建设，改造提升现有设施，强化脱氮除磷，大力推进污泥处理处置，加强重点流域区域污染综合治理。到 2015 年，基本实现所有县和重点建制镇具备污水处理能力，全国新增污水日处理能力 4 200 万吨，新建配套管网约 16 万公里，城市污水处理率达到 85%，形成化学需氧量和氨氮削减能力 280 万吨、30 万吨。实施规模化畜禽养殖场污染治理工程，形成化学需氧量和氨氮削减能力 140 万吨、10 万吨。实施脱硫脱硝工程，推动燃煤电厂、钢铁行业烧结机脱硫，形成二氧化硫削减能力 277 万吨；推动燃煤电厂、水泥等行业脱硝，形成氮氧化物削减能力 358 万吨。

（十三）实施循环经济重点工程。实施资源综合利用、废旧商品回收体系、"城市矿产"示范基地、再制造产业化、餐厨废弃物资源化、产业园区循环化改造、资源循环利用技术示范推广等循环经济重点工程，建设 100 个资源综合利用示范基地、80 个废旧商品回收体系示范城市、50 个"城市矿产"示范基地、5 个再制造产业集聚区、100 个城市餐厨废弃物资源化利用和无害化处理示范工程。

（十四）多渠道筹措节能减排资金。节能减排重点工程所需资金主要由项目实施主体通过自有资金、金融机构贷款、社会资金解决，各级人民政府应安排一定的资金予以支持和引导。地方各级人民政府要切实承担城镇污水处理设施和配套管网建设的主体责任，严格城镇污水处理费征收和管理，国家对重点建设项目给予适当支持。

五、加强节能减排管理

（十五）合理控制能源消费总量。建立能源消费总量控制目标分解落实机制，制定实施方案，把总量控制目标分解落实到地方政府，实行目标责任管理，加大考核和监督力度。将固定资产投资项目节能评估审查作为控制地区能源消费增量和总量的重要措施。建立能源消费总量预测预警机制，跟踪监测各地区能源消费总量和高耗能行业用电量等指标，对能源消费总量增长过快的地区及时预警调控。在工业、建筑、交通运输、公共机构以及城乡建设和消费领域全面加强用能管理，切实改变敞开口子供应能源、无节制使用能源的现象。在大气联防联控重点区域开展煤炭消费总量控制试点。

（十六）强化重点用能单位节能管理。依法加强年耗能万吨标准煤以上用能单位节能管理，开展万家企业节能低碳行动，实现节能 2.5 亿吨标准煤。落实目标责任，实行能源审计制度，开展能效水平对标活动，建立健全企业能源管理体系，扩大能源管理师试点；实行能源利用状况报告制度，加快实施节能改造，提高能源管理水平。地方节能主管部门每年组织对进入万家企业节能低碳行动的企业节能目标完成情况进行考核，公告考核结果。对未完成年度节能任务的企业，强制进行能源审计，限期整改。中央企业要接受所在地区节能主管部门的监管，争当行业节能减排的排头兵。

（十七）加强工业节能减排。重点推进电力、煤炭、钢铁、有色金属、石油石化、化工、建材、造纸、纺织、印染、食品加工等行业节能减排，明确目标任务，加强行业指导，推动技术进步，强化监督管理。发展热电联产，推广分布式能源。开展智能电网试点。推广煤炭清洁利用，提高原煤入洗比例，加快煤层气开发利用。实施工业和信息产业能效提升计划。推动信息数据中心、通信机房和基站节能改造。实行电力、钢铁、造纸、印染等行业主要污染物排放总量控制。新建燃煤机组全部安装脱硫脱硝设施，现役燃煤机组必须安装脱硫设施，不能稳定达标排放的要进行更新改造，烟气脱硫设施要按照规定取消烟气旁路。单机容量30万千瓦及以上燃煤机组全部加装脱硝设施。钢铁行业全面实施烧结机烟气脱硫，新建烧结机配套安装脱硫脱硝设施。石油石化、有色金属、建材等重点行业实施脱硫改造。新型干法水泥窑实施低氮燃烧技术改造，配套建设脱硝设施。加强重点区域、重点行业和重点企业重金属污染防治，以湘江流域为重点开展重金属污染治理与修复试点示范。

（十八）推动建筑节能。制定并实施绿色建筑行动方案，从规划、法规、技术、标准、设计等方面全面推进建筑节能。新建建筑严格执行建筑节能标准，提高标准执行率。推进北方采暖地区既有建筑供热计量和节能改造，实施"节能暖房"工程，改造供热老旧管网，实行供热计量收费和能耗定额管理。做好夏热冬冷地区建筑节能改造。推动可再生能源与建筑一体化应用，推广使用新型节能建材和再生建材，继续推广散装水泥。加强公共建筑节能监管体系建设，完善能源审计、能效公示，推动节能改造与运行管理。研究建立建筑使用全寿命周期管理制度，严格建筑拆除管理。加强城市照明管理，严格防止和纠正过度装饰和亮化。

（十九）推进交通运输节能减排。加快构建综合交通运输体系，优化交通运输结构。积极发展城市公共交通，科学合理配置城市各种交通资源，有序推进城市轨道交通建设。提高铁路电气化比重。实施低碳交通运输体系建设城市试点，深入开展"车船路港"千家企业低碳交通运输专项行动，推广公路甩挂运输，全面推行不停车收费系统，实施内河船型标准化，优化航路航线，推进航空、远洋运输业节能减排。开展机场、码头、车站节能改造。加速淘汰老旧汽车、机车、船舶，基本淘汰2005年以前注册运营的"黄标车"，加快提升车用燃油品质。实施第四阶段机动车排放标准，在有条件的重点城市和地区逐步实施第五阶段排放标准。全面推行机动车环保标志管理，探索城市调控机动车保有总量，积极推广节能与新能源汽车。

（二十）促进农业和农村节能减排。加快淘汰老旧农用机具，推广农用节能机械、设备和渔船。推进节能型住宅建设，推动省柴节煤灶更新换代，开展农村水电增效扩容改造。发展户用沼气和大中型沼气，加强运行管理和维护服务。治理农业面源污染，加强农村环境综合整治，实施农村清洁工程，规模化养殖场和养殖小区配套建设废弃物处理设施的比例达到50%以上，鼓励污染物统一收集、集中处理。因地制宜推进农村分布式、低成本、易维护的污水处理设施建设。推广测土配方施肥，鼓励使用高效、安全、低毒农药，推动有机农业发展。

（二十一）推动商业和民用节能。在零售业等商贸服务和旅游业开展节能减排行动，加快设施节能改造，严格用能管理，引导消费行为。宾馆、商厦、写字楼、机场、车站等要严格执行夏季、冬季空调温度设置标准。在居民中推广使用高效节能家电、照明产品，鼓励购买节能环保型汽车，支持乘用公共交通，提倡绿色出行。减少一次性用品使用，限制过度包装，抑制不合理消费。

（二十二）加强公共机构节能减排。公共机构新建建筑实行更加严格的建筑节能标准。加快公共机构办公区节能改造，完成办公建筑节能改造6 000万平方米。国家机关供热实行按热量收费。开展节约型公共机构示范单位创建活动，创建2 000家示范单位。推进公务用车制度改革，严格用车油耗定额管理，提高节能与新能源汽车比例。建立完善公共机构能源审计、能效公示和能耗定额管理制度，加强能耗监测平台和节能监管体系建设。支持军队重点用能设施设备节能改造。

六、大力发展循环经济

（二十三）加强对发展循环经济的宏观指导。研究提出进一步加快发展循环经济的意见。编制全国循环经济发展规划和重点领域专项规划，指导各地做好规划编制和实施工作。研究制定循环经济发展的指导目录。制定循环经济专项资金使用管理办法及实施方案。深化循环经济示范试点，推广循环经济典型模式。建立完善循环经济统计评价制度。

（二十四）全面推行清洁生产。编制清洁生产推行规划，制（修）订清洁生产评价指标体系，发布重点行业清洁生产推行方案。重点围绕主要污染物减排和重金属污染治理，全面推进农业、工业、建筑、商贸服务等领域清洁生产示范，从源头和全过程控制污染物产生和排放，降低资源消耗。发布清洁生产审核方案，公布清洁生产强制审核企业名单。实施清洁生产示范工程，推广应用清洁生产技术。

（二十五）推进资源综合利用。加强共伴生矿产资源及尾矿综合利用，建设绿色矿山。推动煤矸石、粉煤灰、工业副产石膏、冶炼和化工废渣、建筑和道路废弃物以及农作物秸秆综合利用、农林废物资源化利用，大力发展利废新型建筑材料。废弃物实现就地消化，减少转移。到2015年，工业固体废物综合利用率达到72%以上。

（二十六）加快资源再生利用产业化。加快"城市矿产"示范基地建设，推进再生资源规模化利用。培育一批汽车零部件、工程机械、矿山机械、办公用品等再制造示范企业，发布再制造产品目录，完善再制造旧件回收体系和再制造产品标准体系，推动再制造的规模化、产业化发展。加快建设城市社区和乡村回收站点、分拣中心、集散市场"三位一体"的再生资源回收体系。

（二十七）促进垃圾资源化利用。健全城市生活垃圾分类回收制度，完善分类回收、密闭运输、集中处理体系。鼓励开展垃圾焚烧发电和供热、填埋气体发电、餐厨废弃物资源化利用。鼓励在工业生产过程中协同处理城市生活垃圾和污泥。

（二十八）推进节水型社会建设。确立用水效率控制红线，实施用水总量控制和定额管理，制定区域、行业和产品用水效率指标体系。推广普及高效节水灌溉技术。加快重点用水行业节水技术改造，提高工业用水循环利用率。加强城乡生活节水，推广应用节水器具。推进再生水、矿井水、海水等非传统水资源利用。建设海水淡化及综合利用示范工程，创建示范城市。到 2015 年，实现单位工业增加值用水量下降 30%。

七、加快节能减排技术开发和推广应用

（二十九）加快节能减排共性和关键技术研发。在国家、部门和地方相关科技计划和专项中，加大对节能减排科技研发的支持力度，完善技术创新体系。继续推进节能减排科技专项行动，组织高效节能、废物资源化以及小型分散污水处理、农业面源污染治理等共性、关键和前沿技术攻关。组建一批国家级节能减排工程实验室及专家队伍。推动组建节能减排技术与装备产业联盟，继续通过国家工程（技术）研究中心加大节能减排科技研发力度。加强资源环境高技术领域创新团队和研发基地建设。

（三十）加大节能减排技术产业化示范。实施节能减排重大技术与装备产业化工程，重点支持稀土永磁无铁芯电机、半导体照明、低品位余热利用、地热和浅层地温能应用、生物脱氮除磷、烧结机烟气脱硫脱硝一体化、高浓度有机废水处理、污泥和垃圾渗滤液处理处置、废弃电器电子产品资源化、金属无害化处理等关键技术与设备产业化，加快产业化基地建设。

（三十一）加快节能减排技术推广应用。编制节能减排技术政策大纲。继续发布国家重点节能技术推广目录、国家鼓励发展的重大环保技术装备目录，建立节能减排技术遴选、评定及推广机制。重点推广能量梯级利用、低温余热发电、先进煤气化、高压变频调速、干熄焦、蓄热式加热炉、吸收式热泵供暖、冰蓄冷、高效换热器，以及干法和半干法烟气脱硫、膜生物反应器、选择性催化还原氮氧化物控制等节能减排技术。加强与有关国际组织、政府在节能环保领域的交流与合作，积极引进、消化、吸收国外先进节能环保技术，加大推广力度。

八、完善节能减排经济政策

（三十二）推进价格和环保收费改革。深化资源性产品价格改革，理顺煤、电、油、气、水、矿产等资源性产品价格关系。推行居民用电、用水阶梯价格。完善电力峰谷分时电价政策。深化供热体制改革，全面推行供热计量收费。对能源消耗超过国家和地区规定的单位产品能耗（电耗）限额标准的企业和产品，实行惩罚性电价。各地可在国家规定基础上，按程序加大差别电价、惩罚性电价实施力度。严格落实脱硫电价，研究制定燃煤电厂烟气脱硝电价政策。进一步完善污水处理费政策，研究将污泥处理费用逐步纳入污水处理成本问题。改革垃圾处理收费方式，加大征收力度，降低征收成本。

（三十三）完善财政激励政策。加大中央预算内投资和中央财政节能减排专项资金的投入力度，加快节能减排重点工程实施和能力建设。深化"以奖代补"、"以奖促治"以及采用财政补贴方式推广高效节能家用电器、照明产品、节能汽车、高效电机产品等支持机制，强化财政资金的引导作用。国有资本经营预算要继续支持企业实施节能减排项目。地方各级人民政府要加大对节能减排的投入。推行政府绿色采购，完善强制采购和优先采购制度，逐步提高节能环保产品比重，研究实行节能环保服务政府采购。

（三十四）健全税收支持政策。落实国家支持节能减排所得税、增值税等优惠政策。

积极推进资源税费改革，将原油、天然气和煤炭资源税计征办法由从量征收改为从价征收并适当提高税负水平，依法清理取消涉及矿产资源的不合理收费基金项目。积极推进环境税费改革，选择防治任务重、技术标准成熟的税目开征环境保护税，逐步扩大征收范围。完善和落实资源综合利用和可再生能源发展的税收优惠政策。调整进出口税收政策，遏制高耗能、高排放产品出口。对用于制造大型环保及资源综合利用设备确有必要进口的关键零部件及原材料，抓紧研究制定税收优惠政策。

（三十五）强化金融支持力度。加大各类金融机构对节能减排项目的信贷支持力度，鼓励金融机构创新适合节能减排项目特点的信贷管理模式。引导各类创业投资企业、股权投资企业、社会捐赠资金和国际援助资金增加对节能减排领域的投入。提高高耗能、高排放行业贷款门槛，将企业环境违法信息纳入人民银行企业征信系统和银监会信息披露系统，与企业信用等级评定、贷款及证券融资联动。推行环境污染责任保险，重点区域涉重金属企业应当购买环境污染责任保险。建立银行绿色评级制度，将绿色信贷成效与银行机构高管人员履职评价、机构准入、业务发展相挂钩。

九、强化节能减排监督检查

（三十六）健全节能环保法律法规。推进环境保护法、大气污染防治法、清洁生产促进法、建设项目环境保护管理条例的修订工作，加快制定城镇排水与污水处理条例、排污许可证管理条例、畜禽养殖污染防治条例、机动车污染防治条例等行政法规。修订重点用能单位节能管理办法、能效标识管理办法、节能产品认证管理办法等部门规章。

（三十七）严格节能评估审查和环境影响评价制度。把污染物排放总量指标作为环评审批的前置条件，对年度减排目标未完成、重点减排项目未按目标责任书落实的地区和企业，实行阶段性环评限批。对未通过能评、环评审查的投资项目，有关部门不得审批、核准、批准开工建设，不得发放生产许可证、安全生产许可证、排污许可证，金融机构不得发放贷款，有关单位不得供水、供电。加强能评和环评审查的监督管理，严肃查处各种违规审批行为。能评费用由节能审查机关同级财政部门安排。

（三十八）加强重点污染源和治理设施运行监管。严格排污许可证管理。强化重点流域、重点地区、重点行业污染源监管，适时发布主要污染物超标严重的国家重点环境监控企业名单。列入国家重点环境监控范围的电力、钢铁、造纸、印染等重点行业的企业，要安装运行管理监控平台和污染物排放自动监控系统，定期报告运行情况及污染物排放信息，推动污染源自动监控数据联网共享。加强城市污水处理厂监控平台建设，提高污水收集率，做好运行和污染物削减评估考核，考核结果作为核拨污水处理费的重要依据。对城市污水处理设施建设严重滞后、收费政策不落实、污水处理厂建成后一年内实际处理水量达不到设计能力60%，以及已建成污水处理设施但无故不运行的地区，暂缓审批该城市项目环评，暂缓下达有关项目的国家建设资金。

（三十九）加强节能减排执法监督。各级人民政府要组织开展节能减排专项检查，督促各项措施落实，严肃查处违法违规行为。加大对重点用能单位和重点污染源的执法检查力度，加大对高耗能特种设备节能标准和建筑施工阶段标准执行情况、国家机关办公建筑和大型公共建筑节能监管体系建设情况，以及节能环保产品质量和能效标识的监督检查力度。对严重违反节能环保法律法规，未按要求淘汰落后产能、违规使用明令淘汰用能设备、虚标产品能效标识、减排设施未按要求运行等行为，公开通报或挂牌督办，限期整改，对有关责任人进行严肃处理。实行节能减排执法责任制，对行政不作为、执法不严等行为，严肃追究有关主管部门和执法机构负责人的责任。

十、推广节能减排市场化机制

（四十）加大能效标识和节能环保产品认证实施力度。扩大终端用能产品能效标识实施范围，加强宣传和政策激励，引导消费者购买高效节能产品。继续推进节能产品、环境标志产品、环保装备认证，规范认证行为，扩展认证范围，建立有效的国际协调互认机制。加强标识、认证质量的监管。

（四十一）建立"领跑者"标准制度。研究确定高耗能产品和终端用能产品的能效先进水平，制定"领跑者"能效标准，明确实施时限。将"领跑者"能效标准与新上项目能评审查、节能产品推广应用相结合，推动企业技术进步，加快标准的更新换代，促进能效水平快速提升。

（四十二）加强节能发电调度和电力需求侧管理。改革发电调度方式，电网企业要按照节能、经济的原则，优先调度水电、风电、太阳能发电、核电以及余热余压、煤层气、填埋气、煤矸石和垃圾等发电上网，优先安排节能、环保、高效火电机组发电上网。研究推行发电权交易。电网企业要及时、真实、准确、完整地公布节能发电调度信息，电力监管部门要加强对节能发电调度工作的监督。落实电力需求侧管理办法，制定配套政策，规范有序用电。以建设技术支撑平台为基础，开展城市综合试点，推广能效电厂。

（四十三）加快推行合同能源管理。落实财政、税收和金融等扶持政策，引导专业化节能服务公司采用合同能源管理方式为用能单位实施节能改造，扶持壮大节能服务产业。研究建立合同能源管理项目节能量审核和交易制度，培育第三方审核评估机构。鼓励大型重点用能单位利用自身技术优势和管理经验，组建专业化节能服务公司。引导和支持各类融资担保机构提供风险分担服务。

（四十四）推进排污权和碳排放权交易试点。完善主要污染物排污权有偿使用和交易试点，建立健全排污权交易市场，研究制定排污权有偿使用和交易试点的指导意见。开展碳排放交易试点，建立自愿减排机制，推进碳排放权交易市场建设。

（四十五）推行污染治理设施建设运行特许经营。总结燃煤电厂烟气脱硫特许经营试点经验，完善相关政策措施。鼓励采用多种建设运营模式开展城镇污水垃圾处理、工业园区污染物集中治理，确保处理设施稳定高效运行。实行环保设施运营资质许可制度，推进环保设施的专业化、社会化运营服务。完善市场准入机制，规范市场行为，打破地方保护，为企业创造公平竞争的市场环境。

十一、加强节能减排基础工作和能力建设

（四十六）加快节能环保标准体系建设。加快制（修）订重点行业单位产品能耗限额、产品能效和污染物排放等强制性国家标准，以及建筑节能标准和设计规范，提高准入门槛。制定和完善环保产品及装备标准。完善机动车燃油消耗量限值标准、低速汽车排放标准。制（修）订轻型汽车第五阶段排放标准，颁布实施第四、第五阶段车用燃油国家标准。建立满足氨氮、氮氧化物控制目标要求的排放标准。鼓励地方依法制定更加严格的节能环保地方标准。

（四十七）强化节能减排管理能力建设。建立健全节能管理、监察、服务"三位一体"的节能管理体系，加强政府节能管理能力建设，完善机构，充实人员。加强节能监察机构能力建设，配备监测和检测设备，加强人员培训，提高执法能力，完善覆盖全国的省、市、县三级节能监察体系。继续推进能源统计能力建设。推动重点用能单位按要求配备计量器具，推行能源计量数据在线采集、实时监测。开展城市能源计量建设示范。加强减排监管能力建设，推进环境监管机构标准化，提高污染源监测、机动车污染监控、农业源污染检测和减排管理能力，建立健全国家、省、市三级减排监控体系，加强人员培训和队伍建设。

十二、动员全社会参与节能减排

（四十八）加强节能减排宣传教育。把节能减排纳入社会主义核心价值观宣传教育体系以及基础教育、高等教育、职业教育体系。组织好全国节能宣传周、世界环境日等主题宣传活动，加强日常性节能减排宣传教育。新闻媒体要积极宣传节能减排的重要性、紧迫性以及国家采取的政策措施和取得的成效，宣传先进典型，普及节能减排知识和方法，加强舆论监督和对外宣传，积极为节能减排营造良好的国内和国际环境。

（四十九）深入开展节能减排全民行动。抓好家庭社区、青少年、企业、学校、军营、农村、政府机构、科技、科普和媒体等十个节能减排专项行动，通过典型示范、专题活动、展览展示、岗位创建、合理化建议等多种形式，广泛动员全社会参与节能减排，发挥职工节能减排义务监督员队伍作用，倡导文明、节约、绿色、低碳的生产方式、消费模式和生活习惯。

（五十）政府机关带头节能减排。各级人民政府机关要将节能减排作为机关工作的一项重要任务来抓，健全规章制度，落实岗位责任，细化管理措施，树立节约意识，践行节约行动，作节能减排的表率。

附件：1. "十二五"各地区节能目标
2. "十二五"各地区化学需氧量排放总量控制计划
3. "十二五"各地区氨氮排放总量控制计划
4. "十二五"各地区二氧化硫排放总量控制计划
5. "十二五"各地区氮氧化物排放总量控制计划

附件1：

"十二五"各地区节能目标

地区	单位国内生产总值能耗降低率（%）		
	"十一五"时期	"十二五"时期	2006—2015年累计
全国	19.06	16	32.01
北京	26.59	17	39.07
天津	21.00	18	35.22
河北	20.11	17	33.69
山西	22.66	16	35.03
内蒙古	22.62	15	34.23
辽宁	20.01	17	33.61
吉林	22.04	16	34.51
黑龙江	20.79	16	33.46
上海	20.00	18	34.40
江苏	20.45	18	34.77
浙江	20.01	18	34.41
安徽	20.36	16	33.10
福建	16.45	16	29.82
江西	20.04	16	32.83
山东	22.09	17	35.33
河南	20.12	16	32.90
湖北	21.67	16	34.20
湖南	20.43	16	33.16
广东	16.42	18	31.46
广西	15.22	15	27.94
海南	12.14	10	20.93
重庆	20.95	16	33.60
四川	20.31	16	33.06
贵州	20.06	15	32.05
云南	17.41	15	29.80
西藏	12.00	10	20.80
陕西	20.25	16	33.01
甘肃	20.26	15	32.22
青海	17.04	10	25.34
宁夏	20.09	15	32.08
新疆	8.91	10	18.02

备注："十一五"各地区单位国内生产总值能耗降低率除新疆外均为国家统计局最终公布数据，新疆为初步核实数据。

附件2：

"十二五"各地区化学需氧量排放总量控制计划

单位：万吨

地区	2010 年		2015 年		2015 年比 2010 年（%）	
	排放量	其中： 工业和生活	控制量	其中： 工业和生活	增加 或减少	其中： 工业和生活
北京	20.0	10.9	18.3	9.8	−8.7	−9.8
天津	23.8	12.3	21.8	11.2	−8.6	−9.2
河北	142.2	45.6	128.3	40.7	−9.8	−10.8
山西	50.7	31.2	45.8	27.9	−9.6	−10.6
内蒙古	92.1	27.5	85.9	25.4	−6.7	−7.5
辽宁	137.3	47.0	124.7	42.1	−9.2	−10.4
吉林	83.4	28.8	76.1	26.1	−8.8	−9.4
黑龙江	161.2	47.8	147.3	43.4	−8.6	−9.3
上海	26.6	22.5	23.9	20.1	−10.0	−10.5
江苏	128.0	86.3	112.8	75.3	−11.9	−12.8
浙江	84.2	61.4	74.6	53.7	−11.4	−12.5
安徽	97.3	55.6	90.3	52.0	−7.2	−6.5
福建	69.6	45.8	65.2	43.1	−6.3	−6.0
江西	77.7	51.2	73.2	48.3	−5.8	−7.0
山东	201.6	62.7	177.4	54.6	−12.0	−12.9
河南	148.2	62.0	133.5	55.8	−9.9	−10.0
湖北	112.4	62.1	104.1	59.0	−7.4	−5.0
湖南	134.1	71.8	124.4	66.8	−7.2	−7.0
广东	193.3	130.6	170.1	113.8	−12.0	−12.9
广西	80.7	58.1	74.6	53.6	−7.6	−7.8
海南	20.4	9.2	20.4	9.2	0	0
重庆	42.6	29.4	39.5	27.5	−7.2	−6.5
四川	132.4	75.0	123.1	71.3	−7.0	−5.0
贵州	34.8	28.1	32.7	26.4	−6.0	−6.1
云南	56.4	48.0	52.9	45.0	−6.2	−6.2
西藏	2.7	2.3	2.7	2.3	0	0
陕西	57.0	36.4	52.7	33.5	−7.6	−7.9
甘肃	40.2	25.5	37.6	23.7	−6.4	−6.9
青海	10.4	8.1	12.3	9.6	18.0	18.0
宁夏	24.0	13.3	22.6	12.5	−6.0	−6.3
新疆	56.9	26.2	56.9	26.2	0	0
新疆生产建设兵团	9.5	4.7	9.5	4.7	0	0
合　计	2 551.7	1 328.1	2 335.2	1 214.6	−8.5	−8.5

　　备注：全国化学需氧量排放量削减8%的总量控制目标为2 347.6万吨（其中工业和生活1 221.9万吨），实际分配给各地区2 335.2万吨（其中工业和生活1 214.6万吨），国家预留12.4万吨，用于化学需氧量排污权有偿分配和交易试点工作。

附件3：

"十二五"各地区氨氮排放总量控制计划

地区	2010 年		2015 年		2015 年比 2010 年（%）	
	排放量	其中：工业和生活	控制量	其中：工业和生活	增加或减少	其中：工业和生活
北京	2.20	1.64	1.98	1.47	−10.1	−10.2
天津	2.79	2.18	2.50	1.95	−10.5	−10.4
河北	11.61	6.98	10.14	6.10	−12.7	−12.6
山西	5.93	4.66	5.21	4.08	−12.2	−12.4
内蒙古	5.45	4.19	4.92	3.79	−9.7	−9.5
辽宁	11.25	7.56	10.01	6.69	−11.0	−11.5
吉林	5.87	3.92	5.25	3.49	−10.5	−10.9
黑龙江	9.45	6.14	8.47	5.49	−10.4	−10.6
上海	5.21	4.83	4.54	4.21	−12.9	−12.9
江苏	16.12	11.98	14.04	10.40	−12.9	−13.2
浙江	11.84	8.96	10.36	7.84	−12.5	−12.5
安徽	11.20	7.07	10.09	6.38	−9.9	−9.8
福建	9.72	6.16	8.90	5.67	−8.4	−8.0
江西	9.45	6.18	8.52	5.57	−9.8	−9.8
山东	17.64	10.06	15.29	8.70	−13.3	−13.5
河南	15.57	8.80	13.61	7.66	−12.6	−12.9
湖北	13.29	8.25	12.00	7.43	−9.7	−9.9
湖南	16.95	10.15	15.29	9.16	−9.8	−9.8
广东	23.52	17.53	20.39	15.16	−13.3	−13.5
广西	8.45	5.63	7.71	5.13	−8.7	−8.9
海南	2.29	1.36	2.29	1.37	0	1.0
重庆	5.59	4.19	5.10	3.81	−8.8	−9.0
四川	14.56	8.50	13.31	7.78	−8.6	−8.5
贵州	4.03	3.19	3.72	2.94	−7.7	−7.8
云南	6.00	4.66	5.51	4.29	−8.1	−8.0
西藏	0.33	0.28	0.33	0.28	0	0
陕西	6.44	4.80	5.81	4.34	−9.8	−9.6
甘肃	4.33	3.70	3.94	3.38	−8.9	−8.7
青海	0.96	0.87	1.10	1.00	15.0	15.0
宁夏	1.82	1.60	1.67	1.47	−8.0	−8.0
新疆	4.06	3.08	4.06	3.08	0	0
新疆生产建设兵团	0.51	0.25	0.51	0.25	0	0
合 计	264.4	179.4	236.6	160.4	−10.5	−10.6

备注：全国氨氮排放量削减10%的总量控制目标为238.0万吨（其中工业和生活161.5万吨），实际分配给各地区236.6万吨（其中工业和生活160.4万吨），国家预留1.4万吨，用于氨氮排污权有偿分配和交易试点工作。

附件4：

"十二五"各地区二氧化硫排放总量控制计划

地区	2010年排放量	2015年控制量	2015年比2010年（%）
北京	10.4	9.0	-13.4
天津	23.8	21.6	-9.4
河北	143.8	125.5	-12.7
山西	143.8	127.6	-11.3
内蒙古	139.7	134.4	-3.8
辽宁	117.2	104.7	-10.7
吉林	41.7	40.6	-2.7
黑龙江	51.3	50.3	-2.0
上海	25.5	22.0	-13.7
江苏	108.6	92.5	-14.8
浙江	68.4	59.3	-13.3
安徽	53.8	50.5	-6.1
福建	39.3	36.5	-7.0
江西	59.4	54.9	-7.5
山东	188.1	160.1	-14.9
河南	144.0	126.9	-11.9
湖北	69.5	63.7	-8.3
湖南	71.0	65.1	-8.3
广东	83.9	71.5	-14.8
广西	57.2	52.7	-7.9
海南	3.1	4.2	34.9
重庆	60.9	56.6	-7.1
四川	92.7	84.4	-9.0
贵州	116.2	106.2	-8.6
云南	70.4	67.6	-4.0
西藏	0.4	0.4	0
陕西	94.8	87.3	-7.9
甘肃	62.2	63.4	2.0
青海	15.7	18.3	16.7
宁夏	38.3	36.9	-3.6
新疆	63.1	63.1	0
新疆生产建设兵团	9.6	9.6	0
合　计	2 267.8	2 067.4	-8.8

备注：全国二氧化硫排放量削减8%的总量控制目标为2 086.4万吨，实际分配给各地区2 067.4万吨，国家预留19.0万吨，用于二氧化硫排污权有偿分配和交易试点工作。

附件5：

"十二五"各地区氮氧化物排放总量控制计划　　　　单位：万吨

地区	2010年排放量	2015年控制量	2015年比2010年（%）
北京	19.8	17.4	−12.3
天津	34.0	28.8	−15.2
河北	171.3	147.5	−13.9
山西	124.1	106.9	−13.9
内蒙古	131.4	123.8	−5.8
辽宁	102.0	88.0	−13.7
吉林	58.2	54.2	−6.9
黑龙江	75.3	73.0	−3.1
上海	44.3	36.5	−17.5
江苏	147.2	121.4	−17.5
浙江	85.3	69.9	−18.0
安徽	90.9	82.0	−9.8
福建	44.8	40.9	−8.6
江西	58.2	54.2	−6.9
山东	174.0	146.0	−16.1
河南	159.0	135.6	−14.7
湖北	63.1	58.6	−7.2
湖南	60.4	55.0	−9.0
广东	132.3	109.9	−16.9
广西	45.1	41.1	−8.8
海南	8.0	9.8	22.3
重庆	38.2	35.6	−6.9
四川	62.0	57.7	−6.9
贵州	49.3	44.5	−9.8
云南	52.0	49.0	−5.8
西藏	3.8	3.8	0
陕西	76.6	69.0	−9.9
甘肃	42.0	40.7	−3.1
青海	11.6	13.4	15.3
宁夏	41.8	39.8	−4.9
新疆	58.8	58.8	0
新疆生产建设兵团	8.8	8.8	0
合　计	2 273.6	2 021.6	−11.1

备注：全国氮氧化物排放量削减10%的总量控制目标为2 046.2万吨，实际分配给各地区2 021.6万吨，国家预留24.6万吨，用于氮氧化物排污权有偿分配和交易试点工作。

万家企业节能低碳行动实施方案

发改环资〔2011〕2873 号

万家企业是指年综合能源消费量 1 万吨标准煤以上以及有关部门指定的年综合能源消费量 5 000 吨标准煤以上的重点用能单位。初步统计，2010 年全国共有 17 000 家左右。万家企业能源消费量占全国能源消费总量的 60% 以上，是节能工作的重点对象。抓好万家企业节能管理工作，是实现"十二五"单位 GDP 能耗降低 16%、单位 GDP 二氧化碳排放降低 17% 约束性指标的重要支撑和保证。根据《中华人民共和国国民经济和社会发展第十二个五年规划纲要》和《"十二五"节能减排综合性工作方案》，国家组织开展万家企业节能低碳行动，特制定本实施方案。

一、万家企业范围

纳入万家企业节能低碳行动的企业均为独立核算的重点用能单位，包括：

（一）2010 年综合能源消费量 1 万吨标准煤及以上的工业企业；

（二）2010 年综合能源消费量 1 万吨标准煤及以上的客运、货运企业和沿海、内河港口企业；或拥有 600 辆及以上车辆的客运、货运企业，货物吞吐量 5 千万吨以上的沿海、内河港口企业；

（三）2010 年综合能源消费量 5 千吨标准煤及以上的宾馆、饭店、商贸企业、学校，或营业面积 8 万平方米及以上的宾馆饭店、5 万平方米及以上的商贸企业、在校生人数 1 万人及以上的学校。

万家企业具体名单由各地区节能主管部门会同有关部门根据以上条件确定并上报国家发展改革委，国家发展改革委汇总后对外公布。为保持万家企业节能低碳行动的连续性，原则上"十二五"期间不对万家企业名单作大的调整。万家企业破产、兼并、改组改制以及生产规模变化和能源消耗发生较大变化，或按照产业政策需要关闭的，由各地省级节能主管部门自行调整并报国家发展改革委备案。"十二五"期间新增重点用能单位要按照本实施方案的要求开展相关工作。

二、指导思想、基本原则和主要目标

（一）指导思想

以科学发展观为指导，依法强化政府对重点用能单位的节能监管，推动万家企业加强节能管理，建立健全节能激励约束机制，加快节能技术改造和结构调整，大幅度提高能源利用效率，为实现"十二五"节能目标作出重要贡献。

（二）基本原则

1. 企业为主，政府引导。万家企业节能低碳行动以企业为主体，政府相关部门通过指导、扶持、激励、监管等措施，组织实施。

2. 统筹协调，属地管理。国家发展改革委负责万家企业节能行动的指导协调，相关部门共同参与，协同推进。地方节能主管部门会同有关部门，做好万家企业节能低碳行动的实施工作。中央企业接受所在地区节能主管部门和有关部门的监管，严格执行有关规定。

3. 多措并举，务求实效。综合运用经济、法律、技术和必要的行政手段，强化责任考核，落实奖惩机制，推动万家企业采取有效措施，切实加强节能管理，推广先进节能技术，不断提高能源利用效率，确保取得实实在在的节能效果。

（三）主要目标

万家企业节能管理水平显著提升，长效节能机制基本形成，能源利用效率大幅度提高，主要产品（工作量）单位能耗达到国内同行业先进水平，部分企业达到国际先进水平。"十二五"期间，万家企业实现节约能源 2.5 亿吨标准煤。

三、万家企业节能工作要求

（一）加强节能工作组织领导。万家企业要成立由企业主要负责人挂帅的节能工作领导小组，建立健全节能管理机构。设立专门的能源管理岗位，明确工作职责和任务，加强对能源管理负责人和相关人员的培训。开展能源管理师试点地区企业的能源管理负责人须具有节能主管部门认可的能源管理师资格。

（二）强化节能目标责任制。万家企业要建立和强化节能目标责任制，将本企业的节能目标和任务层层分解，落实到具体的车间、班组和岗位。要将节能目标的完成情况纳入员工业绩考核范畴，加强监督，一级抓一级，逐级考核，落实奖惩。万家企业"十二五"年度节能目标完成进度不得低于时间进度。

（三）建立能源管理体系。万家企业要按照《能源管理体系要求》（GB/T 23331），建立健全能源管理体系，逐步形成自觉贯彻节能法律法规与政策标准，主动采用先进节能管理方法与技术，实施能源利用全过程管理，注重节能文化建设的企业节能管理机制，做到工作持续改进、管理持续优化、能效持续提高。

（四）加强能源计量统计工作。万家企业要按照《用能单位能源计量器具配备和管理通则》（GB 17167）的要求，配备合理的能源计量器具，努力实现能源计量数据在线采集、实时监测。要创造条件建立能源管控中心，采用自动化、信息化技术和集约化管理模式，对企业的能源生产、输送、分配、使用各环节进行集中监控管理。建立健全能源消费原始记录和统计台账，定期开展能耗数据分析。要按照节能主管部门的要求，安排专人负责填报并按时上报能源利用状况报告。

（五）开展能源审计和编制节能规划。万家企业要按照《企业能源审计技术通则》（GB/T 17166）的要求，开展能源审计，分析现状，查找问题，挖掘节能潜力，提出切实可行的节能措施。在能源审计的基础上，编制企业"十二五"节能规划并认真组织实施。各企业要在本实施方案下发的半年内，将能源审计报告报送地方节能主管部门审核，审核未通过的，应在告知后的 3 个月内进行修改或补充，并重新提交。

（六）加大节能技术改造力度。万家企业每年都要安排专门资金用于节能技术进步等工作。要加强节能新技术的研发和推广应用，积极采用国家重点节能技术推广目录中推荐的技术、产品和工艺，促进企业生产工艺优化和产品结构升级。要加快实施能量系统优化、余热余压利用、电机系统节能、燃煤锅炉（窑炉）改造、高效换热器、节约替代石油等重点节能工程。要积极开展与专业化节能服务公司的合作，采用合同能源管理模式实施节能改造。

（七）加快淘汰落后用能设备和生产工艺。万家企业要依照法律法规、产业政策和政府规划要求，按期淘汰落后产能，不得使用国家明令淘汰的用能设备和生产工艺。要加快老旧电机更新改造，积极使用国家重点推广的高效节能电机。交通运输企业要加快淘汰老旧汽车、船舶和黄标车，调整运力结构。

（八）开展能效达标对标工作。万家企业主要工业产品单耗应达到国家限额标准，有地方能耗限额标准的，要达到地方标准。客货运输企业要严格执行营运车辆燃料消耗量限值标准。要学习同行业能效水平先进单位的节能管理经验和做法，积极开展能效对标活动，制定详细的能效对标方案，认真组织实施，充分挖掘企业节能潜力，促进企业节能工作上水平、上台阶。集团企业要组织各下属企业开展能效竞赛活动。

（九）建立健全节能激励约束机制。万家企业要建立和完善节能奖惩制度，将节能任务完成情况与干部职工工作绩效相挂钩，并作为企业内部评先评优的重要指标。安排一定的节能奖励资金，对在节能管理、节能发明创造、节能挖潜降耗等工作中取得优秀成绩的集体和个人给予奖励，对浪费能源或完不成节能目标的集体和个人给予惩罚。

（十）开展节能宣传与培训。万家企业要提高资源忧患意识和节约意识，积极参与节能减排全民行动，加强节约型文化建设，增强员工节能的社会责任感。要组织开展经常性的节能宣传与培训，定期对能源计量、统计、管理和设备操作人员、车船驾驶人员等开展节能培训，主要耗能设备操作人员未经培训不得上岗。宾馆饭店、商贸企业要加强对消费者的节能宣传，学校要把节能教育、环境教育纳入素质教育体系，积极开展内容丰富、形式多样的节能教育、环境教育宣传活动。

四、相关部门工作职责

（一）国家发展改革委加强统筹协调，综合考虑万家企业区域分布、能源消费量、节能潜力等因素，将万家企业节能目标分解落实到各省、自治区、直辖市。会同有关部门指导、监督各地区开展万家企业节能低碳行动，将万家企业节能目标完成情况和节能措施落实情况纳入省级政府节能目标责任考核评价体系。每年汇总并公布各地区万家企业节能目标考核结果，主要公告各省、自治区、直辖市万家企业节能目标考核总体情况、中央企业节能目标完成情况、未完成年度节能目标的企业名单，并将考核结果抄送国资委、银监会等有关部门。推动建立万家企业能源利用状况在线监测系统，会同国家统计局，编制发布万家企业能源利用状况报告。研究建立万家企业节能量交易制度，开展相关试点工作。

（二）各省、自治区、直辖市节能主管部门负责组织指导和统筹推进本地区万家企业节能低碳行动。会同相关部门将国家下达的本地区万家企业节能目标分解落实到企业，做好监督、考核工作。督促万家企业建立健全能源管理体系、落实能源审计和能源利用状况报告制度，强化对万家企业的节能监察。每年3月底之前，完成本地区万家企业节能目标责任考核，公告考核结果，并于4月底前将考核结果上报国家发展改革委。

（三）工业和信息化、教育、交通运输、住房和城乡建设、商务、能源主管部门要按照各自职责，加强行业指导，强化行业监管，督促行动方案各项措施落到实处。

发展改革、财政部门要加大预算内投资和节能专项资金、减排专项资金对万家企业节能工作的支持力度，强化财政资金的引导作用。

质检部门要依据《能源计量监督管理办法》、《用能单位能源计量器具配备和管理通则》、《高耗能特种设备节能监督管理办法》和相关节能技术规范等要求，加强对万家企业能源计量器具及高耗能特种设备的配备、使用情况的监督检查和节能监管。

统计部门要做好万家企业节能统计工作，及时向节能主管部门通报企业相关数据。

国务院国资委要将中央企业节能目标完成情况纳入企业业绩考核范围，作为企业领导班子和领导干部综合评价考核的重要内容，建立完善问责制度，对成绩突出的单位和个人给予表彰奖励。地方国资委要相应加强对地方国有企业的节能考核，落实奖惩机制。

银监会要督促银行业金融机构按照风险可控、商业可持续的原则，加大对万家企业节能项目的信贷支持，在企业信用评级、信贷准入和退出管理中充分考虑企业节能目标完成情况，对节能严重不达标且整改不力的企业，严格控制贷款投放。

（四）各级节能监察机构要加大节能监察力度，依法对万家企业节能管理制度落实情况、固定资产投资项目节能评估与审查情况、能耗限额标准执行情况、淘汰落后设备情况、节能规划落实情况等开展专项监察，依法查处违法用能行为。

（五）节能中心等服务机构要配合节能主管部门，落实实施方案。传播推广先进节能技术，组织开展节能培训，指导万家企业定期填报能源利用状况报告、完善节能管理制度、开展能源审计、编制节能规划。

（六）有关行业协会要跟踪研究国内、国际先进能效水平和节能技术，指导企业开展能效对标工作，为企业节能管理、技术开发和节能改造提供咨询和培训。

五、保障措施

（一）健全节能法规和标准体系。修订重点用能单位节能管理办法、能效标识管理办法、节能产品认证管理办法以及建筑节能标准和设计规范等部门规章。加快制（修）订高耗能行业单位产品能耗限额、产品能效等强制性国家标准，提高准入门槛。完善机动车燃油消耗量限值标准。鼓励地方依法制定更加严格的节能地方标准。

（二）加强节能监督检查。组织对万家企业执行节能法律法规和节能标准情况进行监督检查，严肃查处违法违规行为。对未按要求淘汰落后产能的企业，依法吊销排污许可证、生产许可证和安全生产许可证；对违规使用明令淘汰用能设备的企业，限期淘汰，未按期淘汰的，依法责令其停产整顿。对能源消耗超过国家和地区规定的单位产品能耗（电耗）限额标准的企业和产品，实行惩罚性电价，并公开通报，限期整改。对未设立能源管理岗位、聘任能源管理负责人，未按规定报送能源利用状况报告或报告内容不实的单位，按照节能法相关规定对其进行处罚。

（三）加大节能财税金融政策支持。加大中央预算内投资和中央财政节能专项资金的投入力度，加快节能重点工程实施。国有资本经营预算要继续支持企业实施节能项目。落实国家支持节能所得税、增值税等优惠政策，积极推进资源税费改革。加大各类金融机构对节能项目的信贷支持力度，鼓励金融机构创新适合节能项目特点的信贷管理模式。引导各类社会资金、国际援助资金增加对节能领域的投入。建立银行绿色评级制度，将绿色信贷成效与银行机构高管人员履职、机构准入、业务发展相挂钩。

（四）建立健全企业节能目标奖惩机制。探索建立重点耗能企业节能量交易机制。对在节能工作中表现突出的单位和个人进行表彰奖励。对未完成年度节能目标责任的万家企业，由地方节能主管部门对其强制开展能源审计，责令限期整改，并通过新闻媒体进行曝光，金融机构要对其实施限制性贷款政策。对未完成节能目标的中央和地方国有企业，要在经营业绩考核中实行降级降分处理，并与企业负责人薪酬紧密挂钩。

（五）加强节能能力建设。建立健全节能管理、监察、服务"三位一体"的节能管理体系，加强政府节能管理能力建设，完善机构，充实人员。加强节能监察机构能力建设，明确基本条件及要求，建立和完善覆盖全国的省、市、县三级节能监察体系。配备监测和检测设备，加强人员培训，提高执法能力。建立企业能源计量数据在线采集、实时监测系统。

（六）强化新闻宣传和舆论监督。新闻媒体要积极宣传节能的重要性和紧迫性，报道万家企业节能行动的先进典型、先进经验、先进技术，普及节能知识和方法，曝光和揭露浪费能源的反面典型，公布未完成节能目标的万家企业名单，追踪报道节能整改情况。

附录二

高等教育自学考试能源管理专业
能源管理师职业能力水平证书考试

《能源与环境概论》
考试大纲

高等教育自学考试能源管理专业
能源管理师职业能力水平证书考试 系列教材编委会 制定

目　录

I．能力考核要求

一、课程性质

  《能源与环境概论》课程是高等教育自学考试能源管理专业（专科、独立本科段）和能源管理师职业能力水平证书考试的专业核心课程之一，该课程与其他课程密切相关，体现了现代能源管理的新要求，在整个课程体系中处于重要地位。

  本课程系统介绍了与能源活动相关的环境问题的基本理论、基本技能和方法，分为三部分：第一部分包括第 1~2 章，主要介绍能源系统及能源与环境问题的基本概念和基础知识；第二部分包括第 3~5 章，主要介绍国内环境保护和应对全球气候变化对能源发展提出的要求、我国节能减排的政策与行动、国际社会及我国应对全球气候变化的努力与行动；第三部分包括第 6~11 章，主要介绍与能源活动相关的大气污染物及温室气体排放清单的编制方法，并以电力、钢铁、建材和交通运输等重点行业为例进行了具体分析，介绍了清洁发展机制项目合作的实施程序和管理办法。本课程的重点难点在考核要求中具体规定。

二、课程目标

  通过本课程的学习，可以帮助考生掌握能源与环境问题的基本知识，使学生能够正确理解与能源活动相关的环境问题的基本理论、基本技能和方法，并综合运用于对节能减排和能源管理问题的分析，同时为学习其他专业课程打下基础。学习该课程之后，考生应当能够了解能源与环境的基本范畴，掌握能源与环境的基本知识、能源与环境的基本技能，运用能源与环境的基本方法，将上述内容与能源管理领域的最新实践联系起来，为进一步学习其他课程和从事该领域的工作打下坚实基础。

Ⅱ. 能力目标与实施要求

一、课程能力目标

本课程的三项考核目标为：

（1）识记。指对具体知识和抽象知识的辨认，表现为回忆、识别、列表、定义、陈述、概括等能力。

（2）领会。指对知识的初步理解，表现为具有将所学的知识能够转换、解释、区分、推断等能力。

（3）应用（综合）。指运用恰当的理论知识、技能等解决问题，表现为论述、澄清、举例说明、计算、描述、解答现象等能力。

下表为三个考核目标的权重：

考核目标		
识记	领会	应用
30%	40%	30%

二、课程考核形式

考试要求：本课程考试采用闭卷考试方式，考试时间为 150 分钟，试卷总分为 100 分，60 分为及格，考试时可以携带无存储功能的计算器。

考试范围：本大纲考试内容所规定的知识点及知识点下的知识细目。

考试题型：课程考试命题的主要题型一般有：单项选择题（四选一）、多项选择题（五选多）、简答题、论述题、计算题、讨论分析题等。在命题工作中必须按照本课程大纲中规定的题型命题，考试试卷使用的题型不能超出大纲规定的范围。

三、课程学习安排

本课程按照 11 个章节安排课程学习内容。专科为 5 学分，建议总自学时间为 80 学时；独立本科段为 6 学分，建议总自学时间为 106 学时。具体各章节学时分配见下表：

章　节	名　　　称	自学时间（学时）	
		专科	独立本科段
第 1 章	能源系统基础	6	8
第 2 章	能源环境问题	18	22
第 3 章	国内环境保护对能源环境问题的规定和要求	4	6
第 4 章	我国节能减排的政策与行动	8	10
第 5 章	国际社会和我国应对气候变化的努力	6	8
第 6 章	排放清单编制方法	12	16
第 7 章	电力行业排放与控制	4	6
第 8 章	钢铁行业排放与控制	4	6
第 9 章	建材行业排放与控制	4	6
第 10 章	交通运输行业排放与控制	4	6
第 11 章	清洁发展机制	10	12
合　　计		80	106

Ⅲ. 考试内容与考核标准

课程考核内容中标"★"的部分为独立本科段（二级证书）增加的考核内容，未标"★"的部分为专科（一级证书）和本科段（二级证书）共同的考核内容。

第 1 章　能源系统基础

所在节	考核标准		适用范围
	要求	内　容	
1.1 能源分类	识记 理解	能源分类方法	
		能源生产与能源消费	
	领会 应用	一次能源与二次能源	
		可再生能源与非可再生能源	
		能源生产量	
		能源消费量	
1.2 能源平衡	识记 理解	能源平衡的基本概念	
	领会 应用	能源平衡表	
		能流图	

第 2 章　能源环境问题

所在节	考核标准		适用范围
	要求	内　容	
2.1 能源资源禀赋特征	识记 理解	我国能源赋存特点	
		我国能源资源开发利用	
	领会 应用	我国能源生产及构成情况	
		我国能源生产结构特点	
2.2 煤炭基地开发现状及主要生态问题	识记 理解	煤炭基地开发现状	
	领会 应用	煤炭基地开发面临的主要生态问题	
2.3 煤电基地开发现状及面临的主要生态问题	识记 理解	煤电基地开发现状	
	领会 应用	煤电基地开发面临的主要生态问题	
2.4 水电基地开发现状及面临的主要生态问题	识记 理解	水电基地开发现状	
	领会 应用	水电基地开发面临的主要生态问题	

续表

所在节	考核标准		适用范围
	要求	内　容	
2.5 油气开发现状及面临的主要生态问题	识记理解	石油和天然气资源开发现状	
	领会应用	石油和天然气基地开发面临的主要生态问题	
2.6 能源开发的生态环境约束评价	识记理解	能源开发的生态环境影响分析	★
	领会应用	能源开发的生态环境影响评价	★
2.7 能源消费的大气污染问题	识记理解	能源消费大气污染物排放的主要排放源及分类	
	领会应用	欧洲大气污染控制经验	
		美国大气污染控制经验	
		国际经验的启示	
		我国大气污染物排放主要类型	
2.8 能源活动与全球气候变化	识记理解	主要温室气体种类	
	领会应用	全球二氧化碳排放构成	
		我国二氧化碳排放构成	

第3章　国内环境保护对能源环境问题的规定和要求

所在节	考核标准		适用范围
	要求	内　容	
3.1 控制能源生产的生态破坏	识记理解	煤炭生产	★
		石油和天然气生产	★
		核能发电	★
		水电	★
		其他可再生能源开发	★
	领会应用	对煤炭开发生态保护的规定	★
		对水电开发生态保护的规定	★
3.2 控制能源活动的大气污染物排放	识记理解	大气污染防治法	
		行业标准	
	领会应用	大气污染物排放总量控制和许可证制度	
		污染物排放超标违法制度	
		排污收费制度	
		大气污染物减排约束性指标	

续表

所在节	考核标准		适用范围
	要求	内　　容	
3.3 通过节约能源和提高能效从源头减排	识记理解	节能与环境保护	
	领会应用	"十一五"节能成效及其对减排的贡献	

第4章　我国节能减排的政策与行动

所在节	考核标准		适用范围
	要求	内　　容	
4.1 "十一五"节能的重要意义	识记理解	开展节能工作的背景	
		"十一五"各省份节能目标	
	领会应用	节能的意义	
4.2 中国"十一五"节能的主要政策	识记理解	节能长效机制	★
		节能目标责任考核评价制度	★
		节能目标完成情况"晴雨表"	★
	领会应用	行政手段	★
		法律手段	★
		经济手段	★
4.3 推进"十一五"节能的重大行动	识记理解	十大节能工程	
		千家企业节能行动	
	领会应用	淘汰落后产能	
		开展全面节能行动	
		节能预警调控	
4.4 "十二五"规划的节能减排政策与行动	识记理解	"十二五"节能目标分解	
		"十二五"减排目标分解	
	领会应用	强化节能目标与责任	
		优化调整产业结构	
		实施节能减排重点工程	
		加强节能减排管理	
		加快节能技术研发和推广利用	
		推广节能减排市场化机制	
		加强节能减排基础工作和能力建设	
		动员全社会参与节能减排	

第5章　国际社会和我国应对气候变化的努力

所在节	考核标准		适用范围
	要求	内　容	
5.1 应对全球气候变化的国际制度框架	识记 理解	《联合国气候变化框架公约》	
		《京都议定书》	
	领会 应用	第二承诺期国际气候制度谈判进展	
		中长期国际气候制度展望	
5.2 能源消费与历史累积排放	识记 理解	主要国家和地区历史累积排放	★
	领会 应用	主要国家和地区人均历史累积排放	★
		主要国家和地区化石燃料燃烧的二氧化碳排放趋势	★
		主要国家和地区人均化石燃料燃烧的二氧化碳排放趋势	★
5.3 工业化国家的减排进展	识记 理解	工业化国家温室气体排放情况	★
		工业化国家温室气体减排进展评价	★
5.4 我国减缓温室气体排放的积极行动	识记 理解	我国温室气体排放情况	
	领会 应用	气候变化对我国经济社会和能源发展的挑战	
		碳强度下降自主控制目标的重要意义	
5.5 应对气候变化的清洁能源发展战略路径	识记 理解	我国在气候公约和《京都议定书》下的义务	
	领会 应用	我国清洁能源发展总体思路和战略路径	★

第6章　排放清单编制方法

所在节	考核标准		适用范围
	要求	内　容	
6.1 排放源界定	识记 理解	排放源分类方法	
	领会 应用	化石燃料燃烧的主要排放源	
		煤炭生产的甲烷逃逸排放	
6.2 排放量测算方法	识记 理解	排放量测算基本方法	
	领会 应用	化石燃料燃烧的二氧化碳排放计算	
		化石燃料燃烧的二氧化硫排放计算	
		化石燃料燃烧的氧化亚氮排放计算	

第7章 电力行业排放与控制

所在节	考核标准		适用范围
	要求	内　容	
7.1 电力行业发展现状	识记 理解 领会 应用	电力行业发展现状与特点	
7.2 电力行业减排对策	识记 理解 领会 应用	电力行业节能减排成效	★

第8章 钢铁行业排放与控制

所在节	考核标准		适用范围
	要求	内　容	
8.1 钢铁行业发展现状	识记 理解 领会 应用	钢铁行业发展现状与特点	
8.2 钢铁行业减排对策	识记 理解 领会 应用	钢铁行业节能减排成效	★

第9章 建材行业排放与控制

所在节	考核标准		适用范围
	要求	内　容	
9.1 建材行业发展现状	识记 理解 领会 应用	建材行业发展现状与特点	

续表

所在节	考核标准		适用范围
	要求	内　容	
9.2 建材行业减排对策	识记 理解 领会 应用	建材行业节能减排成效	★

第 10 章　交通运输行业排放与控制

所在节	考核标准		适用范围
	要求	内　容	
10.1 交通运输行业发展现状	识记 理解 领会 应用	交通运输行业发展现状与特点	
10.2 交通运输行业减排对策	识记 理解 领会 应用	交通运输行业节能减排成效	★

第 11 章　清洁发展机制

所在节	考核标准		适用范围
	要求	内　容	
11.1 清洁发展机制简介	识记 理解	清洁发展机制产生的背景	
		全球碳市场综述	
	领会 应用	中国清洁发展机制市场情况	
11.2 中国清洁发展机制运行框架及管理机构	识记 理解	中国清洁发展机制管理政策要点	★
	领会	中国清洁发展机制项目管理机构	★
	应用	国内审批流程	★
11.3 中国清洁发展机制项目实施现状	识记 理解	中国清洁发展机制项目情况	★
	领会 应用	省级清洁发展机制项目实施情况	★

续表

所在节	考核标准		适用范围
	要求	内　容	
11.4 中国区域电网基准线排放因子	识记理解	区域电网划分	★
	领会应用	排放因子计算方法	★
11.5 中国开展清洁发展机制项目合作的经验	识记理解领会应用	中国开展清洁发展机制项目合作的经验	★

Ⅳ. 题型示例

第一部分：题型示例

一、单项选择题（在每小题给出的四个选项中，只有一项符合题目要求，把所选项的字母填在括号内。）

人为活动排放的各种温室气体中，（　　）是导致全球变暖最主要的温室气体。

A. 二氧化硫　　　　　　　　B. 二氧化碳

C. 氟利昂　　　　　　　　　D. 甲烷

二、多项选择题（在备选答案中有 **2 ~ 5** 个是正确的，将其全部选出并将它们的标号写在括号内，错选、漏选和不选均不得分。）

为了控制大气污染物排放，我国已建立了（　　）等制度。

A. 污染物排放总量控制　　　B. 排污许可证

C. 国际排放贸易　　　　　　D. 排污收费

E. 污染物排放超标违法

三、简答题

核电安全利用主要涉及哪些方面？

四、论述题

节能如何实现源头减排？

五、计算题

某电厂平均发电煤耗每千瓦时为 340 克标煤，经过节能技术改造以后发电煤耗下降为每千瓦时 335 克标煤。已知电厂燃煤的含碳量为 60%，含硫量为 2%，该电厂未安装脱硫设施。如果该电厂年发电量为 27 亿千瓦时，一年可以减少多少二氧化硫和二氧化碳排放？

第二部分：评分参考

一、单项选择题

答案：B

二、多项选择题

答案：ABDE

三、简答题

答：主要涉及以下方面：核燃料生产、加工、储存、运输及后处理；核电厂运行；放射性环境的管理；放射性废物的处理和处置设施；核事故应急。

四、论述题

答：（1）能源活动是污染物和温室气体排放的主要来源，能源的开采、运输、加工转换和终端使用等各个环节的活动都会导致排放。

（2）节能就是在满足同等能源服务需求的前提下少用能源，从而可以相应减少各种能源活动，因而可以起到减少污染物和温室气体的产生量的作用。

（3）节能的减排作用方式有别于烟气脱硫、脱硝等末端治理方法，节能是一种从源头减排的积极途径，效果更加显著。

五、计算题

解：

（1）确定活动水平。选择发电量作为活动水平，以 AD 表示。

$$AD = 27 \times 10^8 \, kWh$$

（2）确定排放因子。煤炭燃烧时其中的碳和硫分别被氧化生成二氧化碳和二氧化硫，化学反应方程式及反应物的分子量如下：

$$C + \quad O_2 \rightarrow \quad CO_2$$
$$12 \quad 32 \quad\quad 44$$

$$S + \quad O_2 \rightarrow \quad SO_2$$
$$32 \quad 32 \quad\quad 64$$

排放因子为每千瓦时对应的煤耗产生的二氧化碳、二氧化硫的排放量。用 EF 表示。

节能改造前：

$$EF_{CO_2} = 340 \times 10^{-6} \times 1.4 \times 60\% \times 44/12 = 1.047 \times 10^{-3} \ (t - CO_2/kWh)$$

$$EF_{SO_2} = 340 \times 10^{-6} \times 1.4 \times 2\% \times 64/32 = 1.904 \times 10^{-5} \ (t - SO_2/kWh)$$

节能改造后：

$$EF_{CO_2} = 335 \times 10^{-6} \times 1.4 \times 60\% \times 44/12 = 1.032 \times 10^{-3} \ (t - CO_2/kWh)$$

$$EF_{SO_2} = 335 \times 10^{-6} \times 1.4 \times 2\% \times 64/32 = 1.876 \times 10^{-5} \ (t - SO_2/kWh)$$

（3）计算节能技术改造产生的减排量。

$$\Delta P_{CO_2} = 27 \times 10^8 \times (1.047 \times 10^{-3} - 1.032 \times 10^{-3}) = 4.05 \times 10^4 \ (t - CO_2)$$

$$\Delta P_{SO_2} = 27 \times 10^8 \times (1.904 \times 10^{-5} - 1.876 \times 10^{-5}) = 7.56 \times 10^2 \ (t - SO_2)$$

评卷要求：

计算出活动水平给20%分数；

写出化学反应方程式给20%分数；

计算出改造前的排放因子给20%分数；

计算出改造后的排放因子给20%分数；

计算出减排量给20%分数。

参 考 文 献

［1］王庆一. 能源词典（第二版）［M］. 北京：中国石化出版社，2004.

［2］国家统计局能源统计司. 2010 中国能源统计年鉴［M］. 北京：中国统计出版社，2011.

［3］国家统计局能源统计司. 2009 中国能源统计年鉴［M］. 北京：中国统计出版社，2010.

［4］中国电力企业联合会. 中国电力行业年度发展报告 2011［M］. 北京：中国市场出版社，2011.

［5］国务院. "十二五"节能减排综合性工作方案. 国发〔2011〕26 号，2011.

［6］环境保护部. 2010 年环境状况公报. 2011.

［7］国家发展改革委能源研究所和中科院地理所课题组. 我国主要能源产区生态环境承载力对能源开发的约束研究. 2007 - 07.

［8］国家发展改革委能源研究所课题组. 中国应对气候变化挑战的清洁能源发展战略路径. 2009 - 12.

［9］国家发展改革委能源研究所课题组. 中国"十一五"节能进展评估. 2011 - 12.

［10］International Energy Agency. *2011 Key Energy Statistics*. OECD/IEA 2011.

［11］Intergovernmental Panel on Climate Change. *IPCC 2006 Guidelines for National Greenhouse Gas Inventories*. IPCC 2006.

后 记

能源管理师职业能力水平证书（CNEM）系列教材终于和广大考生见面了，它凝结着专家团队每位成员多年的心血，承担着培养成千上万能源管理专业人才的重任。

回忆这两年多的历程感慨万千！那是 2009 年的夏天，我和 40 年前就相识但又分别多年的故友偶然相遇，谈起这些年各自的境遇，问及我在中国交通运输协会职业教育考试服务中心工作，并与教育部考试中心合作高等教育自学考试物流管理专业和采购与供应管理专业两个双证书（学历证书＋职业资格证书）项目，深受考生青睐，培训规模达到 20 多万人时，故友大兴趣盎然，介绍自己在国家发展和改革委员会做培训工作，现正在全国很多省市开办能源管理方面的培训班，十分火暴，原因是近几年能源管理专业人才需求量越来越大，而这方面的人才十分短缺，培训市场前景很好。基于上述原因，我们达成共识，并比照物流和采购两个项目的模式，申请开考能源管理专业和能源管理师证书项目，把学历教育和职业教育相结合，培养能源管理人才，满足社会需求、企业需求。

2009 年 8 月 26 日，我们在清华大学召开了首次专家论证会，探讨能源管理培训项目的必要性和可行性。大家一致认为：首先，国家高度重视节能减排工作，《中华人民共和国节约能源法》已将资源节约列为基本国策，并作为约束性指标纳入国民经济和社会发展规划，同时作为政府和企业政绩和业绩考核的重要指标，明确要求企业设立能源管理部门和岗位。当前，能源管理专业人才短缺的矛盾十分突出，急需加强这方面的人才培养。其次，现在已经有了一支多年从事能源管理方法研究，又具有实践经验，且长期从事对政府和企业的能源管理负责人及专业人员培训工作的专家团队，在国内有较大影响力。组建由能源管理专家、清华大学教授孟昭利为组长的专家组，建立符合我国国情的高水平能源管理培训体系，是搞好项目的重要保证。最后，中国交通运输协会与国家考试机构强强联合，把高等教育自学考试与职业资格证书有机结合起来的人才培养新模式，已经接受了实践检验，取得了显著的成效，受到广大考生的认可和欢迎，为开考能源管理项目打下了坚实的基础。

2009 年 12 月 3 日，我们召开全体专家会议具体论证能源管理培训体系的科学性和实用性，正式启动能源管理项目培训教材的编写工作。此后又多次召开专题研讨会不断充实、完善培训体系的构架和细节工作。

我们在与北京自考办进行多次认真协商的基础上，于 2010 年 9 月 1 日正式递交了申请开考能源管理专业及能源管理师职业能力水平证书的报告。2010 年 10 月 15 日，市自考办组织召开专家论证会，会议一致同意开考能源管理专业。2011年6月28日，北京教育考试院、中国交通运输协会联合发布《关于开考高等教育自学考试能源管理专业（专科、独立本科段）和能源管理师职业能力水平证书考试的通知》（京考自考〔2011〕20号）。

对于此事有人质疑："你们中国交通运输协会推出能源管理师职业能力水平证书的依据是什么？"我的回答是："依据《中华人民共和国节约能源法》。《节能法》把工业、建筑、交通运输三大重点领域列为节能减排的重中之重。《节能法》规定：'国家鼓励行业协会在行业节能规划、节能标准的制定和实施、节能技术推广、能源消费统计、节能宣传培训和信息咨询等方面发挥作用。'国务院2011年8月31日通过的〈'十二五'节能减排综合性工作方案〉再次明确规定，'动员全社会参与节能减排。把节能减排纳入社会主义核心价值观宣传教育体系以及基础教育、高等教育、职业教育体系'。节能减排作为基本国策是全社会的责任，也是协会的重要任务。"

关于证书的权威性问题。我认为，能源管理师职业能力水平证书的权威性取决于它的实用性和适用性。据调查了解，目前，我国尚未建立统一的能源管理人才专业培训体系和标准，特别是把能源管理职业资格证书与学历证书有机结合在一起纳入高等教育体系，在国内尚属首次。该证书体系的特点：一是专家队伍具有很高的权威性。我们组建了一个由多年从事能源管理方面研究，富有实践经验，且长期从事对政府和企业的能源管理负责人及专业人员的培训工作，并在国内有较大影响力的专家教授组成的专家小组，负责制定能源管理培训体系，负责编写教材、考试大纲及命题工作。二是培训体系的系统性。专家组在总结近几年国内能源管理培训经验的基础上，吸收欧美和日本等能源管理先进国家的能源管理师培训体系的先进经验，结合中国国情和能源管理相关标准设立的一套认证培训体系，该体系设置的七门证书课程涵盖了能源管理的核心要素，是目前我国唯一比较全面、系统的认证培训体系。三是培训体系的实用性。该体系的设计注重从企业的实际出发，认真总结多年来企业在能源管理方法的经验和教训，纠正了一些在能源管理中多年沿用的传统计算方法中存在的问题，提出了适合现代企业能源管理特点、在企业实际应用中被证明是行之有效的新方法。该体系从理论到实践（案例）进行充分论证，突出实践性，既能满足专业人士工作的需要，也适合在校生学习，有效地解决理论脱离实际的问题。四是培训体系的持久性。加强能源管理，推进节能减排是一项长期的战略任务。在能源管理培训上不能急功近利，急于求成，必须注重实际效果。对推动节能减排工作有实质性的帮助，经得起实践的检验，从而保证能源管理培训体系的持久性。目前国内推出的能源管理师的培训多是以短期培训为主，而我们开展的能源管理学习、培训体系其特点是，学历证书＋职业资格证书的双证模式，能够保证学员进行系统学习和实践，且还要经过国家正式考试，从而能够确保学习质量和实践能力，从根本上弥补了短期培训中存在的局限性。

能源管理专业及能源管理师职业能力水平证书学习、培训项目具有良好的发展前景。一是煤炭、石油等不可再生能源消费的持续增长与资源短缺的矛盾越来越尖锐。二是我国经济社会快速发展已经成为世界能源消费大国，因此必须坚定不移地把加强能源管理、推进节能减排作为一项基本国策来抓。三是《节能法》明确规定政府和企业要设立能源管理部门及节能职责岗位。据专家调查分析，目前我国能源管理人才的需求量在数十万人，能源管理专业人才紧缺的矛盾十分突出。同时，由于能源管理涉及各个行业，重点是工业、建筑、交通运输等领域，能源管理方面的人才不仅企业需要，政府管理机构需要，节能减排服务的第三方机构如节能服务公司、节能量审核机构、工程咨询公司等机构急需这方面的人才，这样就为能源管理专业学员提供了施展专业才能的广阔舞台。

能源管理师职业能力水平证书系列教材出版发行得到了国家能源局、国家发展和改革委员会能源研究所、人力资源和社会保障部、中国交通运输协会等有关单位领导的关心与支持。同时，中国市场出版社的领导和编校人员为本系列教材的出版给予了很大的帮助，付出了辛勤的劳动，在此一并表示衷心的感谢！

由于能源管理专业和能源管理师的培训在我国刚刚起步，尚处在探索阶段，需在实践中不断地加以改进和完善。我们热忱欢迎各行各业的专家及业内人士给予指导、帮助和指正。

中国交通运输协会职业教育考试服务中心副主任

高军

2012 年 1 月于北京